华章图书

一本打开的书，一扇开启的门，
通向科学殿堂的阶梯，托起一流人才的基石。

www.hzbook.com

百万在线

大型游戏服务端开发

罗培羽 著

机械工业出版社
China Machine Press

图书在版编目（CIP）数据

百万在线：大型游戏服务端开发 / 罗培羽著 . -- 北京：机械工业出版社，2021.8（2021.11
重印）

（游戏开发与设计技术丛书）
ISBN 978-7-111-68755-9

I.①百…　II.①罗…　III.①游戏程序 - 程序设计　IV.① TP317.6

中国版本图书馆 CIP 数据核字（2021）第 144086 号

百万在线：大型游戏服务端开发

出版发行：机械工业出版社（北京市西城区百万庄大街 22 号　邮政编码：100037）			
责任编辑：杨绣国		责任校对：殷　虹	
印　　刷：三河市宏图印务有限公司		版　　次：2021 年 11 月第 1 版第 2 次印刷	
开　　本：186mm×240mm　1/16		印　　张：22.25	
书　　号：ISBN 978-7-111-68755-9		定　　价：99.00 元	

客服电话：（010）88361066　88379833　68326294　　　投稿热线：（010）88379604
华章网站：www.hzbook.com　　　　　　　　　　　　　　读者信箱：hzjsj@hzbook.com

Preface 前　言

这本书讲什么

　　本书是基于 C++ 与 Lua 语言开发游戏服务端的入门图书，内容涵盖 Skynet 引擎、C++ 底层开发、服务端架构设计等多个方面，全面展现网络游戏核心技术。

　　第一部分"学以致用"揭示了 Skynet 引擎的使用方法及注意事项，以《球球大作战》的案例贯穿这部分内容，全面又详尽地剖析服务端结构设计、通信协议格式、数据表结构设计、断线重连方案等众多核心技术。第二部分"入木三分"揭示了在多核时代采用现代 C++ 编写多线程 TCP 网络服务器的高效做法，以 C++ 重写 Skynet 的案例贯穿这部分内容，使用大量图表，生动翔实地描述 Linux 环境下的编程技术。第三部分"各个击破"列举了同步算法、热更新、防外挂等实际工程难题，并对其逐一击破，非常具有实用价值。

　　尽管本书以 Skynet 为例，但目的是探求服务端开发的一般性方法，因此它同样适用于使用 C++ 自研引擎的项目组，甚至是选用 Erlang、Golang、Java 等语言的开发者。本书既可以作为大学计算机相关专业的指导教程，也可以作为游戏公司的培训材料，亦是独立游戏开发者的参考指南。

为什么写这本书

　　进入手游时代，服务端技术也在向前演进。现代游戏服务端既要承载数以万计的在线玩家，又要适应快速变化的市场需求，因此，如何设计合适的架构就成了重中之重。服务端技术并不简单，作为服务端新人，全面掌握服务端技术可能需要数年时间；作为游戏公司，培养员工的成本也不低。

新人或许有这样的经历，在请教资深技术人应该看什么资料学习 C++ 服务端知识时，可能得到的答案是先把《TCP/IP 详解》《UNIX 环境高级编程》《数据库系统》这些大部头啃一遍，或者是把 Redis、Skynet 的源码过一遍，再看点 Linux 源码就都会了。虽说啃大部头、看源码是服务端从业者的必经之路，但人的时间是有限的，因此，在入门阶段，在有限的时间里学到最实用的知识很关键。

找到契合实际项目开发需要的学习资料并不容易。市面上的服务端资料，有些着重讲网络编程、多线程处理等操作系统知识，这些知识虽然很重要，但不太适合"快速入门并马上有产出"的开发节奏；有些又太过简单浅显，不能适应商业游戏的品质要求。游戏服务端的知识体系既包含系统底层知识，也包含具体游戏业务的设计，内容很多，学习不易。

基于以上所述，我决定将自己多年的开发经验全盘托出，编写一本既实用又深入浅出的游戏服务端教程，为未来游戏行业的繁荣发展添砖加瓦。

服务端成长路线

游戏公司培养新人，强调"边学边用""有产出再深入"的技术成长路线，一般是让新人从开发简单的业务功能开始，再逐步深入底层，最后独当一面。

第一年：能做好功能

这个阶段要求能按时、按质、按量做好业务功能。刚进游戏公司参与项目开发，你需要从较简单的活动功能写起，逐渐过渡到能编写较为复杂的跨服功能和战斗功能等。

第二年：能用好框架

公司开启一个新项目，一般不会从零做起，而是会拿一套已有代码参考，根据需求做修改。这个阶段就要求你能够分析别人为什么要这样设计，并能修改底层功能，改善性能问题。

第三年：能重建系统

当旧框架已经落后于时代，或者历史遗留问题太多，又或者想开展新业务、开发不同类型的游戏时，你就要从零开始设计了。这个阶段要求你有重新搭建整套服务端系统的能力。

本书的内容选择和章节设计，正是基于这样的成长路线规划的。先用现成的 Skynet 引擎把游戏做出来，再逐步深入，重构整套系统。经过这几个阶段的打磨，相信不久的将来，你就能够独当一面。

读者对象

这里根据用户需求划分出一些可能使用本书的用户。

❑ 职场新人：本书很适合刚入行的服务端工程师，书中所介绍的知识和问题，是每个游戏从业人员都会遇到或必须解决的。本书可作为提升技术水平的学习资料，也适合用作游戏公司服务端新人的培训材料，书中既涵盖了该岗位的必备知识，也包含了《球球大作战》、Sunnet（C++ 仿写 Skynet 底层）等实践项目。我们希望职场新人读完本书之后，不仅能够更快更好地完成手头工作，还能够为下一阶段的职业发展做好积累。

❑ 开发类岗位的求职者：本书也适合游戏公司开发岗位的求职者。书中对服务端岗位所需知识、商业游戏常遇到的问题等进行了讲解，覆盖了常见的面试内容。我们希望本书能够帮助读者获得 C++ 服务端开发工程师的岗位。

❑ 高校学生：本书可作为高校教科书。书中内容是按照游戏公司的需求设计的，内容循序渐进，且包含诸多示例。我们希望本书可以帮助学生掌握实用的知识，帮助他们构建完整的知识体系，也为未来的进一步进修或职业发展提供助力。

❑ 游戏开发爱好者：在本书中，"学以致用"的理念贯穿全书，对于想要自己制作一款网络游戏的业余开发者来说，本书很适合作为自学的参考书。我们希望本书可以帮助读者"先把游戏做出来"，让读者能够先快速使用现成的 Skynet 框架，再逐步深入底层，为梦想助力。

如何阅读本书

如果你是一位服务端新人，强烈建议你按顺序阅读本书，并复现一遍书中的示例。在本书的选材和结构编排上，我花了两年时间思考，也做过很多调研工作，相信它是相对合理的。图 1 展示了本书的知识线，可以看到，里面包含"业务层""框架层""底层"这三个层次的内容，较为全面。本书把大部分重心放在了"学以致用"部分，配合诸多图示、示例，让读者不会觉得枯燥。

要用好本书不需要高超的编程技巧，但是确实需要对其中某种语言的语法有基本的了解；又因为本书示例都运行在 Linux 环境下，因此也需要对 Linux 的操作有基本的了解。

如果你并不打算使用 Skynet 引擎，而是希望透过本书了解 C++/Lua 服务端的通用知识，那么可以直接跳过第 2 章，因为这一章着重介绍 Skynet 的使用方法；你也可以跳过第 3 章和第 4 章中的代码示例，因为它们都是基于 Skynet 做演示，但这两章会说明服务端拓扑结构、登录流程以及一些实用技巧，这些内容不建议跳过。

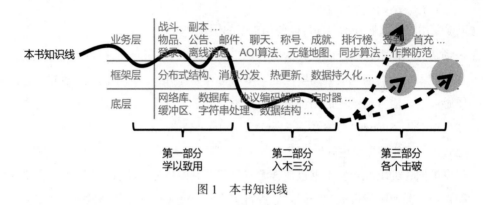

图 1   本书知识线

如果你使用的是 Java、Erlang、Golang 等语言，也不打算了解 C++ 底层，更希望透过本书了解一些业务层的通用知识，那么建议你重点关注第 1、3、4、8、9、10 章。

本书所有示例的源码和素材均可以在 Github 或网盘下载。我也会在 Github 上发表勘误和补充内容等，欢迎关注。考虑到网盘不稳定，因此我无法保证多年后网盘地址还有效。若读者发现网盘地址失效，可以给我发邮件，我将会把最新的下载地址发给你。

Github：https://github.com/luopeiyu/million_game_server

百度网盘：https://pan.baidu.com/s/1icbEXxq2HeIXfUeuqiKyvQ（提取码为 wa3d）

作者邮箱：aglab@foxmail.com

勘误和支持

由于作者水平有限，编写的时间也很仓促，书中难免会出现一些错误或者表述不准确的地方，恳请读者批评指正。如果读者发现书中的错误，或者有更多宝贵意见，欢迎发送邮件至邮箱 aglab@foxmail.com，我很期待听到你们的真挚反馈。

致谢

早在 2017 年，我便开始规划本书的目录结构，并在 2018 年开始试写一些章节。经过几年积累，本书终于逐渐成型。若没有身边众多亲朋好友的支持，本书的出版过程不可能一帆风顺。

感谢机械工业出版社华章分社的杨绣国编辑，在她的帮助下，2019 年年末，本书的出版计划正式提上日程。

感谢四三九九公司的同事们。感谢我的直接上司徐康成就了技术研发中心的良好氛围。感谢邝剑洪、黄虹学、丘盛、黄赞在 "4399 未来主程俱乐部" 帮本书做宣传。

几乎每个工作日的中午，我和邝松恩、张浩楠、张永明等同事都会找个地方买杯咖啡畅谈技术方案，一些灵感也是从这些交流中得来的，谢谢他们。感谢以下同事给我诸多建议：陆俊壕、王雅伦、李永航、孙杰、梁振、徐锐忠、葛剑航、梁耀堂、黄剑基、陈鸿才、樊潮波、李杰文。

在本书编写期间，我对书籍选材、章节安排做过一些调研，并询问了诸多好友，他们给了我许多建设性意见。这些好友包括：沙梓社、胡耀、陆泽西（Jesse Lu）、林煜、宫文达、卢阳飞、叶健勇、张曦、徐锦鸿、詹俊雄、李石清、方涛、胡文鼎、张贝、陈欣妮、李骏（Jarjin Lee）。

感谢我的父母，他们的努力，让我能义无反顾地前行。

每一款游戏都是梦想与智慧的结晶！

罗培羽

2021 年 7 月 于广州

目 录 *Contents*

第二部分　入木三分

第一部分 *Part 1*

学 以 致 用

从角色走路说起

看着图 1-1 所示的游戏截图，想象一下，你即将制作这样一款 MMORPG（多人角色扮演游戏），场景中有角色、NPC 和小怪，玩家可以控制角色在场景中随意走动，可以和其他角色交互、打小怪。具体应该如何实现呢？

图 1-1 游戏《仙境传说 RO：守护永恒的爱》的截图

本章会以图 1-1 中的场景为起点，全面介绍游戏服务端涉及的技术。

1.1 每走一步都有事情发生

从玩家的角度来看，一款网络游戏大都会涉及如下流程：

1）打开游戏，客户端向服务端发起网络连接。

2）玩家输入账号密码，经过验证后，进入游戏场景。

3）操作交互，比如行走、打怪、购买道具等。

4）下线退出游戏。

在此过程中，藏在幕后的服务端做了很多事情，那究竟做了哪些？此服务端系统又是如何开发的呢？下面一起来看看。

1.1.1 走路的五个步骤

从玩家的视角来看，整个游戏系统如图1-2所示，多个客户端通过网络与服务端相连，服务端处理网络请求，存储角色数据。

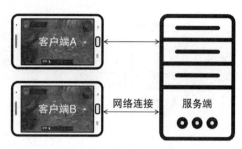

图 1-2 服务端像个黑盒子

ℹ️ **说明：** 为了统一术语，本书中"玩家"代表玩游戏的人，"客户端"代表玩家接触的游戏程序，"角色"代表玩家控制的游戏角色。

客户端和客户端之间通过服务端间接通信。例如在 MMORPG 中，角色 A 移动一步，玩家 B 会在自己屏幕中看到角色 A 的位置变化，"走路"的背后至少发生了表 1-1 所示的 5 件事情。

表 1-1 "走路"背后发生的事情

事情	说明
1	角色 A 移动
2	客户端 A 向服务端发送新的坐标信息（或方向指令）
3	服务端处理消息
4	服务端将角色 A 的新坐标转发给客户端 B
5	客户端 B 收到消息并更新角色 A 的位置

这 5 件事情如图 1-3 所示，其中标注的①到⑤分别对应表 1-1 中的各个步骤。

1.1.2 服务端视角的游戏流程

在服务端的"眼里"，"走路"只是它生命里的一小部分。游戏启动，每个客户端都会有连接、登录中、游戏中、登出中和退出五个阶段。如图 1-4 所示，图中纵轴代表客户端的状态，方框表示该状态下执行的操作。

❑ 连接阶段：客户端发起网络连接，双端可

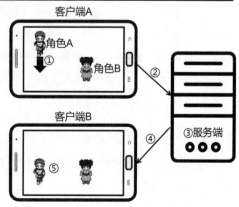

图 1-3 位置同步的 5 个步骤

以通信，但服务端还不知道玩家控制的是哪个角色。

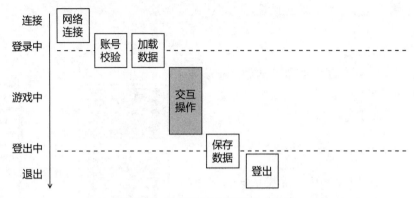

图 1-4 服务端视角下的游戏流程

❏ 登录中：客户端发送登录协议，协议中包含账号、密码等信息，待检验通过后服务端会将网络连接与游戏角色对应起来，并从数据库中获取该角色的数据（比如金币数量），此后才算登录成功。

❏ 游戏中：双端互通协议，玩家可以移动、打怪、购买道具。1.1.1 节介绍的位置同步就是发生在这个阶段。

❏ 登出阶段：玩家下线，服务端把角色的数据保存到数据库中。对于保存角色数据的时机，不同的游戏会有不同的处理方式。比如，有些游戏采用定时存储的方式，每隔几分钟把在线玩家的数据写回数据库；有些游戏采用下线时存储的方式，即只有在玩家下线时才保存数据。

了解了这些知识后，如果想开发一个游戏服务端，该从哪里着手呢？

1.2 从网络编程着手

开发游戏服务端，一般会从编写联网的程序着手，因为游戏服务端最重要的任务是处理网络请求。

尽管市面上近乎所有的服务端开发图书都会先花一大半篇幅讲网络编程，笔者也认同网络编程很重要，但从"学以致用"的角度来看，先"不择手段"（用现成的库）把游戏做出来，再深入了解，也未尝不可。

1.2.1 用打电话做比喻

理解网络编程的第一步是了解网络通信的流程。从图 1-5 和图 1-6 可以看出，网络通信（指代 TCP）和电话通信很相似。想象一下打电话的过程，拿起手机拨通号码，等待对方说"喂"，然后开始通话，最后挂断。游戏网络通信的流程则是服务端先开启监听，等待客户端的连接，然后交互操作，最后断开，可见打电话的步骤——对应着网络编程的步骤。

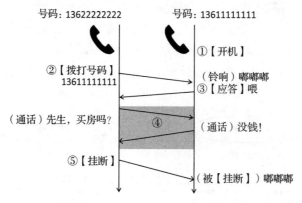

图 1-5　用拨打电话比喻 TCP 通信

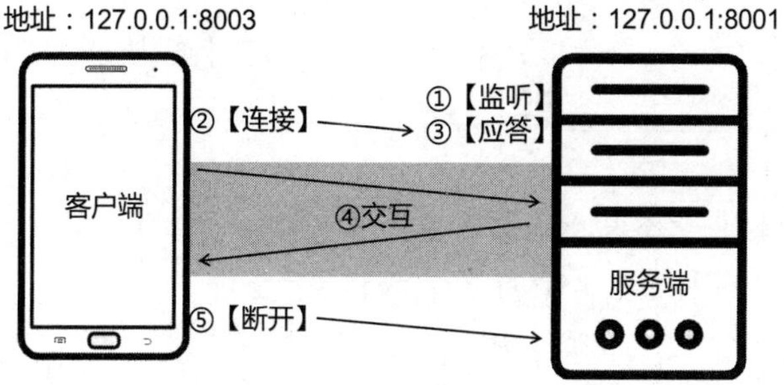

图 1-6　TCP 通信的流程

1.2.2　最少要掌握的三个概念

理解网络编程的第二步，是理解以下三个概念，因为任何网络库都会涉及它们。

1. IP 和端口

在图 1-6 中，客户端和服务端有各自的地址，相当于手机号。网络编程中的"手机号"由 IP 和端口两部分构成。地址"127.0.0.1:8003"中的"127.0.0.1"是 IP，代表着一台设备，"8003"是端口，代表这台设备中的某个任务。

💡 **知识拓展**：端口是个逻辑概念。很久很久以前，计算机没有多任务的概念，也没有端口的概念，只要有两台计算机的地址，便能够进行网络通信。就像很久很久以前，每家每户都住平房，寄信给别人时，只需在信封写上 ×× 路 ×× 号一样。随着城市的发展，很多人住上了高楼，这时写信的地址就变成 ×× 路 ×× 号 ×× 层。同样，随着计算机多任务系统的发展，人们定义了端口的概念，用于把不同的网络消息分发给不同的任务。就像写上门牌号能够把信发送到每家每户一样，使用 IP 和端口也能够把信息发送给对应的任务。

2. 套接字

网络连接的每一端都需要存储一些信息，这些信息至少包括：连接使用的协议、自己的地址、对方的地址、将要发送的数据、接收到的数据等。存储和处理这些信息的结构称为套接字（Socket）。图 1-7 展示了套接字包含的内容，每个 Socket 都包含网络连接中一端的信息。每个客户端需要一个 Socket 结构，服务端则需要 $N+1$ 个 Socket 结构，其中 N 为客户端的连接数，另外一个是服务端打开监听的套接字。

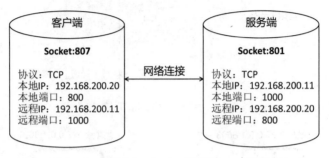

图 1-7　Socket 示意图

3. Socket 标识

既然服务端可以接收多个客户端的连接，那么它就需要通过一种方法来区分消息来自哪个客户端。有些语言（Node.js、C#）会直接传递 Socket 对象，而有些（C、C++）则会用一个数字标识符来代表该 Socket 对象。在图 1-8 中，有 4 个客户端连接服务端，4 条连接分别对应 fd1 到 fd4 这 4 个标识，在监听阶段，服务端也会生成一个监听标识符（图中的 listenfd），用于应答。

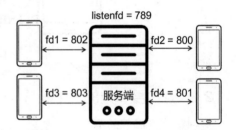

图 1-8　服务端的 Socket 标识示意图

1.2.3　搭一个简单的服务器

理解网络编程的第三步，是能够使用较现代的工具搭一台服务器。如果用 C/C++ 从底层搭起，要考虑的事情很多。网络模块是很通用的模块，现代语言（Node.js、Golang 等）会有成熟的封装，各种游戏后端框架（Skynet、KBEngine 等）也提供了网络模块。无论语法怎样，服务端网络模块至少会提供"当客户端连接""当收到消息""当客户端断开"这三种事件的接口。

ⓘ **说明：** 尽管本书以 Skynet 为例，但更重要的是希望读者能够掌握服务端开发的一般性方法，不仅仅是使用某个引擎。Skynet 由 C 语言和 Lua 语言编写，为了说明原理，书中也会用其他语言、引擎。只要有些许编程基础，无论读者是否学习过这些语言，都能看懂程序逻辑。

以 Node.js 为例，只需十多行代码就能够搭建简单的服务器，见代码 1-1。

代码 1-1　用 Node.js 搭一个简单服务器

（资源：Chapter1/1_simple_server.js）

```
var net = require('net');

var server = net.createServer(function(socket){
    console.log('connected, port:' + socket.remotePort);

    // 接收到数据
    socket.on('data', function(data){
        console.log('client send:' + data);
        var ret = " 嗯嗯 ," + data;
        socket.write(ret);
    });

    // 断开连接
    socket.on('close',function(){
        console.log('closed, port:' + socket.remotePort);
    });
});
server.listen(8001);
```

代码 1-1 实现的功能为服务端通过 listen 监听 8001 端口，如果有客户端连接，它会打印" connected, port:XXXX"；若收到数据，它会打印" client send:XXX"，然后将消息稍作处理返回给客户端；若客户端断开，它会打印" closed, port:XXXX"。注意代码中两种关键对象的区别，server 代表整个服务端，socket 代表某一条连接。

现在做个测试，使用可以发送字符串的 TCP 客户端连接服务器（例如 Linux 下的 Telnet 程序），然后输入任意内容，看看服务端将会有怎样的输出。图 1-9 展示了客户端和服务端的输出内容，箭头代表消息的流向，服务端监听端口为 8001，客户端的端口为 11450。

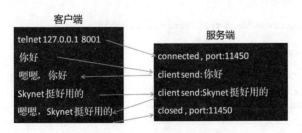

图 1-9　用 Telnet 连接服务端

ℹ️ 说明：大多数游戏服务端部署于 Linux 系统上，Skynet 也运行于 Linux 系统中，本书的代码示例都在 Linux（CentOS）环境下测试。读者可以使用虚拟软件 VMware 在自己的电脑上虚拟出一台 Linux 服务器，也可以购买阿里云、腾讯云最便宜的云服务器来测试。

既然已经搭建了一台服务器，接下来就要看看怎样用它编写游戏功能了。

1.2.4 让角色走起来

下面将用一个示例说明怎样编写游戏功能，在该示例中会开发一套由服务端运算的"走路"程序，客户端可以发送"left""right""up""down"等文字指令，控制场景中的角色移动。开发这样的程序涉及如下 3 个步骤：

1）明确角色有哪些属性。

2）做好建立和断开连接的处理。

3）做好收到客户端数据的处理。

第一步：既是"走路"程序，必然会包含位置坐标。在代码 1-1 的基础上，定义如代码 1-2 所示的 Role 类。

代码 1-2 "走路"服务器的部分伪代码（Node.js）

（资源：Chapter1/2_run_server.js）

```
class Role{
    constructor() {
        this.x = 0;
        this.y = 0;
    }
}
```

第二步：服务端要把角色坐标转发给所有的客户端，就得有个结构来保存连接信息，在代码 1-3 中定义的一个字典 roles 就是此结构。当新客户端连接时，创建一个角色（Role）对象，并以 socket 为键，把它存入 roles 字典；当客户端断开时，删除角色对象。

代码 1-3 "走路"服务器的部分伪代码（Node.js）

（资源：Chapter1/2_run_server.js）

```
var roles = new Map();

var server = net.createServer(function(socket){
    // 新连接
    roles.set(socket, new Role())

    // 断开连接
    socket.on('close',function(){
        roles.delete(socket)
    });
});
```

第三步：当服务端收到客户端消息时，找到客户端对应的角色对象，根据指令更新位置，最后把新位置广播给客户端，如代码 1-4 所示。

代码 1-4 "走路"服务器的部分伪代码（Node.js）

（资源：Chapter1/2_walk_server.js）

```
// 接收到数据
socket.on('data', function(data){
```

```
        var role = roles.get(socket);
        var cmd = String(data);
        // 更新位置
        if(cmd == "left\r\n") role.x--;
        else if(cmd == "right\r\n") role.x++;
        else if(cmd == "up\r\n") role.y--;
        else if(cmd == "down\r\n") role.y++;

        // 广播
        for (let s of roles.keys()) {
            var id = socket.remotePort;
            var str = id + " move to " + role.x + " " + role.y + "\n";
            s.write(str);
        }
    });
```

　　程序运行的结果见图 1-10，客户端 A（设端口为 51958）发送"向左走"的指令"left"，经由服务端计算，角色从位置（0，0）移动到（−1，0），再将新位置广播给所有客户端。

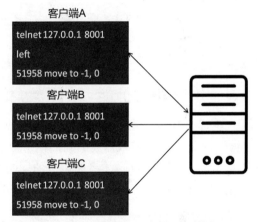

图 1-10　"走路"程序的运行结果

1.3　能够承载多少玩家

　　服务端程序要承载很多玩家，性能是必须要考虑的问题。那么，1.2.4 节的程序能够承载多少玩家同时在线呢？

1.3.1　单线事件模型

　　图 1-11 展示了 1.2 节程序的执行过程，无论何时服务端都是按顺序执行代码的。图中在时刻①，客户端 A 发送消息，服务端接收并处理。在①和②之间，服务端没有消息接收，进入等待状态。在时刻③客户端 A 和 B 同时发送消息，服务端收到后，先后执行。

　　有个专业术语叫"Reactor 模型"，指的就

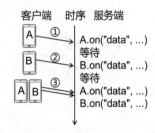

图 1-11　单线模型的时序图

是图 1-11 所示的程序执行方式，这里做个狭义的翻译——单线事件模型。"单线"指的是单线程，"事件"指的是事件触发，即当新连接、断开连接、收到数据这些事件到来时会触发某段代码。

1.3.2　承载量估算

　　要计算服务端系统的承载量，则要从 CPU 负载、内存占用、网络流量等多个角度考

量，很难做到准确的估算，因为服务端运行在不同配置的物理机上，不同游戏类型的逻辑复杂度也不相同。但可以做个假设，假设在 MMORPG 中，玩家平均每 3 秒操作一次（走路、购物），服务端平均处理一条消息花费 2 毫秒。

从 CPU 的角度来看，同一时刻服务端只能处理一个客户端请求，按上述假设，服务端每秒可以处理 500 条消息，即最高可以承载 1500 人。

按经验推算，最高 1000 多人在线的游戏，日活跃用户（即每天登录的人数）大概是三五千。这种承载量对于多数独立游戏、小型手游是足够的。

知识拓展：尽管理论上 CPU 可以承载 1000 多人，但在实际情况中会低很多，而且这里只计算了 CPU 的负载，事实上，内存、网络流量也会对其有影响。"走路"程序受网络影响很大，因为玩家对服务端的响应速度有要求，总不能走一步等 3 秒钟后才有回应吧。如果不做进一步优化，广播的消息量与在线玩家则呈指数增长关系，通常这类单线程程序只能支持几十名玩家。

1.4　用分布式扩能

对于中大型商业游戏来说，往往出现全服爆满的现象（如图 1-12），1000 多人的承载量远远不够。根据游戏厂商的新闻稿可知，2012 年《梦幻西游》最高同时在线玩家达到了 270 多万人；2016 年《王者荣耀》的同时在线玩家超过了 300 万人。既然单个程序的承载量有限，最直接的办法就是开启多个程序来提高承载量。

图 1-12　玩家爆满的游戏画面示意图

1.4.1 多个程序协同工作

图 1-13 展示了一种由多个程序共同协作的服务端模型，图中程序 A 和程序 B 分别处理客户端消息，程序 C 作为中转站，负责程序 A 和程序 B 之间的通信。每个程序均独立运行，可以将其部署在不同的物理机上，形成天然的分布式系统。

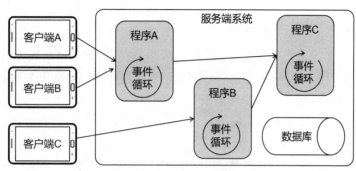

图 1-13 多进程服务端示意图

> **ⓘ 说明：** 为统一术语，本书中"服务端"代表整个游戏服务端系统；"程序""进程"或"节点"代表一个操作系统进程；"物理机"代表服务器，涵盖了实体服务器和云服务器。

尽管单个程序还是最多承载 1000 余人，但是只须开启 1000 个程序，并将其布置在数百台物理机上，理论上就可以支撑 100 万玩家，总承载量得以提高。

1.4.2 三个层次的交互

在分布式结构中，数据的交互被分成了三个层次，如表 1-2 所示。这就要求开发者能对游戏业务功能做出合理的切分。在游戏中，有些功能是强交互的，有些功能是弱交互的。以 MMORPG 为例，同一个场景的角色交互很强，每走一步都要让对方知道，可以在同一个程序中处理同一个场景逻辑；不同场景的角色交互较弱，只有聊天、好友、公会这些功能需要交互，可以将同一个服务器的玩家都放在同一台物理机上处理；不同服务器的玩家交互很少，可以放到不同的物理机上。

表 1-2 不同交互场景的区别

交互场景	代价、稳定性和承载量
同一个进程内	交互代价：很小。比如 1.2.4 节的位置同步，同场景的角色数据可以直接获取 稳定性：最好 承载量：按 1.3.2 节的分析，大概可以支持 1000 名玩家
同一台物理机	交互代价：中等。如果两个程序位于同台物理机上，它们之间可以通过模拟的网络消息交互数据，模拟的网络很稳定，本机的消息传输也很快，但比"同一个进程内"直接读取内存慢数百倍 稳定性：中等。有可能出现某几个程序崩溃的情形，这会导致数据不一致 承载量：假设一台物理机拥有 8 核 CPU，只看 CPU 的话，它的承载量最多是"同一个进程内"的 8 倍，即 8000 名玩家

（续）

交互场景	代价、稳定性和承载量
跨物理机	交互代价：较大。如果两个程序位于不同的物理机上，网络传输速度往往是毫秒级的，速度较慢 稳定性：最差，可能出现某台电脑突然死机，网线被扫地阿姨拔掉等异常情况 承载量：可以近乎无限地增加物理机，理论上可以有无限的承载量

1.4.3　搭个简单的分布式服务端

理论归理论，实践出真知。实现 1.2.4 节的"走路"程序是场景服务器的一项主要功能，尽管一个场景只能支撑数十人，只要多开几个场景就能够支持更多玩家。本节将实现图 1-14 所示的分布式程序，系统中有两个"走路"程序，分别代表兽人村落和森林两个游戏场景，客户端直接连接角色所在的场景，玩家只能看到所在场景的角色，不同场景角色可以全服聊天。该程序可分成三个步骤实现。

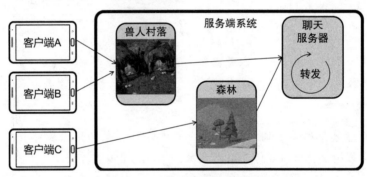

图 1-14　简单的分布式系统

第一步，编写聊天服务器。聊天服务器其实是转发服务器，它管理着场景服务器发来的连接（见代码 1-5 中的 scenes），只要收到场景服务器的消息，它就会广播给所有的场景服务器。聊天服务器会监听 8010 端口，等待场景服务器连接。

代码 1-5　聊天服务器（Node.js）　　（资源：Chapter1/3_chat_server.js）

```
var net = require('net');

var scenes = new Map();

var server = net.createServer(function(socket){
    scenes.set(socket, true) //新连接

    socket.on('data', function(data) { // 收到数据
        for (let s of scenes.keys()) {
            s.write(data);
        }
    });
});

server.listen(8010);
```

　　第二步，让场景服务器（"走路"程序）连接聊天服务器。场景服务器即是服务端又是客户端，对于玩家来说，它是服务端，对于聊天服务器来说，它又是客户端。在"走路"程序的基础上，让场景服务器连接聊天服务器（见代码 1-6 中的 net.connect），当场景服务器收到聊天服务器发来的数据时，就会把它原封不动地广播给客户端。

代码 1-6　场景服务器的部分代码，用于连接聊天服务器（Node.js）

（资源：Chapter1/3_walk_server.js）

```
var net = require('net');
//"走路"程序略 server.listen(8001);

var chatSocket = net.connect({port: 8010}, function() {});
chatSocket.on('data', function(data){
    for (let s of roles.keys()) {
        s.write(data);
    }
});
```

　　第三步，给场景服务器添加聊天功能（见代码 1-7）。假设客户端除了发送"left""right"等指令外，还会发送聊天文字，那么在收到聊天消息后它会把消息原样发给聊天服务器。整个消息流程是：①场景服务器将聊天消息发送给聊天服务器；②聊天服务器把消息广播给所有场景服务器；③各个场景服务器分别将聊天消息广播给场景中的所有玩家。

代码 1-7　场景服务器处理聊天消息的部分代码（Node.js）

（资源：Chapter1/3_walk_server.js ）

```
// 接收到数据
socket.on('data', function(data){
    ……
    // 更新位置
    if(cmd == "left\r\n") role.x--;
    ……
    else {
        chatSocket.write(data);
        return;
    };
    ……
});
```

　　现在可以进行测试了，先运行聊天服务器，再依次运行两个场景服务器（假设监听的端口分别为 8001 和 8002）。如图 1-15 所示，客户端 A 和 B 连接第一个场景服务器，客户端 C 连接第二个场景服务器，服务器中的小方块代表各个程序，方块中的数字代表该程序的监听端口。当客户端 A 走动时，因为 A、B 同在一个场景中，所以它们会收到移动消息，而客户端 C 不在同一场景中，因此它不会收到；若客户端 A 发送聊天信息"战神公会招人"，三个客户端都能收到。

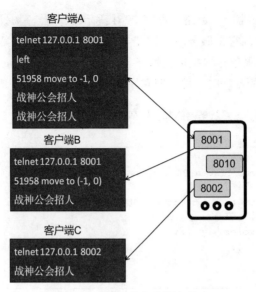

图 1-15 测试分布式服务端

1.4.4 一致性问题

分布式程序要处理很多异常情况。如果程序部署在不同物理机上，连接不太稳定，需要处理好断线重连、断线期间的消息重发，以及断线后进程间状态不一致的问题。图 1-16 展示的是因网络不畅通导致的异常情形，假如客户端 A 的玩家向客户端 B 的玩家购买道具，消息需要通过程序 C 中转，因程序 A 和程序 C 之间的网络连接出现异常，出现了客户端 B 的玩家被扣除了道具，客户端 A 的玩家却没得到道具的情况。程序 A 与程序 C 的网络连接异常，游戏功能受到了影响，就算一段时间后重新连接上，两个进程的状态也可能会不一致。

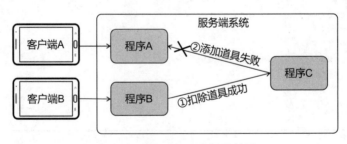

图 1-16 分布式程序的异常情形

一致性问题是分布式系统的一大难题，在游戏业务中，开发者一般会把一致性问题抛给具体业务去处理。对于图 1-16 所示的异常情况，需要给每个交易赋予唯一编号。程序 C 除了转发消息，还需要记录程序 A 对每个交易的执行状态，如果转发失败，程序 C 要在稍后重发交易消息，直到程序 A 成功执行。而程序 A 也需要记录每个交易的状态，如果某个交易已经成功执行，则不再响应程序 C 发来的消息，避免重复添加道具。

另外，管理数百台物理机、成百上千个程序也不容易，第一，物理机多了，某一台出故障的可能性很大；第二，开启或关闭全部程序要花费很长时间。

1.5 回头看操作系统

服务端编程很注重程序运行效率，所以我们要知其然，也要知其所以然。

1.5.1 多进程为什么能提升性能

回过头想想 1.4 节的分布式程序，将多个程序部署在多台物理机上显然可以提升性能，那么将它们部署在同一台物理机上是否也能提高性能？

早期的计算机只能够执行单个任务（如图 1-17 所示），程序由代码段和数据段组成，如果计算机只需执行一个任务，内存的逻辑结构可以很简单。图 1-17 中内存的语句 1～5 代表代码段，变量 1 代表数据段，PC 代表当前程序执行到哪条语句了。

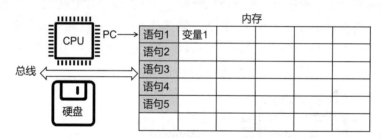

图 1-17　单任务计算机的结构示意图

有些语句会阻塞程序执行，按照 1.1.2 节的游戏流程，服务端需要在玩家登录时加载数据、登出时保存数据（如代码 1-8 所示），由于硬盘速度很慢，因此类似于 readFileSync 的语句就有可能阻塞程序，因为要等待读取数据后才能再往下执行。

代码 1-8　添加数据保存功能的服务端（Node.js）

```
var server = net.createServer(function(socket){
    // 新连接
    var data = fs.readFileSync('save.txt');
    //...
    // 断开连接
    socket.on('close',function(){
        fs.writeFileSync('save.txt', data)
    });
});
```

CPU 的执行时序如图 1-18 所示，状态 R 代表执行中（Runing），状态 S 代表休眠（Sleeping）。CPU 只有在 R 状态下才会忙碌，S 状态下 CPU 无事可做。

既然 CPU 可能会进入"无事可做"的状态，一种充分利用 CPU 资源的方法就此产生，即让物理机同时运行多个互不相干的程序（进程）。如图 1-19 所示，每个进程的代码段和数据段相互独立，且它们都会记录各自执行到哪条语句了（即图中的 PC）。操作系统会分配 CPU，当进程 1 无事可做时，就让 CPU 执行进程 2 的语句，反之亦然。

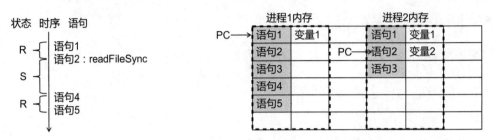

图 1-18 代码 1-8 中 CPU 的执行时序   图 1-19 多进程的内存结构

所以，为什么开启多个程序可以提高执行效率？是因为单个程序中可能会存在一些阻塞语句让 CPU 空闲，开启多个程序可以填补 CPU 的空闲时间。

按照以上分析，如果程序中不包含阻塞语句，且运行在单核 CPU 下，同台物理机下部署多个程序是不能提升性能的。不过当代大多是多核 CPU，可以同时执行多个程序，因此在非阻塞程序中，开启与 CPU 核心数相当的进程可以充分利用 CPU。在图 1-20 中，core1 执行着进程 1、core2 执行着进程 2、core3 和 core4 无事可做。

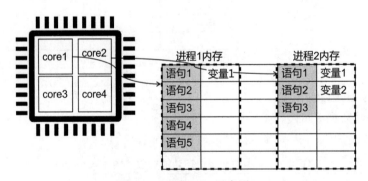

图 1-20 四核 CPU 示意图

1.5.2 阻塞为什么不占 CPU

除了读取文件，如果用 C、C++、C# 开发网络程序，还会用到一些阻塞函数，比如等待客户端连接的 accept 函数、接收数据的 recv 函数等。那阻塞为什么不会占用 CPU 资源呢？

为了便于说明，先看看代码 1-9，程序每隔 0.1 秒打印一句"count is XXX"，代码中的 sleep 函数可以使程序休眠一段时间。

代码 1-9　阻塞（C 语言）

```c
void Block() {
    int count = 0;
    while(true) {
        count++;
        printf("count is %d", count);
        sleep(100);//0.1秒
    }
}
```

操作系统为了支持多任务，实现了进程调度的功能，它会把进程分为"运行"和"休眠"等几种状态。运行状态是进程获得 CPU 使用权，正在执行代码的状态；休眠状态是阻塞状态，比如代码 1-9 运行到 sleep 时，程序会从运行状态变为等待状态，过 0.1 秒后又变回运行状态。操作系统会分时执行各个运行状态的进程，由于速度很快，看上去就像是在同时执行多个任务。

图 1-21 中的计算机运行着 A、B、C 三个进程，其中进程 A 执行着代码 1-9 中的程序，一开始，这三个进程都被操作系统的工作队列引用，它们处于运行状态，会分时执行。

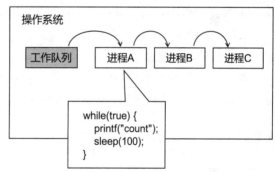

图 1-21　操作系统工作队列示意图

当程序执行到 sleep 语句时，操作系统会将进程 A 从工作队列移到等待队列中（如图 1-22 所示）。这样一来，工作队列中就只剩下进程 B 和进程 C 了。依据进程调度规则，CPU 会轮流执行这两个进程的程序，不会执行进程 A 的程序。所以进程 A 被阻塞，不会往下执行代码，也不会占用 CPU 资源。等到条件成立（比如等待一段时间），操作系统会重新将进程 A 放入工作队列中，继续执行。

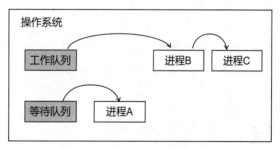

图 1-22　操作系统等待队列示意图

1.5.3　线程会占用多少资源

1.4 节用"多进程"的方案提高了服务端的承载量，事实上，使用"多线程"方案亦可。一般的程序（进程）包含一个代码段和一个数据段，多线程程序则包含了多个代码段。如图 1-23 所示，进程 1 包含了线程 1 和线程 2 这两个线程，每个线程都有它们自己的代码和 PC（记录运行到哪个语句），它们共享数据（变量 1）。

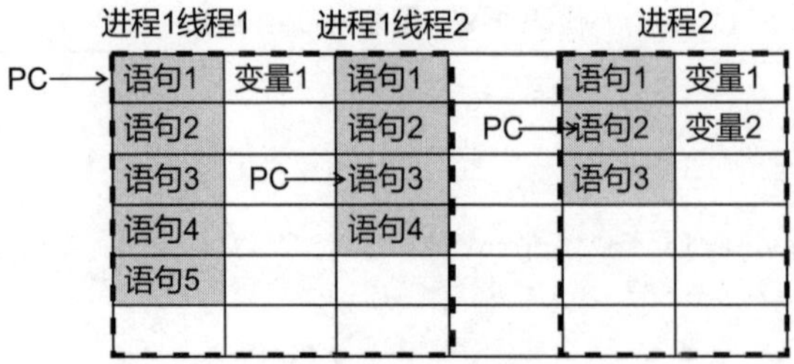

图 1-23   多线程程序示意图

线程会占用多少资源呢？

❑ Linux 系统默认会给线程分配 8MB 的栈空间。虽然它承诺给线程 8MB 的内存，但要等到用到时才会分配。就像某网盘标榜给每个用户 2TB 大小的空间，实际并没有即刻分配那么多。但占用的实际内存至少会是一 "页"，即 4KB。

❑ CPU 切换线程需要做很多工作，它执行一条语句大概需要几纳秒，完成一次线程切换大概需要几微秒，花销较大。开启的线程数越多，CPU 就需要做更多的切换工作，这会使响应变慢。

可见，在普通的计算机中，虽然操作系统理论上可以支持（近乎）无限的线程数，但实际上运行几百个性能就很不好了（请记住这里的 "几百个"，后面章节会再次提起）。

💡 **知识拓展**：1.2.3 节介绍的网络模块的底层实现有如下两种方法：
1）每当有新的客户端连接时，开启新线程处理该客户端。
2）使用多路复用技术，所谓 "多路"，指的是服务端可以阻塞（如使用 epoll_wait）等待多个客户端的连接，有任何一个收到数据即返回。
Web 服务器可以用这两种方法，但游戏服务端大多只会用第 2 种方法。这是因为 Web 服务器都是短连接，发送消息后即断开，同时在线的客户端很少；游戏服务端大多是长连接，同时在线的玩家很多，方法 1 只能支持数百名玩家。

1.6   一张地图的极限

我们已经知道怎样编写分布式程序（见 1.4 节），也知道了程序运行的底层原理（见 1.5 节）。如果不考虑程序实现的复杂度（即 1.4.4 节提到的各种异常情况处理），不考虑硬件成本，只要搭建好分布式系统，就能支撑无数玩家。

但现实依然是残酷的！

手机游戏的多人组队对战，多数是 3V3、5V5，这是为什么呢？ MMORPG 要分区、分服务器，每个场景能容纳的人数依然有限，这又是为什么呢？

1.6.1　难以分割的业务

实现分布式程序的前提是游戏逻辑能够分割。如果游戏规则复杂，各个功能紧密相连，则不容易找到分割的方案。图1-24是一款策略游戏的截图，在近乎无限大的地图上，玩家可以控制多支队伍在任何地点与其他玩家的队伍作战。

请思考一下，如果让你设计这样一款游戏，怎样让一张地图支撑几千上万的玩家（按照1.3.2节的分析，单个场景只能支持几十名玩家呢）？这是一个贯穿全书的问题。

如果没有很明显的分割方法，部分功能依然要靠单点的性能支撑，比如开房间对战类游戏的每一个房间、MMORPG的每一个场景等，那么单点（单个进程、单个线程）的运算能力依然会限制服务端的承载量。为了提高性能，一些服务端逻辑依然要用C/C++编写，Skynet提供了这种能力。

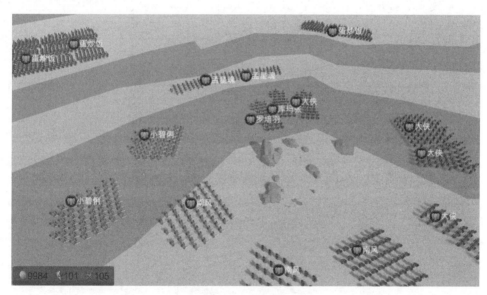

图1-24　策略类游戏示意图

1.6.2　在延迟和容量间权衡

多个程序协作意味着消息延迟。回到图1-14的全服聊天，聊天消息需由场景服务器发送到聊天服务器上，再由聊天服务器上转发到各个场景服务器上，每一层转发都需要时间。对于聊天功能，消息延迟几毫秒不会有任何影响，但某些功能对消息即时性要求很高（比如帧同步，第8章会介绍），因此需要权衡增多一层转发的代价。

1.7　万物皆Actor

合理分割功能是分布式模型的一大难点，我们需要寻找一种模式，它既能符合游戏逻辑的表达，又能让计算机高效执行。

　　游戏业界苦苦追寻着更适合当代游戏的服务端模型，
蓦然回首，几十年前就被提出的 Actor 并发模型就在灯火
阑珊处。如图 1-25 所示，在 Actor 模型中，每个 Actor 相
互隔离，只通过消息通信，具有天然的并发性。

　　想要借用 Actor 模型的理念，首先要了解什么是 Actor
模型。

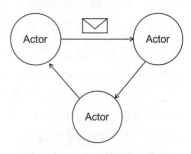

图 1-25　Actor 模型的示意图

1.7.1　灵感来自 Erlang

　　Actor 模型由来已久。早在 1973 年，Carl Hewitt 提出了 Actor 并发计算的理论模
型；1991 年爱立信推出的编程语言 Erlang 将 Actor 模型融入语言里，并应用在通信领域
里。2009 年前后，珠三角的一些游戏公司（四三九九、菲音、明朝网络）开始大规模地将
Erlang 语言应用于游戏领域。2012 年前后，云风（吴云洋的网名）开源了 C 语言 Actor 模
型框架 Skynet，并称之为游戏服务端引擎，且将其应用在不少商业游戏上。

1.7.2　对世界的抽象

　　Actor 模型的理念——万物皆 Actor，它是更进一步的面向对象，即把世间万物都当作
Actor 对象。Actor 可以代表一个角色、一只动物，也可以代表整个游戏场景，图 1-26 展示
的是用 Actor 模型抽象的一个游戏世界，方括号代表 Actor 的类型，id 代表 Actor 的标识，
中间文本代表名称。

图 1-26　万物皆 Actor

> 说明：Skynet 中将 Actor 对象称为服务，Erlang 中将其称为进程（不同于操作系统进程），为统一术语，在解释 Actor 模型时，使用"Actor"一词；在 Skynet 的语义下，使用"服务"一词。

在图 1-27 中，每个 Actor 都会包含自身状态（HP、Coin），以及一个信箱（消息队列），Actor 通过给其他 Actor "寄信"来实现通信。至于收到信件后的反应，取决于收信的 Actor。

整个 Actor 系统可类比为"邮局"，它负责信件的传送。如图 1-28 所示，Actor1001 给 1002 发送信件，请求"查询登录玩家数量"，寄出的"信件"经由邮局，投递到 Actor1002 的信箱。由于各个 Actor 相互独立，计算机很容易让它们并行工作。

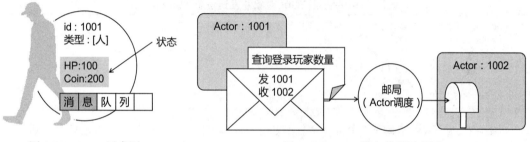

图 1-27　Actor 示意图　　　　　　　　图 1-28　Actor 消息传递示意图

如果理论解释不易理解，不妨直接看代码。代码 1-10 用 Lua 定义了 Role 类型的 Actor 对象。代码中的 local Role = function() ... end 用定义方法的方式定义了一个类，这是 Lua 的特殊语法，只需记住这段代码定义了 Role 类，它包含 id、coin、hp 这三个属性和 dispatch 方法即可。dispatch 是处理消息的方法，参数 source 代表消息发送方，参数 msg 代表消息内容。如果收到"work"，角色会努力工作赚钱，并督促发送方努力工作（发送"work"给对方）；如果收到"eat"，角色会吃美食恢复健康。

代码 1-10　定义一个 Actor 对象（Lua 语言）

```lua
local Role = function()
    local M = {
        id = -1,      --Actor 标识
        coin = 100,
        hp = 200,
    }

    function M:dispatch(source, msg)
        if msg == "work" then
            self.coin = self.coin + 10
            print(self.id.." work, coin:"..self.coin)
            send(self.id, source, "work")
        elseif msg == "eat" then
            self.hp = self.hp + 5
            print(self.id.." eat, hp:"..self.hp)
```

```
        else
            -- 更多消息处理
        end
    end

    return M
end
```

Actor 系统会提供 newactor（创建 Actor 对象）、send（向 Actor 发送消息）之类的方法，如代码 1-11 中，创建了 4 个 Role 类型的 Actor，它们的 id 是从 101 到 104，这里让 101 给 102 发送 "work"，103 给 104 发送 "eat"。

代码 1-11 创建 Actor 对象并发送消息（Lua 语言）

```
newactor(101, Role())
newactor(102, Role())
newactor(103, Role())
newactor(104, Role())
send(101, 102, "work")
send(103, 104, "eat")
```

图 1-29 是代码 1-11 中 4 个 Role 对象的运行示意图，其中 101 和 102 这两个 Actor 在相互督促工作，努力赚钱；103 让 104 吃好喝好。图 1-30 展示了代码 1-11 的运行结果，尽管是 101 先向 102 发送 "work" 后，103 再向 104 发送 "eat"，但各个 Actor 是并行执行的，因此消息处理的顺序不确定。

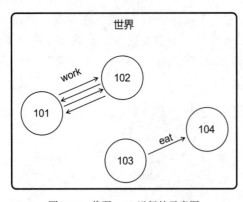

图 1-29 代码 1-11 运行的示意图

图 1-30 代码 1-11 的运行结果

1.7.3 为何适用

为什么说 Actor 模型适用于游戏开发呢？

回顾 1.4.3 节的多进程程序，从某种程度上说，Actor 模型和传统的多进程服务端结构有很多相似之处。不同的是，一个操作系统进程会占用很多的系统资源，按照 1.5.3 节的分析，进程不仅会占用较多的内存，操作系统在切换进程（线程）时也会占用较多的 CPU 时间，一台物理机只能运行几百个进程，这会限制游戏的业务分割。

举个例子，假设要开发一款斗地主游戏（如图 1-31 所示），每局游戏由 3 名玩家参与。那么，一种处理方式是开启多个进程，每个进程处理多张桌子的逻辑（如图 1-32 所示）。如果每个进程可以处理 10 张桌子，单台物理机开启 100 个进程就可以支持 3000 名玩家。但是，进程 A 和进程 B 究竟是什么东西呢？是桌子集合？它其实是计算机系统的概念，因为在现实世界找不到对应的事物，所以不容易理解。还有一种方法，即让每个进程只处理一张桌子的逻辑，然而由于进程会占用很多的系统资源，因此这样做会导致单台物理机只能支持几百名玩家。

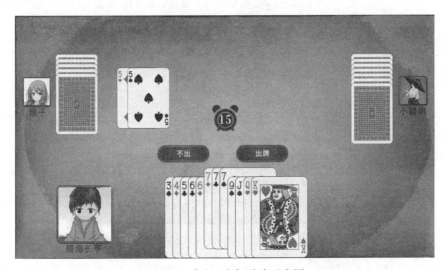

图 1-31 《斗地主》游戏示意图

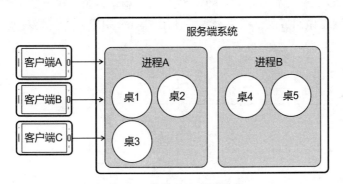

图 1-32 传统的多进程模型

Erlang、Skynet 通过内部处理，让每个 Actor 都是轻量级的，可让每张桌子独立分开（如图 1-33 所示），让游戏逻辑更符合现实世界场景。同时，Actor 与多进程模型同样具备天然分布式属性，在图 1-33 中，不同的桌子可以运行在不同的物理机上。

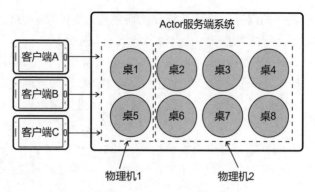

图 1-33　Actor 模型提供了更多的灵活性

对游戏服务端而言，Actor 并发模型给游戏业务的分割提供了灵活性。

再回顾 1.2.3 节的简单服务端程序，如果说 Node.js 提供了"单线事件模型"的运行环境，那么 Skynet 提供了 Actor 模型的运行环境（如图 1-34 所示）。

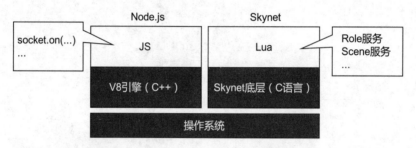

图 1-34　类比 Node.js 和 Skynet

现在，你已经初步了解游戏服务端开发所需的关键技术，以及一些需要注意的事项。本书分为"学以致用""入木三分""各个击破"三大篇章，第一篇"学以致用"就是要让读者能够以最快的速度做出成品。接下来我们使用 Skynet 引擎，先把游戏做出来！

第 2 章 Chapter 2

Skynet 入门精要

Skynet 是一套历经商业游戏验证的游戏服务端引擎。策略类游戏《三国志·战略版》、第一人称射击游戏《枪战英雄》(如图 2-1 所示),它们都使用了 Skynet。然而 Skynet 是一套底层引擎,不能开箱即用。有网友说"没有 5 年的服务器经验很难驾驭",本章将解除魔咒,用几个示例让读者轻松驾驭此引擎。

图 2-1 《枪战英雄》游戏截图

本书的目的是让读者掌握服务端开发的一般性方法。选用开源框架 Skynet 进行讲解,目的在于从系统架构的角度看待服务端,避免绕进网络编程里出不来。所以这里会偏重设计思路，而不是 API 细节。如果你已使用了其他技术，本书所讲的思路同样适用。图 2-2 展示了入门一套服务端底层框架的流程，如果你能用它实现 Echo、聊天室、留言板这三套程序，则可认为基本掌握了使用它的方法。只要将用到的技术进行组合，就可以实现基本的游戏功能。

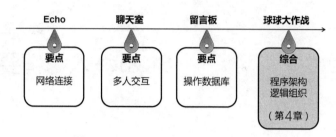

图 2-2　服务端入门案例

2.1　下载、编译、运行

Skynet 运行于 Linux 操作系统，读者可以购买阿里云、腾讯云服务器，或在自己的电脑上搭建虚拟系统。本书所有代码都在 CentOS 7.7（一种 Linux 系统发行版本）64 位版本下运行，所使用的 Skynet 版本是 1.3.0，所记叙的操作也是基于该版本。如果读者使用其他版本，可能稍有不同，但差别不大。如果读者对 Linux 系统不甚熟悉，建议先看一些基础操作的资料。

ℹ️ **说明：** 阿里云服务器一个月仅需十多元人民币，能满足学习之用；经过腾讯云的学生认证后，使用 120 元 / 年的学生套餐，也能满足学习之用。

2.1.1　下载和编译

登录服务器，按序输入如下的三条指令。

```
git clone https://github.com/cloudwu/skynet.git # 下载 Skynet 源码
cd skynet                 # 进入 skynet 目录
make linux                # 编译
```

如果读者使用的是纯净版的系统，需先安装 git、gcc、autoconf 等软件，否则会提示 "-bash: git: command not found" 这类错误。安装命令如下：

```
yum install git           #git，用于下载 Skynet 源码
yum install gcc           #用于编译源码
yum install autoconf      #用于编译源码
yum install readline-devel #编译 Lua 会用到
```

执行指令"make linux"会自动下载第三方库"jemalloc",然后执行编译。编译成功后,skynet 目录下会多出一个名为"skynet"的可执行文件。运行 Skynet,能看到如图 2-3 所示的需要一个配置文件的提示。

ℹ️ **说明:** 本书会采用白色、灰色字体来强调程序的输出,白色字体表示相对重要的部分。在图 2-3 中,白色字体代表用户输入的内容,灰色字体代表程序输出。

```
./skynet
Need a config file. Please read skynet wiki : https://github.com/cloudwu/skynet/wiki/Config
usage: skynet configfilename
```

图 2-3　运行 Skynet

ℹ️ **说明:** 1)yum 指令仅适用于 CentOS 系统,如果读者用的是 Ubuntu,请使用 apt-get。

2)由于 GitHub 是国外网站,如果执行 git clone 命令的速度偏慢,读者也可以登录 https://github.com/cloudwu/skynet,点击"Clone or download"里的"Download ZIP"将源码打包下载,再手动上传到服务器。

3)建议安装一些常用软件,比如 lrzsz、zip 等。

2.1.2 运行范例

Skynet 包含了不少范例,默认的"KV 数据库"很有参考价值。如图 2-4 所示,KV 数据库用于存储一些键值对,比如"hello=world"。当客户端发送"hello"时,服务端就会回应"world"。该范例使用了较复杂的实现方式,这里暂不探究它的内部结构(图上画了 3 个问号),仅看它是怎样运行的。

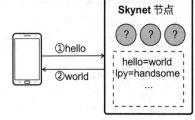

图 2-4　KV 数据库范例

要启动 Skynet,需指定一份配置文件。"examples/config"是 KV 数据库的配置文件,输入如下指令可启动它:

```
./skynet examples/config        # 启动 Skynet(KV 数据库范例)
```

运行结果如图 2-5 所示,输出的内容显示 Skynet 依次启动了 bootstrap、launcher、cmaster、simpledb、watchdog、gate 等服务。图中左侧的":0100000x"代表该条消息由哪个服务产生,可以看到,gate 服务(地址为 0100000f)监听了 8888 端口。由于输出较长,图中用"……"省略了部分语句。

启动服务端后,接着启动客户端(对应图 2-4 里的手机)。Skynet 也包含配套的客户端范例，位于"examples/client.lua"中（".lua"代表它是个 Lua 程序），可以通过如下语句启动。

```
lua examples/client.lua    # 启动客户端
```

Skynet 编译后，会包含 Lua 程序，此程序位于"3rd/lua/lua"中。如果服务器没有安装 Lua，或者 Lua 版本小于 5.3，可以用如下命令启动客户端。

```
./3rd/lua/lua examples/client.lua   # 启动客户端
```

如果"3rd/lua/lua"不存在，读者还可以进入"3rd/lua"，执行"make linux"指令，将 Lua 程序编译出来。

客户端的运行结果如图 2-6 所示，输入 hello，会得到服务端的回应"result world"。

```
[:01000002] LAUNCH snlua bootstrap
[:01000003] LAUNCH snlua launcher
[:01000004] LAUNCH snlua cmaster
......
[:0100000d] LAUNCH snlua simpledb
[:0100000e] LAUNCH snlua watchdog
[:0100000f] LAUNCH snlua gate
[:0100000f] Listen on 0.0.0.0:8888
[:01000009] Watchdog listen on 8888
[:01000009] KILL self
[:01000002] KILL self
```

图 2-5　启动 Skynet（KV 数据库范例）

```
Request:    1
Request:    2
RESPONSE    1
msg    Welcome to skynet, I will send heartbeat every 5 sec.
RESPONSE    2
hello
Request:    3
RESPONSE    3
result world
REQUEST heartbeat
REQUEST heartbeat
```

图 2-6　KV 数据库配套的客户端运行结果

2.2　理解 Skynet

本节将带领读者理解 Skynet 的特有概念，然后进行实践。

2.2.1　节点和服务

在图 2-7 所示的服务端系统中，每个 Skynet 进程（操作系统进程）称为一个节点，每个节点可以开启数千个服务。如同 1.4.1 节中的程序，不同节点可以部署在不同的物理机上，提供分布式集群的能力。

2.1.2 节的 KV 数据库仅开启了一个 Skynet 进程，它是单节点的服务端系统。

每个 Skynet 节点可以调度数千个 Lua 服务，让它们并行工作。对应 1.7 节的内容可知，每个服务都是一个 Actor。

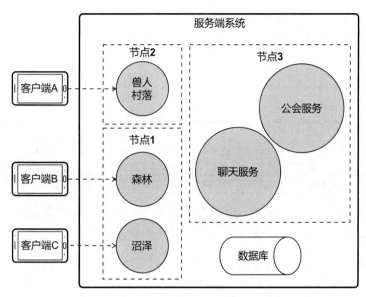

图 2-7　开启 3 个节点 5 个服务的服务端系统

TIP 知识拓展：Skynet 的强项在于单个节点内的并行运算，对于分布式集群，它只提供一些基础设施。对于 1.4.4 节提及的"分布式程序要处理很多异常情况"，在 Skynet 引擎中，这些异常情况依然要使用者自行处理。

2.2.2　配置文件

Skynet 提供了很多配置项，可以打开 KV 数据库范例（见 2.1.2 节）的配置文件 examples/config 查看它的内容。笔者整理了配置模板，见代码 2-1。到目前为止，读者仅需关注 thread 和 start 这两项，它们的含义见表 2-1。

代码 2-1　配置模板，可以替换 examples/config

（资源：Chapter2/1_config）

```
-- 必须配置
thread = 8                          -- 启用多少个工作线程
cpath = "./cservice/?.so"           -- 用 C 编写的服务模块的位置
bootstrap = "snlua bootstrap"       -- （固定）启动的第一个服务

--bootstrap 配置项
start = "main"                      -- 主服务入口
harbor = 0                          -- （固定）不使用主从节点模式

--lua 配置项（暂时固定）
lualoader = "./lualib/loader.lua"
luaservice = "./service/?.lua";".."./test/?.lua";".."./examples/?.lua";".."/
    test/?/init.lua"
lua_path = "./lualib/?.lua;" .. "./lualib/?/init.lua"
```

```
lua_cpath = "./luaclib/?.so"

-- 后台模式（必要时开启）
--daemon = "./skynet.pid"
--logger = "./userlog"
```

表 2-1　常见配置项说明

配置项	说　　明
thread	表示启动多少个工作线程。合理配置该项——通常不要将它配置得超过 CPU 核心数，将能提高 Skynet 的并行运算能力。假设使用的是 8 核 CPU，那么此处设置为 8
start	主服务。指定 Skynet 系统启动后，开启哪个自定义的服务。下一节的 PingPong 示例会修改它

Skynet 提供了很多功能，有些功能还提供多种实现方法，因此配置项较多。读者可以打开 https://github.com/cloudwu/skynet/wiki/Config 查看详细说明。

 知识拓展：配置模板的各项说明见表 2-2。

表 2-2　配置模板的各项说明

配置项	说　　明
cpath	用 C 编写的服务模块的位置，暂无须修改
bootstrap	指 Skynet 启动的第一个服务及其参数。按照原本的设计，Skynet 可以提供很高的灵活性，提供嵌入任何语言的能力。然而, Skynet 到目前为止仅仅支持 Lua 语言，因此用固定值 "snlua bootstrap" 即可
harbor	Skynet 初期版本提供了 "master/slave" 集群模式，后来又提供了更适用的 "cluster" 集群模式。由于 "master/slave" 并不完备，因此不推荐使用，将它设置为 0 即可
Lua 配置项	包含 lualoader、luaservice、lua_path、lua_cpath 四个值，用于指定 Lua 服务的目录、Lua 文件的地址等。暂保持默认值，第 3 章会有说明
后台模式	如果打开后台模式的两项配置，Skynet 将以后台模式启动。输出日志不再显示在控制台上，而是保存到 logger 项指定的文件中

2.2.3　目录结构

Skynet 的目录结构如图 2-8 所示，读者（目前）只需关注表 2-3 中的几项。

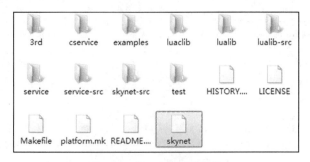

图 2-8　Skynet 的目录结构

表 2-3 Skynet 的目录结构说明

目录 / 文件	说　明
skynet	Skynet 的执行程序
examples	范例。KV 数据库范例的部分服务（如 main 服务、simpledb 服务）位于该目录下
service	包含 Skynet 内置的一些服务，比如 KV 数据库范例用到的 launcher、gate
test	测试代码。若遇到某些不懂的功能，可以参考该目录下的代码

　　Skynet 提供了很高的灵活性，更改表 2-2 中的"Lua 配置项"，可更改这些目录，但此处暂时无须修改。

 知识拓展：更详细的目录结构说明见表 2-4。

表 2-4　更详细的目录结构说明

配置项	说　明
3rd	存放第三方的代码，如 Lua、jemalloc、lpeg 等
cservice	存放内置的用 C 语言编写的服务
luaclib	用 C 语言编写的程序库，如 bson 解析、md5 解析等
lualib	用 Lua 编写的程序库
lualib-src	luaclib 目录下，库文件的源码
service-src	cservice 目录下，程序的源码
skynet-src	使用 C 写的 Skynet 核心代码

2.2.4　启动流程

　　图 2-9 展示了 Skynet 的启动流程。图中①②③步由引擎完成，用户只需在配置文件中指定主服务（表 2-1 的 start 项）即可，之后就可以从主服务开始编写程序了。

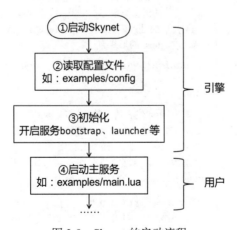

图 2-9　Skynet 的启动流程

　　了解了理论知识，下面开启实践之旅。

2.3　第一个程序 PingPong

服务向另一个服务发送消息，是 Skynet 的最核心功能。PingPong 是个很简单的程序，下面用它来学习如何开启服务、如何发送消息。

2.3.1　功能需求

如图 2-10 所示，开启两个 ping 类型的服务 ping1 和 ping2，让 ping1 给 ping2 发消息，ping2 收到后回应 ping1，ping1 收到再回应 ping2，不断循环。PingPong 与 1.7.2 节的 Actor 程序"相互督促工作，努力赚钱"很相似。

2.3.2　学习服务模块

Skynet 提供了开启服务和发送消息的 API，必先掌握它们。表 2-5 列出了 Skynet 中 8 个最重要的 API，PingPong 程序会用到它们。更多 API 可以参见 https://github.com/cloudwu/skynet/wiki/APIList，此处暂不列举太多，用到时再做介绍。

表 2-5　Skynet 中 8 个最重要的 API

Lua API	说　　明
newservice(name, ...)	启动一个名（类型）为 name 的新服务，并返回新服务的地址。图 2-5 中的 0100000f、01000009 即表示服务地址，同节点内的服务会有唯一地址 例如 `local ping1 = skynet.newservice("ping")` 表示开启一个 ping 类型的服务，把地址存放到 ping1 中
start(func)	用 func 函数初始化服务。编写服务时，都会写一句 skynet.start，并在 func 写一些初始化代码

dispatch(type, func)	为 type 类型的消息设定处理函数 func。Skynet 支持多种消息类型，由于 Lua 服务间的消息类型是"lua"，因此这里暂时将它固定为"lua"。func 是指收到消息后的处理函数，当一个服务收到新消息时，Skynet 就会开启新协程，并调用它。func 的形式为
	`function(session, source, cmd, ...)`
	`　　　　……`
	`end`
	参数 session 代表消息的唯一 id，可暂时先不管。source 代表消息来源，指发送消息的服务地址，cmd 代表消息名，"..."是一个可变参数，内容由发送方的 skynet.send 或 skynet.call 指定
	编写服务，一般会用如下的固定形式。表示以匿名函数的方式编写 skynet.start 的参数 func，并在 func 中调用 dispatch
	`skynet.start(function()`
	`　　skynet.dispatch("lua", function(` 参数略 `)`
	`　　……`
	`　　end)`
	`end)`

（续）

Lua API	说　明

send(addr, type, cmd, ...)	向地址为 addr 的服务发送一条 type 类型的消息，消息名为 cmd。发送方用 skynet.send 发送消息，接收方用 skynet.dispatch 接收消息，它们的参数相互对应。若用于服务间通信，类型一般固定为"lua"
	例如，使用如下语句向服务 ping1 发送消息
	
	`skynet.send(ping1, "lua", "ping", 1, 2)`
	
	在 ping1 的 dispatch 回调中，参数的值如下
	
	`function(session, source, cmd, p1, p2, p3)`
	`    -- cmd = "ping"`
	`    -- p1 = 1`
	`    -- p2 = 2`
	`    -- p3 = nil`
	`end`

call(addr, type, cmd, ...)	向地址为 addr 的服务发送一条 type 类型的消息，并等待对方的回应。skynet.call 是个阻塞方法，示意图如图 2-11 所示
exit()	结束当前服务
self()	返回当前服务的地址
error(msg)	向 log 服务发送一条消息，即打印日志

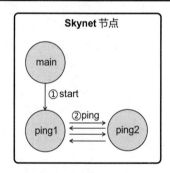

图 2-10　PingPong 程序示意图

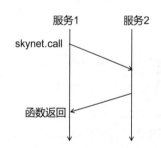

图 2-11　skynet.call 的示意图

2.3.3　代码实现

初看 API 文档可能一头雾水，结合代码才能融会贯通。按照 2.3.1 节的需求，PingPong 程序必须包含主服务和 ping 服务。

1. 主服务

新建文件 examples/Pmain.lua，主服务如代码 2-2 所示。

代码 2-2　examples/Pmain.lua 中的主服务代码

（资源：Chapter2/2_pingpong_main.lua）

```
local skynet = require "skynet"
```

```
skynet.start(function()
    skynet.error("[Pmain] start")
    local ping1 = skynet.newservice("ping")
    local ping2 = skynet.newservice("ping")

    skynet.send(ping1, "lua", "start", ping2)
    skynet.exit()
end)
```

ℹ **说明**：可以用 Vim 等工具直接在 Linux 上编辑文档，也可以使用 WinSCP、Samba 等工具在 Windows 上编辑。

图 2-12 是代码 2-2 的示意图，主服务启动服务后，会先打印"[Pmain] start"（没特别的作用，用于验证程序是否运行到 skynet.start 的回调函数了），然后开启两个 ping 类型的服务，它们的地址分别存为 ping1 和 ping2。再调用 skynet.send，让主服务向 ping1 发送名为"start"的消息（图中的阶段①），附带一个参数 ping2。最后，主服务完成使命，退出。

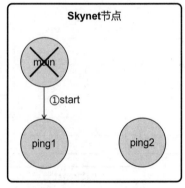

图 2-12　代码 2-2 的示意图

为使 Skynet 启动 Pmain，需设置配置文件。在 examples 中新建配置文件 Pconfig，可以复制原先的 Config 文件，并将其中的 start = "main" 改为 start = "Pmain"。Skynet 会找到 Pmian.lua 作为主服务。也可以复制 2.2.2 节的配置模板，同样，设置主服务为 Pmain。

2. ping 服务

新建文件 examples/ping.lua，编写 ping 服务。Skynet 服务的基础结构如代码 2-3 所示（主服务功能单一，因此使用更简单的写法）。

代码 2-3　examples/ping.lua 中的 ping 服务代码

（资源：Chapter2/2_pingpong_ping.lua）

```
local skynet = require "skynet"

local CMD = {}

skynet.start(function()
    skynet.dispatch("lua", function(session, source, cmd, ...)
        local f = assert(CMD[cmd])
        f(source,...)
    end)
end)
```

在代码 2-3 中，先用 skynet.start 初始化服务，然后在回调方法中调用 skynet.dispatch，指定 lua 类型消息的处理方法。为使代码简洁，两个回调方法都使用了匿名函数。代码中带底纹的两句值得重点关注，其含义是：收到其他服务的消息后，查找 CMD[cmd] 这个方法是否存在，如果存在就调用它。例如，当 ping1 服务收到主服务的"start"消息时，程序会调用 CMD.start(source, ...)。其中，参数 source 代表消息来源，其他参数由发送方传送。

ping 服务可以接收两种消息：一种是主服务发来的 start 消息；另一种是其他 ping 服务发来的 ping 消息。如代码 2-4 展示了这两种消息的处理方法。

代码 2-4　examples/ping.lua 中的 ping 服务消息处理

```
function CMD.start(source, target)
    skynet.send(target, "lua", "ping", 1)
end

function CMD.ping(source, count)
    local id = skynet.self()
    skynet.error("["..id.."] recv ping count="..count)
    skynet.sleep(100)
    skynet.send(source, "lua", "ping", count+1)
end
```

主服务会在启动两个 ping 服务后给 ping1 发送 start 消息，语句是" skynet.send(ping1, "lua", "start", ping2)"，最后一个参数对应 CMD.start 的参数 target，代表要让 ping1 发消息给谁。ping1 收到后，会给 ping2 发送一条 ping 消息，附带参数"1"。ping2 收到后，执行 CMD.ping，参数"1"对应参数 count。ping2 也会给 ping1（发送方 source）发送 ping，并把记数值 count 加 1，如此往复。

代码中的 skynet.sleep(100) 指让协程（ping 方法）暂停 1 秒，这仅仅为了降低程序运行速度，让读者可以看清日志。

2.3.4　运行结果

执行 ./skynet examples/Pconfig 运行程序，结果如图 2-13 所示。其中 0100000b 和 16777227 代表 ping2 的地址（一个十六进制一个十进制，它们是相同的值，根据不同配置，读者看到的数值可能不同），0100000a 和 16777226 代表 ping1 的地址。ping2 先打印出计数值 1，接着 ping1 打印出计数值 2，然后 ping2 再打印出计数值 3，以此类推。

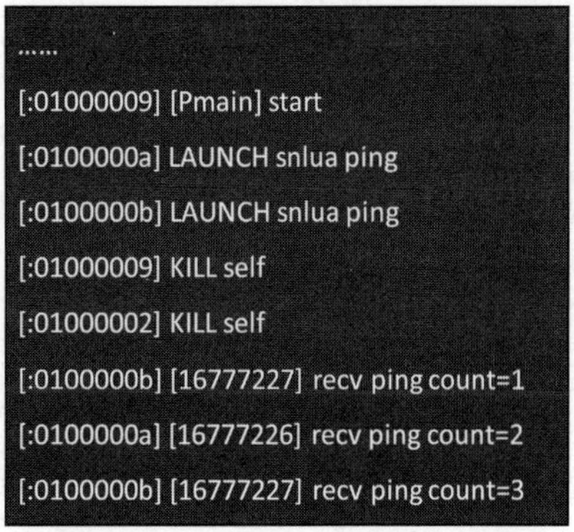

```
......
[:01000009] [Pmain] start
[:0100000a] LAUNCH snlua ping
[:0100000b] LAUNCH snlua ping
[:01000009] KILL self
[:01000002] KILL self
[:0100000b] [16777227] recv ping count=1
[:0100000a] [16777226] recv ping count=2
[:0100000b] [16777227] recv ping count=3
```

图 2-13　PingPong 程序的运行结果

2.4　写 Echo，练习网络编程

游戏服务端要处理客户端请求，作为服务端引擎，网络编程也是 Skynet 的核心功能。

2.4.1 功能需求

图 2-14 是开启处理客户端消息的服务，它会把收到的内容原封不动地发回给客户端。

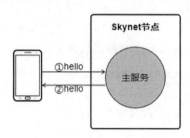

图 2-14　Echo 程序示意图

2.4.2 学习网络模块

skynet.socket 模块提供了网络编程的 API，Echo 程序会用到它们，如表 2-6 所示。

表 2-6　处理网络消息的 API

Lua API	说明
socket.listen(host, port)	监听客户端连接，其中 host 代表 IP 地址，port 代表端口，它将返回监听 Socket 的标识 例如 `local listenfd = socket.listen("0.0.0.0", 8888)` 代表监听 8888 端口，"0.0.0.0" 代表不限制客户端的 IP，listenfd 保存着监听 Socket 的标识

socket.start(fd, connect)	新客户端连接时，回调方法 connect 会被调用。参数 fd 是 socket.listen 返回的标识；回调方法 connect 带有两个参数，第一个参数代表新连接的标识，第二个参数代表新连接的地址
	另外，connect 获得一个新连接后，并不会立即接收它的数据，需再次调用 socket.start(fd) 才会开始接收
	一般开启监听的完整写法为
	
	`function connect(fd, addr)`
	`    socket.start(fd)`
	`    print(fd.." connected addr:"..addr)`
	`end`
	
	`local listenfd = socket.listen("0.0.0.0", 8888)`
	`socket.start(listenfd ,connect)`

socket.read(fd)	从指定的 Socket 上读数据，它是个阻塞方法
socket.write(fd, data)	把数据 data 置入写队列，Skynet 框架会在 Socket 可写时发送它
socket.close(fd)	关闭连接，它是个阻塞方法

更多 API 参见 https://github.com/cloudwu/skynet/wiki/Socket ，本节暂不列举太多，后面用到时再做介绍。socket.read 中所谓的阻塞模式和 skynet.call 一样，都利用了 Lua 的协

程机制。调用 socket.read，服务有可能被挂起，直到接收到数据，才会往下执行。2.9 节将对阻塞模式做进一步说明。

2.4.3 代码实现

本例只需开启一个服务。修改主服务 Pmain，程序结构如代码 2-5 所示。先引入 skynet 和 skynet.socket 这两个模块，在服务启动后（使用 skynet.start 的回调方法），依次调用 socket.listen 和 socket.start 来监听 8888 端口。socket.start 的回调方法 connect 见代码 2-6。

代码 2-5　examples/Pmain.lua　　　（资源：Chapter2/3_echo.lua）

```lua
local skynet = require "skynet"
local socket = require "skynet.socket"


skynet.start(function()
    local listenfd = socket.listen("0.0.0.0", 8888)
    socket.start(listenfd ,connect)
end)
```

新客户端发起连接时，connect 方法将被调用。在 while 循环里，程序先用 socket.read 接收数据，如果收到数据（if readdata ~= nil 的真分支），则通过 socket.write 将数据发回客户端；如果客户端断开了连接（if readdata ~= nil 的假分支），则调用 socket.close 关闭连接。代码中的 print 方法用于打印调试信息，与 skynet.error 类似。

代码 2-6　examples/Pmain.lua

```lua
function connect(fd, addr)
    -- 启用连接
    print(fd.." connected addr:"..addr)
    socket.start(fd)
    -- 消息处理
    while true do
        local readdata = socket.read(fd)
        -- 正常接收
        if readdata ~= nil then
            print(fd.." recv "..readdata)
            socket.write(fd, readdata)
        -- 断开连接
        else
            print(fd.." close ")
            socket.close(fd)
        end
    end
end
```

2.4.4 运行结果

执行 ./skynet examples/Pconfig 运行服务端程序。

ℹ️ **说明：** 如果开启服务端时提示"init service failed: ./lualib/skynet/socket.lua:360: Listen error"，意味着监听端口 8888 被占用，可能是多次运行服务端所致，可以（在测试环境下）执行"killall -9 skynet"关闭所有的 Skynet 进程。

再启动客户端程序（如 telnet），连接服务端。

💡 **知识拓展：** telnet 是 Linux 下的一个程序，可用于调试 TCP 连接。如果尚未安装，可在 CentOS 下执行"yum install telnet"安装。输入"telnet [ip] [端口]"即可向指定服务器发起连接（图 2-15 所示为连接 127.0.0.1:8888），还可以在 telnet 中输入内容，按回车键可将字符串发给服务端。
如果使用云服务器时能够在本机上调试，但无法跨机器连接，很可能是云服务器防火墙屏蔽了客户端连接，可以设置云服务器的"安全策略"以开放端口。

Echo 程序的运行结果如图 2-16 所示，这里先后开启了两个客户端，分别输入"lpy"和"helloskynet"，服务端将会给出回应。图中客户端部分白色字体代表用户输入，灰色字体代表程序输出，灰色箭头代表消息的流向。

图 2-15 向指定服务器发起连接

图 2-16 Echo 程序的运行结果

2.5 做聊天室，学习多人交互

在游戏中各玩家可以交互，这在 2.4 节的基础上很容易实现。

2.5.1 功能需求

图 2-17 所示为客户端发送一条消息，经由服务端转发，所有在线客户端都能收到。

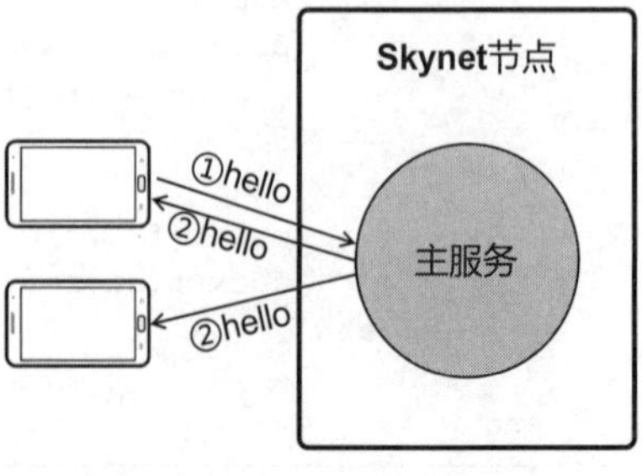

2.5.2 代码实现

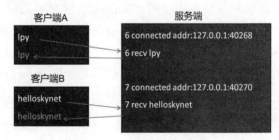

图 2-17 聊天室示意图

修改 2.4 节的 Echo 程序来实现交互功能（如代码 2-7 所示），其中加底纹的语句值得特别注意，此程序的结构和 1.2.4 节的示例很相似。

首先定义名为 clients 的表，用于存放客户端连接，它将以连接标识 fd 为索引来保存连接信息。当客户端建立连接时，connect 被调用，它会通过"clients[fd]={}"把新的 fd 存放到 clients 表中。本例较简单，将以空表 {} 代表客户端的信息。断开连接时，通过 clients[fd] = nil 删除客户端信息。若在此过程中接收到数据，则遍历 clients 表，逐个转发。

代码 2-7　examples/Pmain.lua 中的部分内容　（资源：Chapter2/4_chat.lua）

```lua
local clients = {}

function connect(fd, addr)
    -- 启用连接
    print(fd.." connected addr:"..addr)
    socket.start(fd)
    clients[fd] = {}
    -- 消息处理
    while true do
        local readdata = socket.read(fd)
        -- 正常接收
        if readdata ~= nil then
            print(fd.." recv "..readdata)
            for i, _ in pairs(clients) do -- 广播
                socket.write(i, readdata)
            end
        -- 断开连接
        else
            print(fd.." close ")
            socket.close(fd)
            clients[fd] = nil
        end
    end
end
```

本节程序很简单，下面留一个作业给读者。还记得 1.4.3 节的"搭个简单的分布式服务端"吗？现在你已完全掌握用 Skynet 实现此功能的全部知识，结合 ping 程序，尝试用 Skynet 引擎搭建它。

2.6　做留言板，使用数据库

游戏服务端的另一项重要功能是保存玩家数据，Skynet 提供了操作 MySQL 数据库、MongoDB 数据库的模块。

2.6.1　功能需求

如图 2-18 所示，客户端发送"set XXX"命令时，程序会把留言"XXX"存入数据库，发送"get"命令时，程序会把整个留言板返回给客户端。

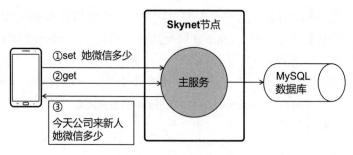

图 2-18　留言板示意图

2.6.2　学习数据库模块

skynet.db.mysql 模块提供操作 MySQL 数据库的方法，如表 2-7 所示。

表 2-7　连接 MySQL 数据库的 API

Lua API	说　明

mysql.connect(args)	连接数据库。参数 args 是一个 Lua 表，包含数据库地址、用户名、密码等信息，API 会返回数据库对象，用于后续操作
	例如
	
	``lua
	local db = mysql.connect({
	        host="39.100.116.201",
	        port=3306,
	        database="message_board",
	        user="root",
	        password="12345678",
	        max_packet_size = 1024 * 1024,
	        on_connect = nil
	    })
	``
	
	代表连接地址为 39.100.116.201、端口为 3306、数据库名为 message_board、用户名为 root、密码为 12345678 的 MySQL 数据库

db:query(sql)	执行 SQL 语句。db 代表 mysql.connect 返回的对象，参数 sql 代表 SQL 语句
	例如
	
	``lua
	local res = db:query("select * from msgs")
	``
	
	代表查询数据表 msgs，返回值 res 代表查询的结果
	
	``lua
	db:query("insert into msgs (text) values (\'hello\')")
	``
	
	代表把字符串"hello"插入 msgs 表的 text 栏位

2.6.3　准备数据库

服务端与 MySQL 通过 TCP 相连，获取数据时，服务端会以特定形式发送形如"查询 id 为 101 的玩家数据"的消息，MySQL 收到消息后，回应查到的数据。启动留言板程序前，需要先开启 MySQL 数据库，预先创建数据表。

知识拓展： 完整地安装和启动 MySQL 数据库包括如下步骤：

（1）安装 MySQL 数据库

在 CentOS 下执行如下三条指令，下载 MySQL5.7 并安装它。如果提示系统找不到 wget 或 rpm，请先用 yum install XXX 安装它们。

```
wget 'https://dev.mysql.com/get/mysql57-community-release-el7-11.noarch.rpm'
rpm -Uvh mysql57-community-release-el7-11.noarch.rpm
yum install mysql-community-server
```

（2）启动 MySQL 数据库

执行如下指令启动 MySQL 数据库。

```
service mysqld start
```

（3）查看默认数据库密码

新版 MySQL（5.7 之后）出于安全考虑，要求用户重设密码，之后才能正常操作。要重设密码，就要先登录数据库，再执行修改密码的指令。要登录数据库，就得用默认的密码。那么，默认的密码是什么？执行如下指令打开 MySQL 的日志文件。

```
vim /var/log/mysqld.log
```

会看到其中有一句

```
A temporary password is generated for root@localhost: qeWupq-Bp4K5
```

其中的"qeWupq-Bp4K5"就是首次登录时要输入的密码，这是个随机数，先记下它。

（4）修改密码

输入如下指令登录数据库，其中 -u 后面的 root 代表用户名，-p 后面的字符代表初始密码。

```
mysql -h127.0.0.1 -uroot -pqeWupq-Bp4K5
```

在 MySQL 的命令行中输入如下指令，其中的 12345678aB- 代表新密码。密码必须是 8 位以上，且含有数字、字母和特殊字符。

```
mysql> alter user 'root'@'localhost' identified by "12345678aB-";
```

（5）开放权限

出于安全考虑，默认情况下，新版 MySQL 只开放本地 root 权限，即只能在本机登录。由于我们只是做实验，不需要考虑安全性问题，因此可以输入如下语句，让其他电脑连接（安全的做法是新建一些受限账号，对这些账号仅开放所需的权限）。

```
mysql> use mysql;
mysql> update user set host='%' where user='root';
mysql> flush privileges;
```

（6）测试

重新连接数据库，输入如下 SQL 语句显示 MySQL 数据库中的库。如能成功，说明一切就绪。

```
mysql> show databases;
```

图 2-19 展示了 MySQL 数据库的结构。一个 MySQL 包含多个库，库中包含多个表，每个表包含多个栏位。操作数据库时，需选定某个库（如表 2-5 中 mysql.connect 的 database 项），再增删改表中的数据。

图 2-19　MySQL 数据库的结构

知识拓展： 有多种手动操作 MySQL 数据库的方法。

（1）用命令行操作

使用 "mysql -h127.0.0.1 -uroot -pXXX" 登录数据库，再输入 SQL 语句即可实现操作，只是不太直观。

（2）用工具操作

可在 Windows 上安装 "Navicat for MySQL" 来操作 MySQL 数据库，它是个可视化的 MySQL 客户端软件。本节会演示 "Navicat for MySQL" 的操作方法。

先创建名为 message_board 的库。如图 2-20 所示，打开 Navicat，填入 MySQL 数据库的 IP、端口、用户名和密码，登录数据库（如果连接失败，除了检查用户名、密码外，还需设置云服务器的安全策略，开放 3306 端口）。

图 2-20　用 Navicat 连接数据库

右键单击连接名，选择"新建数据库"，命名为"message_board"。选择新创建的数据库，创建名为"msgs"的表，表结构如图 2-21 所示。msgs 表包含 id 和 text 两个栏位。id 栏位为 int 类型，将其设置为主键，不允许空值，并勾选自动递增；text 栏位设为 text 类型。

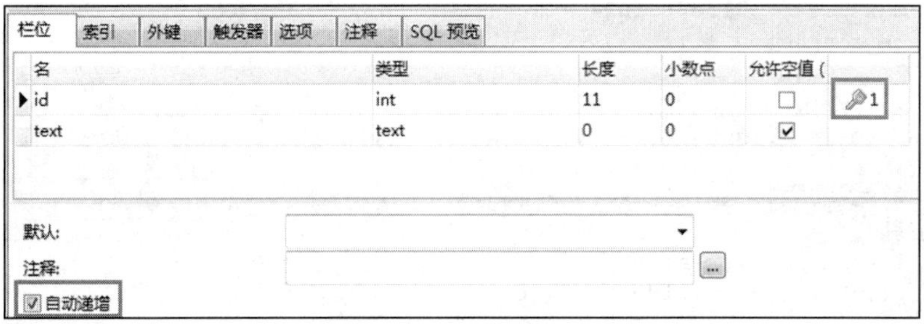

图 2-21　msgs 表结构

在 msgs 表里添加几条数据（用于测试），如图 2-22 所示。

图 2-22　在 msgs 表里添加测试数据

2.6.4　代码实现

这里先不直接做留言板，而是写个小程序尝试测试数据库读写功能，以便融会贯通。编写代码 2-8 所示的主服务，功能如下：

❏ 调用 mysql.connect 连接 MySQL，并选用 message_board 库。
❏ 使用 db:query("insert ...") 向数据库插入一条数据，在 text 栏位插入字符串"hehe"。
❏ 使用 db:query("select ...") 查询数据库，将结果保存到 res 中，遍历它并打印出来。

代码 2-8　examples/Pmain.lua　　（资源：Chapter2/5_mysql.lua）

```lua
local skynet = require "skynet"
local mysql = require "skynet.db.mysql"

skynet.start(function()
    -- 连接
    local db=mysql.connect({
```

```
        host="39.100.116.101",
        port=3306,
        database="message_board",
        user="root",
        password="7a77-788b889aB",
        max_packet_size = 1024 * 1024,
        on_connect = nil
    })
    -- 插入
    local res = db:query("insert into msgs (text) values (\'hehe\')")
    -- 查询
    res = db:query("select * from msgs")
    -- 打印
    for i,v in pairs(res) do
        print ( i," ",v.id, " ",v.text)
    end
end)
```

运行服务端，能看到如图 2-23 所示的输出，其中"hello"和"good"是手动添加的数据，"hehe"是主服务添加的数据。

现在将网络编程和数据库操作结合起来，完成本节的需求。在代码 2-9 中，新增变量 db 用于保存数据库对象；服务启动后，开启网络监听，并发起数据库连接。

图 2-23　程序运行结果

代码 2-9　examples/Pmain.lua 中的部分内容

（资源：Chapter2/5_messageboard.lua）

```
local skynet = require "skynet"
local socket = require "skynet.socket"
local mysql = require "skynet.db.mysql"

local db = nil

skynet.start(function()
    -- 网络监听
    local listenfd = socket.listen("0.0.0.0", 8888)
    socket.start(listenfd ,connect)
    -- 连接数据库
    db=mysql.connect({
            host="127.0.0.1",
            port=3306,
            database="message_board",
            user="root",
            password="12345678aB+",
            max_packet_size = 1024 * 1024,
            on_connect = nil
        })
end)
```

新连接的回调方法 connect 如代码 2-10 所示，它分成两个部分：

❑ 如果客户端发送的数据是"get\r\n",则查询数据库，然后将结果一条条地发回。

❑ 如果客户端发送的是"set XXX"（为了简洁，假设用户会输入正确的数据），则用正则表达式将字符串 XXX 提取出来（变量 data），然后插入数据库中。

代码 2-10　examples/Pmain.lua 中 connect 方法的部分代码

```lua
function connect(fd, addr)
    ......
    -- 正常接收
    if readdata ~= nil then
        -- 返回留言板内容
        if readdata == "get\r\n" then
            local res = db:query("select * from msgs")
            for i,v in pairs(res) do
                socket.write (fd, v.id.." "..v.text.."\r\n")
            end
        -- 留言
        else
            local data = string.match( readdata, "set (.-)\r\n")
            db:query("insert into msgs (text) values (\'"..data.."\')")
        end
    ......
end
```

ℹ️ 说明："\r\n"即换行符，在 telnet 中输入字符串，它会把换行符也发给服务端。

2.6.5　运行结果

开启服务端，再用 telnet 连接。客户端的运行结果如图 2-24 所示：输入 get 命令，能看到所有留言；输入 set lpy 表示插入留言；再输入 get 可获取相应信息。

2.7　监控服务状态

Skynet 自带了一个调试控制台服务 debug_console，启动它之后，可以查看节点的内部状态。

图 2-24　留言板客户端的运行结果

2.7.1　启用调试控制台

下面以代码 2-11 所示的 ping 程序为例加以说明。

代码 2-11　examples/Pmain.lua

```lua
local skynet = require "skynet"

skynet.start(function()
    skynet.newservice("debug_console",8000)
```

```
        local ping1 = skynet.newservice("ping")
        local ping2 = skynet.newservice("ping")
        local ping3 = skynet.newservice("ping")

        skynet.send(ping1, "lua", "start", ping3)
        skynet.send(ping2, "lua", "start", ping3)
        skynet.exit()
    end)
```

在图 2-25 所示的节点结构中，代码 2-11 先开启 debug_console 服务，让它监听 8000 端口，然后开启 3 个 ping 服务（见 2.3 节）。主服务会让 ping1 和 ping2 向 ping3 发消息，ping3 会给出回应。

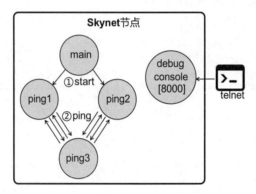

图 2-25　代码 2-11 的节点结构图

下面我们会用 telnet 连接 debug_console，再来一探究竟。

2.7.2　监控指令

用本地的 telnet 连接 debug_console 服务，可以看到 "Welcome to skynet console" 的字样，如图 2-26 所示。

```
[root@test]# telnet 127.0.0.1 8000
Trying 127.0.0.1...
Connected to 127.0.0.1.
Escape character is '^]'.
Welcome to skynet console
```

图 2-26　用本地的 telnet 连接 debug_console 服务

1. list 指令

list 指令用于列出所有的服务，以及启动服务的参数。在控制台输入 "list" 后，控制台会显示图 2-27 所示的信息。可见，除了由主服务开启的 "debug_console" 和 3 个 "ping" 服务以外，skynet 还自动开启了 cmaster、cslave、datacenterd 等服务用于提供引擎功能。在编写程序的过程中，如果怀疑某些服务没成功启动，可用 list 命令检查。

2. mem 指令

mem 指令用于显示所有 Lua 服务占用的内存。执行结果如图 2-28 所示，3 个 ping 服务大致会占用 60Kb 的内存。如果某个服务占用的内存很高，可以做针对性优化。

```
:01000004     snlua cmaster
:01000005     snlua cslave
:01000007     snlua datacenterd
:01000008     snlua service_mgr
:0100000a     snlua debug_console 8000
:0100000b     snlua ping
:0100000c     snlua ping
:0100000d     snlua ping
```

图 2-27　list 指令

```
:01000004     65.29 Kb (snlua cmaster)
:01000005     70.40 Kb (snlua cslave)
:01000007     51.20 Kb (snlua datacenterd)
:01000008     57.88 Kb (snlua service_mgr)
:0100000a     109.58 Kb (snlua debug_console 8000)
:0100000b     56.69 Kb (snlua ping)
:0100000c     56.69 Kb (snlua ping)
:0100000d     60.78 Kb (snlua ping)
```

图 2-28　mem 指令

3. stat 指令

stat 指令用于列出所有 Lua 服务的 CPU 时间、处理的消息总数（message）、消息队列长度（mqlen）、被挂起的请求数量（task）等。如图 2-29 所示，每个服务都含有消息队列，向服务发消息，就是将消息插入消息队列的过程，如果某个服务处理消息的速度太慢，它的消息队列就会很长。stat 指令可以查看各个服务消息队列的长度，得知哪些服务负载高。

图 2-30 展示了 stat 指令的执行结果。其中 ping3（0100000d）的 message（处理的消息总数）是另外两个 ping 服务（0100000b 和 0100000c）的两倍，这与 ping1 和 ping2 共同针对 ping3 形成的负载相符。

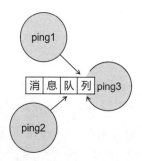

```
:01000004     cpu:0.001135    message:10     mqlen:0 task:1
:01000005     cpu:0.000933    message:11     mqlen:0 task:1
:01000007     cpu:0.000395    message:4      mqlen:0 task:0
:01000008     cpu:0.000786    message:4      mqlen:0 task:0
:0100000a     cpu:0.00415     message:26     mqlen:0 task:2
:0100000b     cpu:0.004635    message:150    mqlen:0 task:1
:0100000c     cpu:0.001969    message:150    mqlen:0 task:1
:0100000d     cpu:0.005495    message:296    mqlen:0 task:0
```

图 2-29　ping1 和 ping2 向 ping3 发送消息　　　　　图 2-30　stat 指令

4. netstat 指令

netstat 指令用于列出网络连接的概况。执行结果如图 2-31 所示，其中 0100000a 代表 debug_console 服务（可由 list 命令得知），它监听 8000 端口（第 3 行）。

```
1    address::0100000a   id:7   peer:127.0.0.1:43766   read:54 rtime:0.0s   type:TCP    write:1.8369140625K   wtime:3.04s
2    address::0100000a   id:6   peer:127.0.0.1:43764   read:38 rtime:1.40s  type:TCP    write:2.3193359375K   wtime:1.45s
3    accept:2   address::0100000a   id:5   rtime:1:36s   sock:127.0.0.1:8000   type:LISTEN
4    address::01000004   id:4   peer:127.0.0.1:44816   read:55 rtime:2:55s   type:TCP   write:39   wtime:2:55s
5    address::01000005   id:3   peer:127.0.0.1:2013    read:39 rtime:2:55s   type:TCP   write:55   wtime:2:55s
6    accept:1   address::01000004   id:1   rtime:2:55s   sock:0.0.0.0:2013   type:LISTEN
<CMD OK>
```

图 2-31　netstat 指令

更多控制台功能见 https://github.com/cloudwu/skynet/wiki/DebugConsole。

2.8 使用节点集群建立分布式系统

一台物理机的承载量有限，现代服务端都采用分布式服务模式。Skynet 提供了 cluster 集群模式，可让不同节点中的服务相互通信。

2.8.1 功能需求

此处的需求是将 2.7 节的 ping 程序改成分布式。如图 2-32 所示，先在节点 1 开启两个 ping 服务（ping1 和 ping2），然后再开启另一个 ping 服务（ping3），让 ping1 和 ping2 分别向 ping3 发送消息，ping3 给予回应，如此往复。

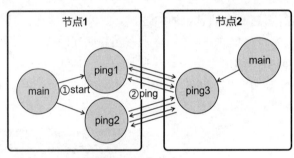

图 2-32 分布式 ping

2.8.2 学习集群模块

图 2-33 展示了 Skynet 的 cluster 集群模式。在该模式中，用户需为每个节点配置 cluster 监听端口（即图中的 7001 和 7002），Skynet 会自动开启 gate、clusterd 等多个服务，用于处理节点间通信功能。假如图 2-33 的 ping1 要发送消息给另一个节点的 ping3，流程是节点 1 先和节点 2 建立 TCP 连接，消息经由 Skynet 传送至节点 2 的 clusterd 服务，再由 clusterd 转发给节点内的 ping3。

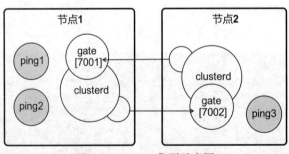

图 2-33 cluster 集群示意图

skynet.cluster 模块提供节点间通信的 API 如表 2-8 所示。

表 2-8　cluster 集群的 API

Lua API	说　明

cluster.reload(cfg)	让本节点（重新）加载节点配置，参数 cfg 是个 Lua 表，指示集群中各节点的地址例如
	
	``cluster.reload({
	        node1 = "127.0.0.1:7001",
	        node2 = "127.0.0.1:7002"
	    })```
	
	指明集群中有名为"node1"和"node2"的两个节点，node1 监听本地 7001 端口，node2 监听 7002 端口（参见图 2-33）

cluster.open(node)	启动节点。图 2-33 中的节点 1 需要调用 cluster.open("node1")，节点 2 需要调用 cluster.open("node2")，这样它们才能知道自己是 cluster.reload 中的哪一项，并开启对应端口的监听
cluster.send(node, address, cmd, ...)	向名为 node 的节点、地址为 address 的服务推送一条消息，这里参数 cmd 代表消息名
cluster.call(node, address, cmd, ...)	它与 cluster.send 的功能相似，都是向另一个服务推送消息。不同的是，它是个阻塞方法，会等待对方的回应。对比表 2-5 可知，通过 cluster 发送的消息均为"lua"类型，无须指定
cluster.proxy(node, address)	为远程节点上的服务创建一个本地代理服务，它会返回代理对象，之后可以用 skynet.send、skynet.call 操作该代理

更多 API 参见 https://github.com/cloudwu/skynet/wiki/Cluster。从图 2-33 也可看出，节点间通信有着较大的代价，不仅消息传递速度慢，安全性也得不到保障（如某个节点突然挂掉）。从 Skynet 的特点来看，如果 CPU 运算能力不足，选用更多核心的机器远比增加物理机性价比高。切记，任何企图抹平服务运行位置差异的设计都需要慎重考虑。

2.8.3　节点配置

本节程序会开启两个节点，意味着需要用到两份节点配置文件。复制两份配置模板（2.2.2 节），分别命名为 Pconfig.c1 和 Pconfig.c2，将主服务改为"Pmain"，再添加 node 这一项，指定节点名称。

examples/Pconfig.c1 中新增的内容如下：

```
node= "node1"
```

examples/Pconfig.c2 中新增的内容如下：

```
node= "node2"
```

2.8.4　代码实现

1. 主服务

每个节点都是从主服务开始运行的，主服务负责节点初始化并开启其他服务。对照

图 2-32 来看，节点 1 开启了两个 ping 服务，节点 2 开启了另外一个 ping 服务。

代码 2-12 展示了主服务的代码写法，在执行 cluster.reload 之后，主服务先判断当前的节点名称（mynode，skynet.getenv 表示从节点配置中读取项目），如果是节点 1 则进入"mynode == "node1""的分支，否则进入另一分支。每个节点都会调用 cluster.open 开启集群监听。

如果是节点 1，主服务会开启 ping1 和 ping2 这两个服务，然后通过 skynet.send 发送 start 指令。由于是分布式程序，因此相比于 2.3 节的程序，传递的参数要增加一个，代表让 ping1 和 ping2 向 node2 节点的 pong 服务发送消息。如果是节点 2，则开启一个 ping 服务，并用 skynet.name 把它命名为"pong"。

代码 2-12　examples/Pmain.lua（资源：Chapter2/6_cluster_main.lua）

```lua
local skynet = require "skynet"
local cluster = require "skynet.cluster"
require "skynet.manager"

skynet.start(function()
    cluster.reload({
        node1 = "127.0.0.1:7001",
        node2 = "127.0.0.1:7002"
    })
    local mynode = skynet.getenv("node")

    if mynode == "node1" then
        cluster.open("node1")
        local ping1 = skynet.newservice("ping")
        local ping2 = skynet.newservice("ping")
        skynet.send(ping1, "lua", "start", "node2", "pong")
        skynet.send(ping2, "lua", "start", "node2", "pong")
    elseif mynode == "node2" then
        cluster.open("node2")
        local ping3 = skynet.newservice("ping")
        skynet.name("pong", ping3)
    end
end)
```

2. ping 服务

集群的 ping 服务与 2.3 节的 ping 服务相似，程序结构如代码 2-13 所示。变量 mynode 保存节点名称（如"node1"）。

代码 2-13　examples/ping.lua 的程序结构

（资源：Chapter2/6_cluster_ping.lua）

```lua
local skynet = require "skynet"
local cluster = require "skynet.cluster"
local mynode = skynet.getenv("node")

local CMD = {}
```

```
skynet.start(function()
    ...... 略
end)
```

ping 服务包含 ping 和 start 这两个消息处理方法，如代码 2-14 所示。

在 start 方法中，参数 source 代表消息源，target_node 和 target 分别代表目标服务的节点和地址，由主服务传入。然后通过 cluster.send 向 target_node 节点的 target 服务发送名为 ping 的消息，这里带有 3 个参数，其中 mynode 和 skynet.self() 代表自己所在的节点和地址，"1"是一个计数值。

在 ping 方法中，参数 source_node、source_srv 和 count 分别对应 start 方法的 3 个参数，前两个参数代表消息发送方的节点、地址，最后一个参数 count 代表计数值。最后，通过 cluster.send 给发送方回应消息，并把计数值加 1。

代码 2-14　examples/ping.lua 中的部分内容

```
function CMD.ping(source, source_node, source_srv, count)
    local id = skynet.self()
    skynet.error("["..id.."] recv ping count="..count)
    skynet.sleep(100)
    cluster.send(source_node, source_srv, "ping", mynode, skynet.
        self(), count+1)
end

function CMD.start(source, target_node, target)
    cluster.send(target_node, target, "ping", mynode, skynet.self(), 1)
end
```

2.8.5　运行结果

先开启节点 2，再开启节点 1。节点 2 的运行结果如图 2-34 所示，它会打印出"recv ping count = *xxx*"，由于节点 1 的两个 ping 服务都会向节点 2 发送消息，因此同一计数值会出现两次。节点 1 的运行结果如图 2-35 所示，两个服务分别收到节点 2 的回应。

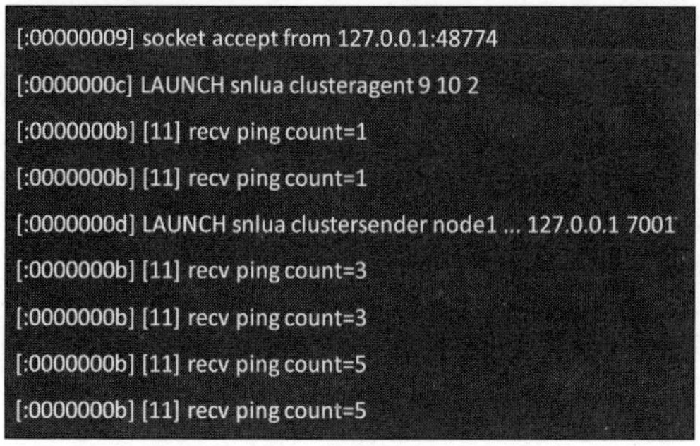

```
[:00000009] socket accept from 127.0.0.1:48774
[:0000000c] LAUNCH snlua clusteragent 9 10 2
[:0000000b] [11] recv ping count=1
[:0000000b] [11] recv ping count=1
[:0000000d] LAUNCH snlua clustersender node1 ... 127.0.0.1 7001
[:0000000b] [11] recv ping count=3
[:0000000b] [11] recv ping count=3
[:0000000b] [11] recv ping count=5
[:0000000b] [11] recv ping count=5
```

图 2-34　节点 2 的运行结果

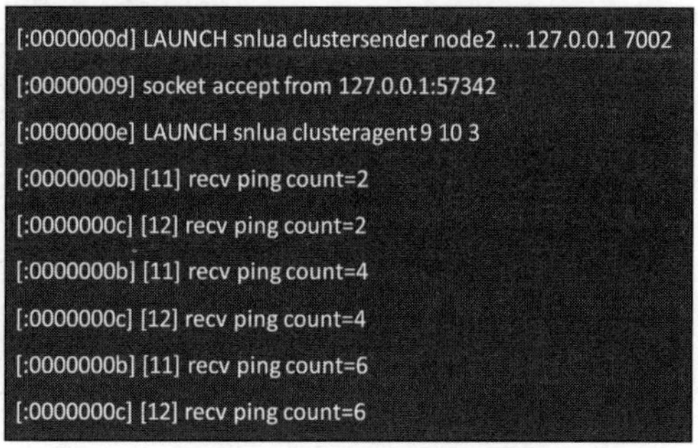

```
[:0000000d] LAUNCH snlua clustersender node2 ... 127.0.0.1 7002
[:00000009] socket accept from 127.0.0.1:57342
[:0000000e] LAUNCH snlua clusteragent 9 10 3
[:0000000b] [11] recv ping count=2
[:0000000c] [12] recv ping count=2
[:0000000b] [11] recv ping count=4
[:0000000c] [12] recv ping count=4
[:0000000b] [11] recv ping count=6
[:0000000c] [12] recv ping count=6
```

图 2-35　节点 1 的运行结果

2.8.6 使用代理

代码 2-15 展示的是代理的使用方法，先将节点 2 的 pong 服务作为代理（变量 pong），之后便可以将它视为本地服务，在此方法中通过 skynet.send 或 skynet.call 发送消息。

代码 2-15　examples/Pmain.lua 中的重要内容

```
if mynode == "node1" then
    cluster.open("node1")
    local ping1 = skynet.newservice("ping")
    local ping2 = skynet.newservice("ping")
    local pong = cluster.proxy("node2", "pong")
    skynet.send(pong, "lua", "ping", "node1", "ping1", 10)
```

2.9　使用 Skynet 的注意事项

使用一套引擎，就要理解它的特性。Skynet 最大的特性是"提供同一机器上充分利用多核 CPU 的处理能力"，由此带来的时序问题值得特别注意。

2.9.1 协程的作用

Skynet 服务在收到消息时，会创建一个协程，在协程中会运行消息处理方法（即用 skynet.dispatch 设置的回调方法）。这意味着，如果在消息处理方法中调用阻塞 API（如 skynet.call、skynet.sleep、socket.read），服务不会被卡住（仅仅是处理消息的协程被卡住），执行效率得以提高，但程序的执行时序将得不到保证。

如图 2-36 所示，某个服务的消息队列存在多条消息，第一条消息的处理函数是 OnMsg1，第二条是 OnMsg2，OnMsg1 调用了阻塞方法 skynet.sleep。尽管程序会依次调用 OnMsg1、OnMsg2……但当执行到阻塞函数时，协程会挂起。实际执行顺序可能是图 2-36 中右边展示的"语句 1、skynet.sleep、语句 3、语句 4、语句 2"。

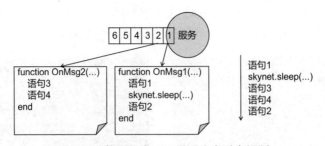

图 2-36　使用阻塞 API 需要注意时序问题

2.9.2 扣除金币的 Bug

本节展示一种不注意时序问题导致的 Bug，假设游戏有"存款"功能，玩家可以把一定数量的金币存入银行，获得利息。相关服务如图 2-37 所示，agent 服务代表玩家控制的角色，bank 服务代表银行。存款的过程如下：客户端发起存款请求（阶段①），agent 向 bank 转达请求（阶段②），bank 会返回操作的结果（阶段③）。代码 2-16 展示了一种有 Bug 的写法。

图 2-37 代码 2-16 的示意图

代码 2-16 agent 的消息处理方法（有 Bug）

```
local coin = 20 -- 角色身上的金币数

function CMD.deposit(source)
    if coin < 20 then    -- 假设每次存 20 金币
        return
    end
    local isok = skynet.call(bank, "lua", "deposit", 20);
    if isok then
        coin = coin - 20
    end
end
```

存在这么一种可能，玩家快速地两次点击存款按钮，消息时序会按图 2-37 中①①②③的顺序执行。如果角色身上仅剩 20 金币，第一次操作时，尚剩余 20 金币，第二次操作时，依然剩余 20 金币，两次操作都能成功，玩家总共存入 40 金币，剩余 "–20" 金币，显然不合理。

因为角色身上只有 20 金币，正常的情况是，无论玩家多么快速地点击存款按钮，他都只能成功存入一次。代码 2-17 展示了一种解决方法，在阻塞方法 skynet.call 之前扣除金币，如果存款失败，才补上扣除的金币。

代码 2-17 修复代码 2-16 的程序

```
function CMD.deposit(source)
    if coin < 20 then    -- 假设每次存 20 金币
        return
    end

    coin = coin - 20
    local isok = skynet.call(bank, "lua", "deposit", 20);
    if not isok then
        coin = coin + 20
    end
end
```

现在，你已掌握了 Skynet 的特性和基本操作，接下来的一章，会用综合示例说明怎样用 Skynet 去开发真正的游戏项目。这里先打个预防针，下一章的难度颇高，代码多、流程复杂，但如能掌握，你就拥有胜任 "服务端开发工程师" 岗位的条件。

案例:《球球大作战》

前面学习了 Skynet 的各项功能,那怎样将它们组合起来,开发游戏服务端?本章将用一个完整游戏案例——《球球大作战》,介绍分布式游戏服务端的实现方法。其中 2/3 的篇幅会介绍框架,这套框架具备通用性,适合大作战、棋牌、RPG、策略等多种类型的游戏;另外 1/3 的篇幅以《球球大作战》为例,介绍游戏逻辑的编写方法。

本章代码较多,流程较复杂。读者不必追求理解每个细节,更重要的是理解代码结构,能够仿写一款类似的游戏。若遇到不理解的地方,可先照抄让程序运行起来,再回过头来慢慢理解。建议读者不要一口气看完,可以分成三个部分边学习边实践:3.1 ~ 3.4 节搭建项目架子;3.5 ~ 3.11 节开发底层框架;3.12 ~ 3.15 节编写游戏逻辑。

3.1 功能需求

《球球大作战》是一款多人对战游戏,图 3-1 是它的战斗场景示意图。玩家控制一个小球(即图 3-1 中间的小球),让它在场景中移动。场景会随机产生食物(图 3-1 中遍布的小点),小球吃掉(碰到)食物后,体积会增大。数十名玩家在同一场景对战,体积大的玩家可以吃掉体积小的玩家。

整个游戏流程如下:

1)玩家输入账号密码登录游戏。

2)进入图 3-2 所示的界面,可以设置本轮游戏的昵称、选择服务器……

3)当玩家点击界面中的"开始比赛"按钮时,会进入某一战斗场景,在这里可与其他玩家对战。

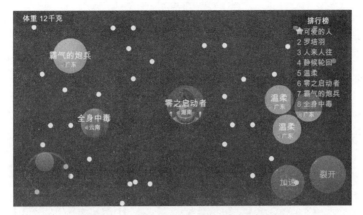

图 3-1 《球球大作战》战斗场景示意图

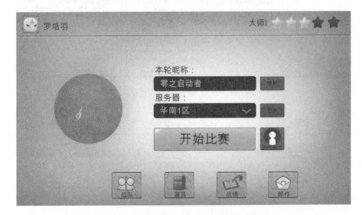

图 3-2 《球球大战》主界面示意图

我们即将开发的这款游戏，预估会有数万到数十万玩家同时在线，所以服务端也要根据这个量级来设计。

3.2 方案设计

要支持数以万计的在线玩家，必然要采取分布式的设计方案。本节会介绍一种通用的分布式服务端架构方案。如果读者没有服务端开发的经验，阅读时可能会稍微有些吃力，不过没关系，先了解思路，后面进一步学习。

3.2.1 拓扑结构

我们设计了如图 3-3 所示的服务端结构，其中圆圈代表服务，圈内文字指明服务的类型和编号，比如"gateway1"代表"gateway"类型的 1 号服务。此服务端结构有如下特点：

❑ 可以支持多个节点横向拓展。理论上，只要开启更多节点，就能够支持更多玩家。

❏ 符合 Skynet 设计理念。每个服务都是轻量级的，功能单一，通过多个服务协作完成服务端功能。

在图 3-3 中，每个节点被划分成两部分，其中，用虚线方框围起来的称为"本地"服务，方框外的称为"全局"服务，它们的具体区别如表 3-1 所示。

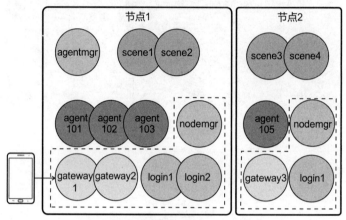

图 3-3　服务端拓扑结构设计图

表 3-1　图 3-3 中本地服务和全局服务的区别

类　型	说　明
本地服务	在单节点内是唯一的，但是它是不具备全局唯一性的服务 比如图中节点 1 和节点 2 都有 gateway1，每个节点都可以开启一个 gateway1，它们各自独立
全局服务	是在所有节点中都具有唯一性的服务。比如图中的 agentmgr，可以把它部署在节点 1，或者节点 2 上，但无论如何，所有节点只能开启一个

3.2.2　各服务功能

服务端包含了 gateway、login 等多个类型的服务，它们的功能如表 3-2 所示。

表 3-2　各种服务的功能

服　务	说　明
gateway	即网关，用于处理客户端连接的服务。客户端会连接某个网关（gateway），如果玩家尚未登录，网关会把消息转发给节点内某个登录服务器，以处理账号校验等操作；如果登录成功，则会把消息转发给客户端对应的代理（agent）。一个节点可以开启多个网关以分摊性能
login	指登录服务，用于处理登录逻辑的服务，比如账号校验。一个节点可以开启多个登录服务以分摊性能
agent	即代理，每个客户端会对应一个代理服务（agent），负责对应角色的数据加载、数据存储、单服逻辑的处理（比如强化装备、成就等）。出于性能考虑，agent 必须与它对应的客户端连接（即客户端连接的 gateway）处在同一个节点
agentmgr	管理代理（agent）的服务，它会记录每个 agent 所在的节点，避免不同的客户端登录同一账号
nodemgr	指节点管理，每个节点会开启一个 nodemgr 服务，用于管理该节点和监控性能
scene	即场景服务，处理战斗逻辑的服务，每一局游戏由一个场景服务器负责

3.2.3　消息流程

从客户端发起连接开始，服务端内部的消息处理流程如图 3-4 所示（这是个简化图，忽略了 nodemgr）。

登录过程：在阶段①客户端连接某个 gateway，然后发送登录协议。gateway 将登录协议转发给 login（阶段②），校验账号后，由 agentmgr 创建与客户端对应的 agent（阶段③和④）完成登录。如果该玩家已在其他节点登录，agentmgr 会先把另一个客户端顶下线。

游戏过程：登录成功后，客户端的消息经由 gateway 转发给对应的 agent（阶段⑤），agent 会处理角色的个人功能，比如购买装备、查看成就等。当客户端发送"开始比赛"的协议时，程序会选择一个场景服务器，让它和 agent 关联，处理一场战斗（阶段⑥）。

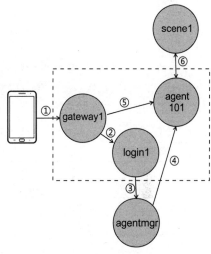

图 3-4　服务端消息处理流程

3.2.4　设计要点

1. gateway

这套服务端系统采用传统 C++ 服务器的架构方案。gateway 只做消息转发，启用 gateway 服务有以下好处：

❑ 隔离客户端与服务端系统。如果要更改客户端协议（比如改用 json 协议或 protobuf），仅需更改 gateway，不会对系统内部产生影响。

❑ 预留了断线重连功能，如果客户端掉线，仅影响到 gateway（下一章介绍）。

然而引入 gateway 意味着客户端消息需经过一层转发，会带来一定的延迟。将同一个客户端连接的 gateway、login、agent 置于同一节点，有助于减少延迟。

2. agent 和 scene 的关系

agent 可以和任意一个 scene 通信，但跨节点通信的开销较大（见 1.4.2 节）。一个节点可以支撑数千名玩家，足以支撑各种段位的匹配，玩家应尽可能地进入同一节点的战斗场景服务器（scene）。

3. agentmgr

agentmgr 仅记录 agent 的状态、处理玩家登录、登出功能，所有对它的访问都以玩家 id 为索引。它是个单点，但很容易拓展成分布式。

3.3 搭架子：目录结构和配置

开始编码吧！既然这是个"大项目"，就要有大项目的样子，就要有所规划，下面先把项目的架子搭起来。

3.3.1 目录结构

建立如图 3-5 所示的目录结构，各个文件（夹）的作用如表 3-3 所示。建议把 Skynet 框架放到一个文件夹里，把所有自己编写的内容都放到外层的文件夹里。笔者见过的不少实际项目都是使用的类似结构。

表 3-3 各个文件（夹）的作用

文件（夹）名	说　　明
etc	存放服务配置的文件夹
luaclib	存放一些 C 模块（.so 文件）
lualib	存放 Lua 模块
service	存放各服务的 Lua 代码
skynet	Skynet 框架，我们不会改动 Skynet 的任何内容。如果后续 Skynet 有更新，直接替换该文件夹即可
start.sh	启动服务器的脚本

service 文件夹用于存放各种服务的代码，如图 3-6 所示。每个服务的代码都放到一个以服务名称命名的文件夹里。按照 3.2.1 节的设计，服务端会开启 gateway、login、agent 等多种服务，我们光给每个服务建立对应的文件夹。主服务是节点启动后第一个被加载的服务，用于启动其他各个服务，它比较特殊，我们不给它创建对应的文件夹，而是为它创建一个 Lua 文件——main.lua。

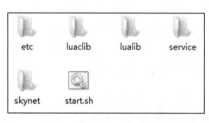

图 3-5　游戏项目目录结构

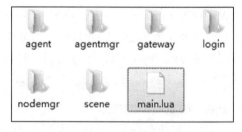

图 3-6　service 文件夹的内容

3.3.2 配置文件

更改了目录结构，需要重新编写 Skynet 的配置文件，让 Skynet 可以加载项目代码。在 etc 文件夹下新建文本文件 config.node1 和 config.node2，它们代表各个节点的配置。config.node1 中的代码如代码 3-1 所示，需注意标注了底纹的部分。

代码 3-1　etc/config.node1　　　　　　　　　　　　　（资源：Chapter3/rill4）

-- 必须配置

```
thread = 8                                     -- 启用多少个工作线程
cpath = "./skynet/cservice/?.so"               -- 用 C 编写的服务模块的位置
bootstrap = "snlua bootstrap"                  -- 启动的第一个服务

--bootstrap 配置项
start = "main"                                 -- 主服务入口
harbor = 0                                     -- 不使用主从节点模式

--lua 配置项
lualoader = "./skynet/lualib/loader.lua"
luaservice = "./service/?.lua;" .."./service/?/init.lua;".. "./skynet/service/?.
    lua;"
lua_path = "./etc/?.lua;" .. "./lualib/?.lua;" ..  "./skynet/lualib/?.
    lua;" .. "./skynet/lualib/?/init.lua"
lua_cpath = "./luaclib/?.so;" .. "./skynet/luaclib/?.so"

-- 后台模式（必要时开启）
--daemon = "./skynet.pid"
--logger = "./userlog"

-- 节点
node = "node1"
```

这份配置与 Skynet 的默认配置没有太大区别，但有一些需要注意的地方，具体如下：

1）因为 Skynet 引擎被放置到 skynet 文件夹下了，所以要重设 cpath、lualoader、luaservice、lua_path、lua_cpath 的路径。

2）由于自定义服务位于 service 文件夹下，因此要修改 luaservice 配置项，让它搜索该文件夹。按照代码 3-1 的设置，它会查找 service/[服务名].lua 或 service/[服务名]/init.lua 作为服务的启动文件。如果查找失败，才去搜索 Skynet 提供的服务。

3）依据代码中 lua_path 项的配置，当程序需要加载 Lua 模块时，它会依次查找 etc/[模块名].lua、lualib/[模块名].lua，再查找 skynet 提供的模块。

4）自定义环境变量"node"，代表节点名称。

5）使用 cluster 集群模式，设置 harbor = 0。

6）主服务为 main，根据 luaservice 项的配置，skynet 会启动 service/main.lua 作为主服务。

config.node2 与 config.node1 的内容一样，只是将 node = "node1" 改成了 node = "node2"。

3.3.3 第 1 版主服务

先编写个最简单的主服务，用于测试。首先要让系统能启动，后面才好编写功能逻辑。下面的代码 3-2 仅仅能打印出"[start main]"。

代码 3-2 service/main.lua

```
local skynet = require "skynet"
```

```
skynet.start(function()
    -- 初始化
    skynet.error("[start main]")
    -- 退出自身
    skynet.exit()
end)
```

3.3.4 启动脚本

编译 Skynet 后，即可启动程序，在 start.sh 所在的目录执行" ./skynet/skynet ./etc/config.node1"启动程序，图 3-7 所示是成功启动服务端项目的信息，倒数第三行的"[start main]"正是主服务打印出的内容，如果能看到此信息，说明启动成功。

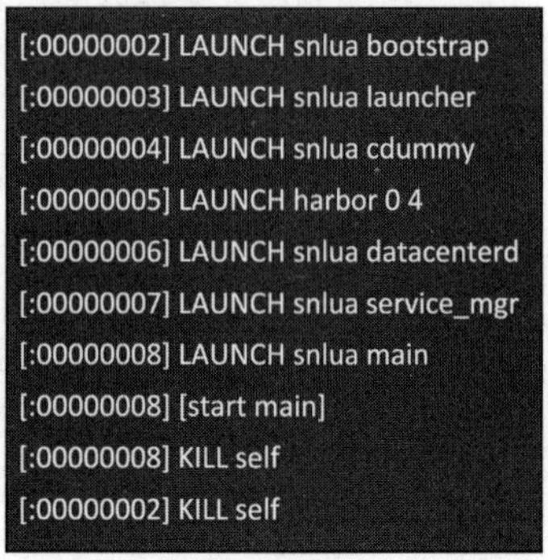

```
[:00000002] LAUNCH snlua bootstrap
[:00000003] LAUNCH snlua launcher
[:00000004] LAUNCH snlua cdummy
[:00000005] LAUNCH harbor 0 4
[:00000006] LAUNCH snlua datacenterd
[:00000007] LAUNCH snlua service_mgr
[:00000008] LAUNCH snlua main
[:00000008] [start main]
[:00000008] KILL self
[:00000002] KILL self
```

图 3-7　成功启动服务端项目

" ./skynet/skynet ./etc/config.node1"这句话很长，不方便输入，在 start.sh 中编写如代码 3-3 所示的代码以后，只需执行" sh start.sh 1"即可开启第一个节点，执行" sh start.sh 2"即可开启第二个节点，方便多了。

代码 3-3　./start.sh

```
./skynet/skynet ./etc/config.node$1
```

3.3.5 服务配置

服务端支持横向拓展，每个节点可以开启不同数量的 gateway、login，此处需要通过一份配置文件来描述服务端的拓扑结构。各个服务也需要根据这份配置文件来查找其他服务的位置。比如 login 服务器需要与 agentmgr 通信，那么它就需要知道 agentmgr 在哪个节点，配置文件会提供这个信息。服务配置还会提供服务所需的一些参数，比如每个 gateway 监听哪个端口号。

新建文件 etc/runconfig.lua，内容如代码 3-4 所示。

代码 3-4　etc/runconfig.lua

```
return {
    -- 集群
    cluster = {
      node1 = "127.0.0.1:7771",
      node2 = "127.0.0.1:7772",
    },
    --agentmgr
    agentmgr = { node = "node1" },
    --scene
    scene = {
```

```
        node1 = {1001, 1002},
        --node2 = {1003},
    },
    -- 节点1
    node1 = {
        gateway = {
            [1] = {port=8001},
            [2] = {port=8002},
        },
        login = {
            [1] = {},
            [2] = {},
        },
    },

    -- 节点2
    node2 = {
        gateway = {
            [1] = {port=8011},
            [2] = {port=8022},
        },
        login = {
            [1] = {},
            [2] = {},
        },
    },
}
```

代码3-4虽然看起来比较长,含义却很简单,图3-8对代码中各项做出了解释,对于图3-3涉及的agent和nodemgr,因为无须配置,所以不在图里展现。以下是代码3-4的具体说明。

1)cluster项指明服务端系统包含两个节点,分别为node1和node2。各个节点需要通信,其中node1的地址为"127.0.0.1:7771",node2的地址为"127.0.0.1:7772"。

2)agentmgr项指明全局唯一的agentmgr服务位于节点1处。

3)scene项指明在节点1开启编号为1001和1002的两个战斗场景服务,语句"node2 = {1003}"代表在节点2开启编号为1003的场景服务。为了方便前期开启单个节点来调试功能,我们先把node2 = {1003}这行代码注释掉,用时再开启。

4)node1和node2描述了各节点的"本地"服务。两个节点分别开启了两个gateway和两个login,节点1处的两个gateway的监听端口分别是8001和8002,节点2的是8011和8012。

这段代码仅是范例,读者可以根据项目需要自行修改。如果游戏在线人数很多,要配置更多节点,开启更多gateway。

后面的主程序会读取runconfig.lua,决定节点内要启动哪些服务。gateway也会读取它,用于设置监听端口。

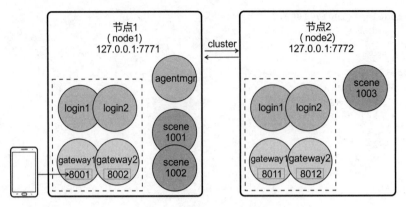

图 3-8　代码 3-4 描述的结构

该如何读取这份描述文件呢？可以按照代码 3-5 做个简单测试，主服务应该能把
"runconfig.agentmgr.node" 的值 "node1" 打印出来。

代码 3-5　./service/main.lua

```
local skynet = require "skynet"
local runconfig = require "runconfig"

skynet.start(function()
    -- 初始化
    skynet.error(runconfig.agentmgr.node)
    -- 退出自身
    skynet.exit()
end)
```

3.4　磨刀工：封装易用的 API

Skynet 的 API 提供了偏底层的功能，按官方说法，由于历史原因，某些 API 设计的比
较奇怪，不方便使用，于是 Skynet 通过 snax 框架给出了一套更简单的 API。然而，经实际
项目检验，snax 还不太完善，一些项目会
做进一步的修改。本节会封装一套更简洁的
API，也方便读者在此基础上做修改。

图 3-9 展示了封装后的服务写法。在引
入（require）service 模块后，只用一句 s.start
即可开启服务。当收到消息时，service 模块
会自动调用消息处理函数 s.resp.XXX。它比
原生 Skynet 的 API 简洁许多。图中 login1
向 agentmgr 发送名为 reqlogin 的消息，经
过 service 模块的处理，agentmgr 中的 s.resp.

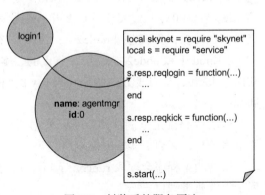

图 3-9　封装后的服务写法

reqlogin 方法被调用。编写游戏逻辑时，只需填充 s.resp 中的方法即可，方便快捷。

3.4.1　定义属性

下面开始编写 service 模块，新建文件 lualib/service.lua，编写代码 3-6 所示的内容，定义模块的属性。

代码 3-6　lualib/service.lua 定义属性

```lua
local skynet = require "skynet"
local cluster = require "skynet.cluster"

local M = {
    -- 类型和id
    name = "",
    id = 0,
    -- 回调函数
    exit = nil,
    init = nil,
    -- 分发方法
    resp = {},
}

return M
```

service 模块是对 Skynet 服务的一种封装。在代码 3-6 中，name 代表服务的类型、id 代表服务编号。比如对于图 3-3 中的 gateway1，它的 name 是 gateway，id 是 1；对于 agentmgr，它的 name 是 agentmgr，id 是 0（全局唯一）。init 和 exit 是回调方法，在服务初始化和退出时会被调用（本节暂不实现 exit 的功能）。resp 表会存放着消息处理方法。

3.4.2　启动逻辑

给 service 模块添加如代码 3-7 所示的 start 方法，用于开启服务。当外部调用 start 方法时，它先给 name 和 id 赋值，再调用 skynet.start 开启服务。start 方法仅仅是对 skynet. start 的简易封装。服务启动后，Skynet 会调用 init 方法，由它调用 skynet.dispatch 实现消息的路由（dispatch 方法下一节实现），再调用上层的 M.init()。

代码 3-7　lualib/service.lua 的启动逻辑

```lua
function init()
    skynet.dispatch("lua", dispatch)
    if M.init then
        M.init()
    end
end

function M.start(name, id, ...)
    M.name = name
    M.id = tonumber(id)
```

```
    skynet.start(init)
end
```

调用流程如图 3-10 所示，从服务脚本调用 s.start 开始（图中阶段①），一直到服务脚本的 init 方法被调用（图中阶段⑤）。图中的服务脚本是服务的 Lua 代码，封装层代表 service 模块，skynet 代表 Skynet 的原生 API。

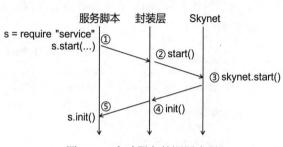

图 3-10　启动服务的调用流程

3.4.3　消息分发

消息分发方法 dispatch 如代码 3-8 所示，它会查找消息方法表 resp[cmd]，如果没定义处理方法（代码中的 if not fun then），则直接返回；如果定义了处理方法，使用 xpcall 安全地调用处理方法，再根据返回值做出不同处理。如果返回值为空（代码中的 if not isok then），则会直接返回，否则把返回结果发回给发送方（代码中的 skynet.retpack）。如果读者对这段代码尚有不理解的地方，可以复习上一章的内容，或者先用再说。

代码 3-8　lualib/service.lua 的消息分发

```
function traceback(err)
    skynet.error(tostring(err))
    skynet.error(debug.traceback())
end

local dispatch = function(session, address, cmd, ...)
    local fun = M.resp[cmd]
    if not fun then
        skynet.ret()
        return
    end

    local ret = table.pack(xpcall(fun, traceback, address, ...))
    local isok = ret[1]

    if not isok then
        skynet.ret()
        return
    end

    skynet.retpack(table.unpack(ret,2))
end
```

代码中一些变量和方法的含义如下。

❑ 参数 address：代表消息发送方。

❑ 参数 cmd：代表消息名的字符串，图 3-9 中的 s.respreqlogin 和 s.resp.reqKick 对应的

消息名分别是"reqlogin"和"reqkick"。

❑ fun:消息处理方法,如图 3-9 中的 s.resp.reqlogin 和 s.resp.reqkick。

❑ xpcall:安全的调用 fun 方法。如果 fun 方法报错,程序不会中断,而是会把错误信息转交给第 2 个参数的 traceback。如果程序报错,xpcall 会返回 false;如果程序正常执行,xpcall 返回的第一个值为 true,从第 2 个值开始才是 fun 的返回值。xpcall 会把第 3 个及后面的参数传给 fun,即 fun 的第 1 参数是 address,从第 2 个参数开始是可变参数"..."。

❑ traceback:作为 xpcall 的第 2 个参数,功能是打印出错误提示和堆栈。

❑ ret:xpcall 返回值的打包。如果 fun 方法报错,那 ret[1] 将是 false,否则为 true。如果为 false,调用 skynet.ret() 直接返回。

❑ skynet.retpack:fun 方法的真正返回值从 ret[2] 开始,用 table.unpack 解出 ret[2]、ret[3]……,并返回给发送方。

调用流程如图 3-11 所示,在阶段①,login1 向 agentmgr 发送 reqlogin 请求,agentmgr 收到后,经由 Skynet 调用封装层(即 service 模块,阶段②),再调用服务脚本的 s.resp. reqlogin 实现分发(阶段③)。图中 reqlogin 处理完消息后,返回 true(阶段④),返回值经由封装层(阶段⑤)最终发回给 login1(阶段⑦)。

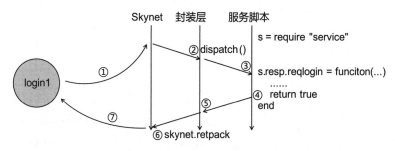

图 3-11 消息分发的处理流程

3.4.4 辅助方法

service 模块还会提供一些辅助方法,以减少服务脚本的代码量。代码 3-9 封装了 call 和 send 方法,用于抹平节点差异(在理解节点间通信代价后使用)。参数 node 代表接收方所在的节点,srv 代表接收方的服务名。程序先用 skynet.getenv 获取当前节点,如果接收方在同个节点,则调用 skynet.call;如果在不同节点,则调用 cluster.call,它仅仅是个简单的封装。

代码 3-9 lualib/service.lua 的辅助方法

```
function M.call(node, srv, ...)
    local mynode = skynet.getenv("node")
    if node == mynode then
        return skynet.call(srv, "lua", ...)
    else
```

```
            return cluster.call(node, srv, ...)
        end
    end

function M.send(node, srv, ...)
    local mynode = skynet.getenv("node")
    if node == mynode then
        return skynet.send(srv, "lua", ...)
    else
        return cluster.send(node, srv, ...)
    end
end
```

磨刀不误干柴工，封装可以减少一些重复代码，提高工作效率。

3.4.5 编写空服务

现在试一试使用刚刚完成的 service 模块写一个空的 gateway 服务，并启动它（稍后会在此基础上添加一些功能）。新建 sevice/gateway/init.lua，编写如代码 3-10 所示的内容。经由 3.3.2 节的路径设置，skynet 会查找"service/[服务名]/init.lua"作为服务启动文件。

代码 3-10 service/gateway/init.lua 的辅助方法

```
local skynet = require "skynet"
local s = require "service"

function s.init()
    skynet.error("[start]"..s.name.." "..s.id)
end

s.start(...)
```

在代码 3-10 中，s.start(...) 中的"..."代表可变参数，在用 skynet.newservice 启动服务时，可以传递参数给它。service 模块将会把第 1 个参数赋值给 s.name，第 2 个参数赋值给 s.id。空服务没有任何功能，仅在启动时打印一条日志。

现在修改 service/main.lua，创建一个 gateway 服务，如代码 3-11 所示。代码中 skynet.newservice("gateway", "gateway", 1) 的第 1 个参数 gateway 代表着要启动的服务类型，第 2 个和第 3 个参数则会被传进 s.start(...) 的可变参数。

代码 3-11 service/main.lua

```
skynet.start(function()
    -- 初始化
    skynet.error("[start main]")
    skynet.newservice("gateway", "gateway", 1)
    -- 退出自身
    skynet.exit()
end)
```

运行结果如图 3-12 所示，运行示意图如图 3-13 所示，节点先启动主服务 main，main 启动 gateway1，最后 main 服务调用 skynet.exit() 退出。

```
[:00000002] LAUNCH snlua bootstrap
[:00000003] LAUNCH snlua launcher
[:00000004] LAUNCH snlua cdummy
[:00000005] LAUNCH harbor 0 4
[:00000006] LAUNCH snlua datacenterd
[:00000007] LAUNCH snlua service_mgr
[:00000008] LAUNCH snlua main
[:00000008] [start main]
[:00000009] [start]gateway 1
[:00000008] KILL self
[:00000002] KILL self
```

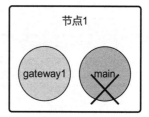

图 3-12 空服务的运行结果　　　　　　图 3-13 空服务运行示意图

3.5 分布式登录流程

处理玩家的登录，是服务端框架的主要功能之一。分布式系统涉及多个服务，让它们相互配合不产生冲突是一大难点。下面将用 1/3 的章节来说明登录流程及其涉及的服务，因为理解了登录流程，就基本能够掌握一套服务端框架。

3.5.1 完整的登录流程

分布式服务端的登录功能要处理好如下问题。

1）完成角色对象的构建和销毁。如图 3-14 所示，当客户端连接、发起登录时，服务端要创建一个对应角色的程序对象，用以加载角色数据。当客户端掉线时，服务端要保存对应的角色数据，并销毁程序对象。这套框架会为每个客户端创建一个 agent 服务。

2）防止重复登录：在同一时间，一个角色只能由一个客户端控制，如果用已在线的角色登录，需要先把已登录的客户端踢下线，如图 3-15 所示。

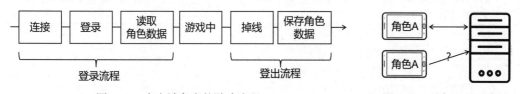

图 3-14 客户端角度的游戏流程　　　　　图 3-15 重复登录示意图

为处理第一个问题，需要创建名为 agent 的服务，它也代表角色对象。为处理第二个问题，需要一个记录 agent 在线状态的服务 agentmgr。图 3-16 展示了完整的登录流程（各阶段说明见表 3-4），它略显复杂，涉及 gateway、login、agentmgr、agent、nodemgr 等多个服务。

图中虚线方框内的服务位于同个节点，不同虚线方框的服务可能配置于不同节点。根据 3.2 节给出的设计方案，gateway 及其对应的 login 和 agent 一定位于同一节点上，agentmgr 可位于任意节点上。图中展现了登录过程中最复杂的一种情形，即假设客户端 B 已在线，客户端 A 要在另一节点登录同一账号。

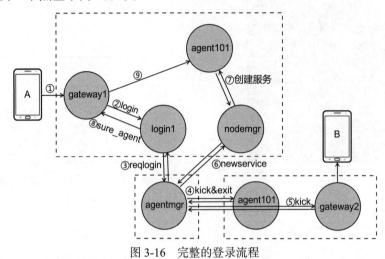

图 3-16 完整的登录流程

表 3-4 图 3-16 中各阶段的说明

阶段	说　　明
①	客户端 A 连接服务端某个节点的某个 gateway （为实现负载均衡，客户端知道所有 gateway 的地址，并随机选择一个）
②	虽然能连接上，但服务端并不知道客户端 A 要登录哪个角色。客户端 A 发送登录消息，消息包含账号（如：101）和密码，gateway 收到后，随机选择节点内某个 login 服务，并将消息转发给它 （login 服务是无状态的服务，专门用于处理登录校验，一个节点可以开启多个 login 服务，以分散负载）
③	账号、密码通过校验后，login 服务会向 agentmgr 发起登录请求 agentmgr 会记录所有在线玩家的状态（包括登录中、游戏中、登出中），通过向 agentmgr 发起请求，agentmgr 可以判断账号是否已登录。如果未登录，直接进入阶段⑥，否则先将已登录的客户端踢下线 agentmgr 是个"权威"的服务，角色能不能上线、能不能下线都由它裁决
④	agentmgr 要求原客户端对应的 agent 下线（发起 kick 和 exit 请求），原 agent 会保存角色数据，然后退出服务
⑤	agentmgr 通知原客户端对应的 gateway，让它告诉客户端 B "你已被踢下线"。然后设置 gateway 的状态，取消客户端 B 与角色 101 的关联
⑥	agentmgr 向 nodemgr 请求创建 agent 服务 nodemgr 即节点管理器，它可以提供创建服务、节点监控等功能
⑦	创建新客户端对应的 agent，新 agent 读取角色数据
⑧	agent 创建完毕，agentmgr 会记录角色处于"已登录"状态，再通知 gateway，让它把新客户端和新 agent 关联起来
⑨	进入游戏阶段，客户端发送的消息被转发到新 agent 上

登录流程略有复杂，如果读者还有疑惑，可以结合 3.2.3 节及后续的代码实现加深理解。

3.5.2 掉线登出流程

当客户端掉线时，登出流程如图 3-17 所示。登出流程与表 3-4 中的阶段④⑤颇为相似，各阶段含义见表 3-5。

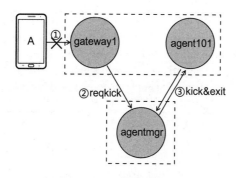

图 3-17　掉线登出流程

表 3-5　图 1-16 中各阶段说明

阶段	说　　明
①	客户端 A 掉线，gateway 要取消客户端与 agent 的关联
②	gateway 向 agentmgr 发起下线请求，所有上线下线的请求都必须由 agentmgr 仲裁
③	如果仲裁通过（比如当前不处于被踢下线的过程中），agentmgr 要求代理服务 agent 下线（发起 kick 和 exit 请求），agent 会保存角色数据，然后退出服务

登录登出过程涉及的步骤较多，越多就越复杂，也就越容易出错。图 3-16 展示了客户端 B 已在线的情形，但如果在客户端 B 登录的过程中（比如角色数据尚未全部加载），客户端 A 请求登录，又该如何处理？会不会造成数据紊乱？

这些情况颇为复杂，我们的解决办法是：所有上线下线的请求都要经过 agentmgr，由它裁决，只有"已在线"状态的客户端方可被顶替下线，如果处于"登录中"或"登出中"，agentmgr 会告诉新登录的客户端"其他玩家正在尝试登录该账号，请稍后再试"。

3.5.3　协议格式

3.2.2 节和 3.5.1 节多次提到"客户端向服务端发起登录请求"，那么登录请求是什么样子的呢？这得先从 TCP 数据流说起，客户端发起的请求，就是一些二进制数据。

1. TCP 粘包现象

TCP 协议是一种基于数据流的协议，举例来说，如果客户端分两次发送"1234"和"5678"这两条消息。服务端可能一次性接收到"12345678"；也可能先只收到"12"，过一会儿才收到"345678"。

游戏的网络模块需要实现数据切分的功能，具体有三种方法，如表 3-6 所示。

表 3-6 三种实现 TCP 数据切分的方法

方 法	说 明
长度信息法	每个数据包前面加上长度信息。每次接收到数据后，先读取表示长度的字节，如果缓冲区的数据长度大于要取的字节数，则取出相应的字节，否则等待下一次接收（此为最常用的方法，下一章会介绍具体实现）
固定长度法	每次都以相同的长度发送数据，假设规定每条信息的长度都为 10 个字符，那么 "Hello" "Lpy" 这两条信息可以发送成 "Hello....." "Lpy......."，其中的 "." 表示填充字符，只为凑数没有实际意义。接收方每次读取 10 个字符，作为一条消息去处理
结束符号法	规定一个结束符号，作为消息间的分隔符。假设规定结束符号为 "$"，那么 "Hello" "Lpy" 这两条信息可以发送成 "Hello$" "Lpy$"。接收方不停地读取数据，直到 "$" 出现为止，并且使用 "$" 去分割消息。（该方法最简单直观，本章会使用该方法）

2. 协议格式

本章会使用字符串协议格式，每条消息由 " \r\n" 作为结束符，消息的各个参数用英文逗号分隔，第一个参数代表消息名称。登录协议由两个参数组成，第一个参数代表玩家 id，第二个参数代表密码，如图 3-18 所示。图中展示的登录协议其名叫 "login"，参数 101 代表要登录的玩家 id，参数 134 代表密码。后续章节会实现编码解码方法，让协议字符串与 Lua 表互相转换。

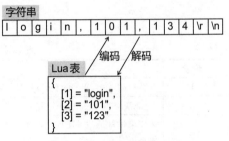

图 3-18 字符串协议格式

3.6 代码实现：gateway

下面开始编写代码，读者可以先回顾一下图 3-16，gateway（网关）要处理①②⑧⑨四个阶段的流程。代码较多，没关系，一步步来实现。还记得 3.3.5 节编写的空服务吗？我们在它的基础上编写。

3.6.1 连接类和玩家类

gateway 需要使用两个列表，一个用于保存客户端连接信息，另一个用于记录已登录的玩家信息。表 3-4 提及的"让 gateway 把客户端和 agent 关联起来"，即是将"连接信息"和"玩家信息"关联起来。在代码 3-12 中，定义了 conns 和 players 这两个表，以及 conn 和 gateplayer 这两个类。

代码 3-12 service/gateway/init.lua 中新增的内容

```
conns = {} --[fd] = conn
players = {} --[playerid] = gateplayer

-- 连接类
function conn()
    local m = {
```

```
        fd = nil,
        playerid = nil,
    }
    return m
end

-- 玩家类
function gateplayer()
    local m = {
        playerid = nil,
        agent = nil,
        conn = nil,
    }
    return m
end
```

图 3-19 是代码 3-12 的示意图。在客户端进行连接后,程序会创建一个 conn 对象(稍后实现),gateway 会以 fd 为索引把它存进 conns 表中。conn 对象会保存连接的 fd 标识,但 playerid 属性为空。此时 gateway 可以通过 conn 对象找到连接标识 fd,给客户端发送消息。

当玩家成功登录时,程序会创建一个 gateplayer 对象(稍后实现,只有成功登录服务端才会创建角色对象,按照较常见的命名规则,这里称为 player 而不称为 role),gateway 会以玩家 id 为索引,将它存入 players 表中。

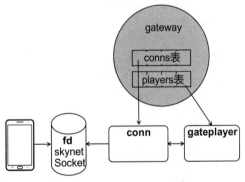

图 3-19 conns 和 players 列表示意图

gateplayer 对象会保存 playerid(玩家 id)、agent(对应的代理服务 id)和 conn(对应的 conn 对象)。关联 conn 和 gateplayer,即设置 conn 对象的 playerid。

登录后,gateway 可以做到双向查找:

❑ 若客户端发送了消息,可由底层 Socket 获取连接标识 fd。gateway 则由 fd 索引到 conn 对象,再由 playerid 属性找到 player 对象,进而知道它的代理服务(agent)在哪里,并将消息转发给 agent。

❑ 若 agent 发来消息,只要附带着玩家 id,gateway 即可由 playerid 索引到 gateplayer 对象,进而通过 conn 属性找到对应的连接及其 fd,向对应客户端发送消息。

3.6.2 接收客户端连接

本节将会实现 gateway 处理客户端连接的功能。在服务启动后,service 模块会调用 s.init 方法(见 3.4.2 节),在里面编写功能,如代码 3-13 所示。

先开启 Socket 监听，程序读取了 3.3.5 节编写的配置文件，找到该 gateway 的监听端口 port，然后使用 skynet.socket 模块的 listen 和 start 方法开启监听。当有客户端连接时，start 方法的回调函数 connect（稍后实现）会被调用。

代码 3-13　service/gateway/init.lua 中新增的内容

```lua
local socket = require "skynet.socket"
local runconfig = require "runconfig"

function s.init()
    local node = skynet.getenv("node")
    local nodecfg = runconfig[node]
    local port = nodecfg.gateway[s.id].port

    local listenfd = socket.listen("0.0.0.0", port)
    skynet.error("Listen socket :", "0.0.0.0", port)
    socket.start(listenfd , connect)
end
```

代码 3-13 中变量名的含义如下。

❏ node：获取 3.3.2 节中配置文件的节点名，如 "node1"。

❏ nodecfg：获取 3.3.5 节中配置文件的节点配置，如 {gateway={...}, login={..}}。

❏ s.id：服务的编号，见 3.4.2 节。

❏ port：获取 gateway 要监听的端口号，如 8001。

❏ listenfd：监听 Socket 的标识。

现在来看看 connect 方法的内容。当客户端连接上时，gateway 创建代表该连接的 conn 对象，并开启协程 recv_loop（稍后实现）专接收该连接的数据，如代码 3-14 所示，相应的图片解释在下一段代码后，即图 3-20。

代码 3-14　service/gateway/init.lua 中新增的内容

```lua
-- 有新连接时
local connect = function(fd, addr)
    print("connect from " .. addr .. " " .. fd)
    local c = conn()
    conns[fd] = c
    c.fd = fd
    skynet.fork(recv_loop, fd)
end
```

代码 3-14 中变量名的含义如下。

❏ 参数 fd：客户端连接的标识，这些参数是 socket.start 规定好的。

❏ 参数 addr：客户端连接的地址，如 "127.0.0.1:60000"。

❏ c：新创建的 conn 对象。

recv_loop 负责接收客户端消息，如代码 3-15 所示。其中参数 fd 由 skynet.fork 传入，代表客户端的标识。这段代码可以分成四个部分，可以先大致浏览代码，再看下面的解释。

代码 3-15 service/gateway/init.lua 中新增的内容

```lua
-- 每一条连接接收数据处理
-- 协议格式 cmd,arg1,arg2,...#
local recv_loop = function(fd)
    socket.start(fd)
    skynet.error("socket connected " ..fd)
    local readbuff = ""
    while true do
        local recvstr = socket.read(fd)
        if recvstr then
            readbuff = readbuff..recvstr
            readbuff = process_buff(fd, readbuff)
        else
            skynet.error("socket close " ..fd)
            disconnect(fd)
            socket.close(fd)
            return
        end
    end
end
```

代码 3-15 分为如下四部分。

1）初始化：使用 socket.start 开启连接，定义字符串缓冲区 readbuff。为了处理 TCP 数据的粘包现象（见 3.5.3 节），我们把接收到的数据全部存入 readbuff 中。

2）循环：通过 while true do ... end 实现循环，该协程会一直循环。每次循环开始，就会由 socket.read 阻塞的读取连接数据。

3）若有数据：若接收到数据（if recvstr 为真的分支），程序将数据拼接到 readbuff 后面，再调用 process_buff（稍后实现）处理数据。process_buff 会返回尚未处理的剩余数据。举例说明，假如 readbuf 的值为 "login\r\nwork\r\nwo"，传入 process_buff 后，process_buff 会处理两条完整的协议 "login\r\"和"work\r\n"（按照 3.5.3 节描述的协议格式，协议以 "\r\n" 作为结束符），返回不完整的 "wo"，供下一次处理。

4）若断开连接：若客户端断开连接（if recvstr 为假的分支），调用 disconnect（稍后实现）处理断开事务，再调用 socket.close 关闭连接。

图 3-20 对本节的 3 段代码做了总结。当客户端连接时，程序通过 skynet.fork 发起协程，协程 recv_loop 是个循环，每个协程都记录着连接 fd 和缓冲区 readbuff。收到数据后，程序会调用 process_buff 处理缓冲区里的数据。

ⓘ **说明：** 通过拼接 Lua 字符串实现缓冲区是一种简单的做法，它可能带来 GC（垃圾回收）的负担，后续章节会介绍更高效的方法。

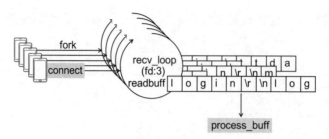

图 3-20　处理客户端连接的代码示意图

3.6.3　处理客户端协议

在 3.6.3 节讲解的程序框架中，服务端接收到数据后，就会调用 process_buff，并把对应连接的缓冲区传给它。process_buff 会实现消息的切分工作，举例来说，如果缓冲区 readbuff 的内容是"login,101,134\r\nwork\r\nwo"，那么 process_buff 会把它切分成"login,101,123"和"work"这两条消息交由下一阶段的方法去处理，然后返回"wo"，供下一阶段的 recv_loop 处理。

process_buff 的整个处理流程如图 3-21 所示。它先接收缓冲区数据（阶段①），然后按照分隔符 \r\n 切分数据（协议格式已在 3.5.3 节中说明），并将切分好的数据交由 process_msg 方法处理（②阶段），最后返回尚未处理的数据"wo"（阶段④，返回值会重新赋给 readbuff，见代码 3-15）。process_msg 会解码协议，并将字符串转为 Lua 表（如把字符串"login,101,123"转成图中的 msg 表，阶段③）。

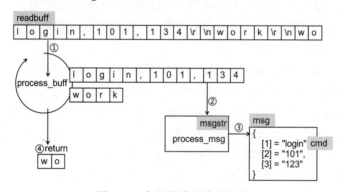

图 3-21　完整的消息处理流程

process_buff 方法如代码 3-16 所示。由于缓冲区 readbuff 可能包含多条消息，且 process_buff 主体是个循环结构，因此每次循环时都会使用 string.match 匹配一条消息，再调用下一阶段的 process_msg（稍后实现）处理它。

代码 3-16　service/gateway/init.lua 中新增的内容

```
local process_buff = function(fd, readbuff)
    while true do
```

```
            local msgstr, rest = string.match( readbuff, "(.-)\r\n(.*)")
            if msgstr then
                readbuff = rest
                process_msg(fd, msgstr)
            else
                return readbuff
            end
        end
    end
end
```

代码 3-16 中变量名的含义如下：

❑ 参数 fd：客户端连接的标识。

❑ 参数 readbuff：接收数据的缓冲区。

❑ msgstr 和 rest：根据正则表达式" (.-)\r\n(.*)"的规则，它们分别代表取出的第一条消息和剩余的部分。举例来说，假如 readbuff 的内容是" login,101,134\r\nwork\r\nwo"，经过 string.match 语句匹配，msgstr 的值为" login,101,134"，rest 的值为"work\r\nwo"；如果匹配不到数据，例如 readbuff 的内容是"wo"，那么经过 string.match 语句匹配后，msgstr 为空值。

至此，我们实现了处理客户端消息的程序框架，读者可以先自行编写 process_msg 方法，让它打印出客户端消息以测试功能是否正常，再往下看如何编写具体的协议处理方法。

ℹ️ 说明：Lua 中，被调用的函数需放在调用者前面，上述代码没有特别指出哪个函数放在前面、哪个函数放在后面，读者需自行调整顺序。gateway 的函数顺序应当是：各种 require → process_buff(...) → recv_loop(...) → connect(...) → s.init(...) → s.start(...)

3.6.4 编码和解码

本节实现两个辅助方法 str_unpack 和 str_pack，用于消息的解码和编码，见代码 3-17。其中 str_unpack 对应图 3-21 的阶段③。

代码 3-17 service/gateway/init.lua 中新增的内容

```
local str_unpack = function(msgstr)
    local msg = {}

    while true do
        local arg, rest = string.match( msgstr, "(.-),(.*)")
        if arg then
            msgstr = rest
            table.insert(msg, arg)
        else
            table.insert(msg, msgstr)
            break
        end
    end
```

```
    return msg[1], msg
end

local str_pack = function(cmd, msg)
    return table.concat( msg, ",").."\r\n"
end
```

str_unpack 是一个解码方法，参数 msgstr 代表消息字符串。示意图见图 3-22，图中 msgstr 的值为"login,101,134"。第一个返回值 cmd 是字符串"login"，第二个返回值 msg 是一个 Lua 表。看 str_unpack 的具体实现，内部是个循环结构，每次循环都由 string.match 匹配逗号前的字符。例如，传入的 msgstr 为"login,101, 134"，则匹配后 arg 的值为"login"、rest 的值为"101, 134"；传入的 msgstr 为"101,

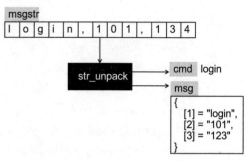

图 3-22　str_unpack 示意图

134"，则匹配后 arg 的值为"101"、rest 的值为"134"。每次取值后，它会把参数插入 msg 表，msg 表用作协议对象，方便后续取值。str_unpack 会返回两个值，第一个值 msg[1] 是协议名称（协议对象第一个元素），第二个值即为协议对象。

str_pack 实现了与 str_unpack 相反的功能，示意图见图 3-23，它将协议对象转换成字符串，并添加分隔符"\r\n"。

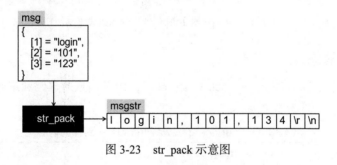

图 3-23　str_pack 示意图

接下来，我们会使用这两个方法完成消息分发的功能。

3.6.5　消息分发

消息处理方法 process_msg 如代码 3-18 所示，虽然代码只有十多行，但还是有点复杂，可通过如下四个部分理解这个方法。

1.消息解码
通过 str_unpack 解码消息，相关变量的含义如下。
❑ msgstr：切分后的消息，如"login,101,123"。

❑ cmd：消息名，如 login。

❑ msg：消息对象，如 Lua 表 {[1]="login", [2]="101", [3]="123"}。

2. 如果尚未登录

对于代码 "if not playerid" 为真的部分，程序将随机选取同节点的一个登录服务器转发消息，如图 3-24 所示的阶段②，相关变量的含义如下。

❑ conn：3.6.1 节定义的连接对象。

❑ playerid：如果完成登录，那么它会保存着玩家 id，否则为空。

❑ node 和 nodecfg：同 3.6.2 节的含义。

❑ loginid：随机的 login 服务编号。

❑ login：随机的 login 服务名称，如 "login2"。

3. 如果已登录

将消息转发给对应的 agent。如图 3-24 所示的阶段③，相关变量的含义如下。

❑ gpalayer：3.6.1 节定义的 gateplayer 对象。

❑ agent：该连接对应的代理服务 id。

4. client 消息

消息转发使用了 skynet.send(srv, "lua", "client", ...) 的形式，其中的 client 是自定义的消息名（skynet 中的概念，指服务间传递的消息名字，它与 cmd 的区别是 cmd 是客户端协议的名字）。在封装好的 service 模块中（见 3.4.3 节），login 和 agent 可以用 s.resp.client 接收转发的消息，再根据 cmd 做不同处理。

代码 3-18　service/gateway/init.lua 中新增的内容

```lua
local process_msg = function(fd, msgstr)
    local cmd, msg = str_unpack(msgstr)
    skynet.error("recv "..fd.." ["..cmd.."] {"..table.concat( msg, ",")..."}")

    local conn = conns[fd]
    local playerid = conn.playerid
    -- 尚未完成登录流程
    if not playerid then
        local node = skynet.getenv("node")
        local nodecfg = runconfig[node]
        local loginid = math.random(1, #nodecfg.login)
        local login = "login"..loginid
        skynet.send(login, "lua", "client", fd, cmd, msg)
    -- 完成登录流程
    else
        local gplayer = players[playerid]
        local agent = gplayer.agent
        skynet.send(agent, "lua", "client", cmd, msg)
    end
end
```

图 3-24 是 process_msg 方法的示意图，gateway 收到客户端协议后，如果玩家已登录，它会将消息转发给对应的代理（阶段③）；如果未登录，gateway 会随机选取一个登录服务器，并将消息转发给它处理。gateway 保持着轻量级的功能，它只转发协议，不做具体处理。

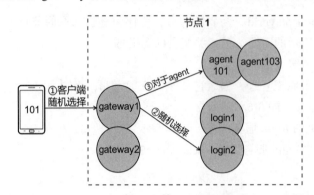

图 3-24　process_msg 方法示意图

读者可以先屏蔽掉 process_msg 中分发消息的代码，用 telnet 等客户端测试 gateway 能否正常工作。由于在 telnet 换行即为输入分隔符 "\r\n"，因此直接用换行分割消息即可，如图 3-25 所示。

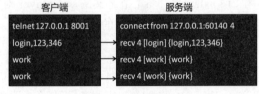

图 3-25　测试 gateway

3.6.6　发送消息接口

gateway 将消息传给 login 或 agent，login 或 agent 也需要给客户端回应。比如，客户端发送登录协议，login 校验失败后，要给客户端回应"账号或密码错误"，这个过程如图 3-26 所示，它先将消息发送给 gateway（阶段③），再由 gateway（阶段④）转发。

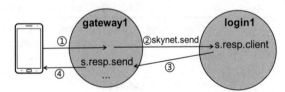

图 3-26　login 给客户端发送消息的过程

下面编写如代码 3-19 所示的远程调用方法 send_by_fd 和 send。

代码 3-19　service/gateway/init.lua 中新增的内容

```
s.resp.send_by_fd = function(source, fd, msg)
    if not conns[fd] then
        return
    end

    local buff = str_pack(msg[1], msg)
    skynet.error("send "..fd.." ["..msg[1].."] {"..table.concat( msg, ",")..")}")
    socket.write(fd, buff)
```

```
    end

    s.resp.send = function(source, playerid, msg)
        local gplayer = players[playerid]
        if gplayer == nil then
            return
        end
        local c = gplayer.conn
        if c == nil then
            return
        end

        s.resp.send_by_fd(nil, c.fd, msg)
    end
```

send_by_fd 方法用于 login 服务的消息转发，功能是将消息发送到指定 fd 的客户端。参数 source 代表消息发送方，比如来自"login1"，后面两个参数 fd 和 msg 代表客户端 fd 和消息内容。它先用 str_pack 编码消息，然后使用 socket.write 将它发送给客户端。

send 方法用于 agent 的消息转发，功能是将消息发送给指定玩家 id 的客户端。它先根据玩家 id（playerid）查找对应客户端连接，再调用 send_by_fd 发送。

这两个接口会在后续实现 login 和 agent 时调用。

3.6.7　确认登录接口

在 3.5.1 节描述的阶段⑧中，在完成了登录流程后，login 会通知 gateway，让它把客户端连接和新 agent 关联起来。下面定义如代码 3-20 所示的 sure_agent 远程调用方法，实现该功能。

代码 3-20　service/gateway/init.lua 中新增的内容

```
    s.resp.sure_agent = function(source, fd, playerid, agent)
        local conn = conns[fd]
        if not conn then -- 登录过程中已经下线
            skynet.call("agentmgr", "lua", "reqkick", playerid, "未完成登录即下线")
            return false
        end

        conn.playerid = playerid

        local gplayer = gateplayer()
        gplayer.playerid = playerid
        gplayer.agent = agent
        gplayer.conn = conn
        players[playerid] = gplayer

        return true
    end
```

在代码 3-20 中，参数 source 代表消息发送方，fd 代表客户端连接标识，playerid 代表已登录的角色（玩家）id，agent 代表处理该角色的代理服务 id，这些参数由调用方传递。

sure_agent 的功能是将 fd 和 playerid 关联起来，它会先查找连接对象 conn，再创建 gateplayer 对象 gplayer（定义见 3.6.1 节），并设置属性。

至此，完成了 gateway 登录功能和消息处理的全部代码，仅剩下最后一个功能——登出。

3.6.8 登出流程

玩家有两种登出的情况，一种是客户端掉线，另一种是被顶替下线。若是客户端掉线，3.6.2 节的程序（赶紧翻回去看看）会调用代码 3-21 所示的 disconnect 方法。按照 3.5.2 节的登出流程，gateway 会向 agentmgr 发送下线请求"reqkick"，由 agentmgr 仲裁。

代码 3-21　service/gateway/init.lua 中新增的内容

```lua
local disconnect = function(fd)
    local c = conns[fd]
    if not c then
        return
    end

    local playerid = c.playerid
    -- 还没完成登录
    if not playerid then
        return
    -- 已在游戏中
    else
        players[playerid] = nil
        local reason = "断线"
        skynet.call("agentmgr", "lua", "reqkick", playerid, reason)
    end
end
```

如果 agentmgr 仲裁通过，或是 agentmgr 想直接把玩家踢下线，在保存数据后，它会通知 gateway 做 3.6.7 节介绍的反向操作（具体接口如代码 3-22 所示），来删掉玩家对应的 conn 和 gateplayer 对象。

代码 3-22　service/gateway/init.lua 中新增的内容

```lua
s.resp.kick = function(source, playerid)
    local gplayer = players[playerid]
    if not gplayer then
        return
    end

    local c = gplayer.conn
    players[playerid] = nil

    if not c then
        return
    end
    conns[c.fd] = nil
```

```
    disconnect(c.fd)
    socket.close(c.fd)
end
```

现在完成了第一个服务 gateway，再接着编写几个服务就可以搭完整套框架了。

3.7 代码实现：login

编写第二个服务——登录服务，在编写此服务时，建议读者对照着 3.5.1 节的流程来看，知晓各个方法的作用，写起来会简单许多。

3.7.1 登录协议

首先，定义如图 3-27 所示的登录协议。

客户端需要发送玩家 id（此处当做账号）和密码，服务端收到登录协议后，会做出回应，中间参数 0 代表登录成功，若为 1 则代表登录失败，第二个参数代表（失败的）原因，比如"账号或密码错误""其他玩家正在尝试登录该账号，请稍后再试"。

图 3-27　登录协议

3.7.2 客户端消息分发

gateway 会将客户端协议以 client 消息的形式转发给 login 服务（回顾 3.6.5 节）。由于客户端会发送很多协议，虽然可以在 login 服务的 s.resp.client 方法（回顾 3.3.4 节，service 模块会在服务收到 client 消息后调用该方法）中编写多个 if 来判断，但消息一多，s.resp. client 可能会变得混乱，因此最好是再做一次消息分发，根据不同的协议名指定不同的处理方法。下面编写如代码 3-23 所示的 client 远程调用，它实现两个功能。

❑ 根据协议名（cmd）找到 s.client.XXX 方法，并调用它。

❑ 鉴于服务端几乎都要给客户端回应消息，因此给出一个简便处理方式。将 s.client. XXX 的返回值发回给客户端（经由 gateway 转发）。

代码 3-23　service/login/init.lua

```lua
local skynet = require "skynet"
local s = require "service"

s.client = {}
s.resp.client = function(source, fd, cmd, msg)
    if s.client[cmd] then
        local ret_msg = s.client[cmd]( fd, msg, source)
        skynet.send(source, "lua", "send_by_fd", fd, ret_msg)
    else
        skynet.error("s.resp.client fail", cmd)
```

```
        end
    end

    s.start(...)
```

上述代码结构和 3.4.3 节的代码很相似，读者可以对照着理解。一些变量的含义如下。

❑ s.client：定义一个空表，用于存放客户端消息处理方法。

❑ 参数 source：消息发送方，比如某个 gateway。

❑ 参数 fd：客户端连接的标识，由 gateway 发送过来。

❑ 参数 cmd 和 msg：协议名和协议对象。

下面编写如代码 3-24 所示的测试方法，在收到 login 协议后，登录服务会给客户端回应（需在 main 中启动登录服务）。

代码 3-24　service/login/init.lua 的测试内容

```
s.client.login = function(fd, msg, source)
    skynet.error("login recv "..msg[1].. " " .. msg[2])
    return {"login", -1, "测试"}
end
```

测试通过后，接着编写代码吧！

3.7.3　登录流程处理

由 3.5 节中描述的登录服务职责可知，登录服务会先校验客户端发来的用户名密码，再作为 gateway 和 agentmgr 的中介，等待 agentmgr 创建代理服务。配合代码 3-25，它做了如下几件事情。

1）校验用户名密码：为减少代码量，代码 3-25 只是简单判断密码是否为"123"，读者可以根据第 2 章中的知识，在此处查询数据库或者平台 SDK。变量 playerid 代表玩家 id，pw 代表密码，gate 代表转发消息的 gateway 服务，node 代表本节点名称。

2）给 agentmgr 发送 reqlogin，请求登录。reqlogin 会回应两个值，第一个值 isok 代表是否成功，agent 代表已创建的代理服务 id。该过程对应表 3-4（见 3.5.1 节）中的阶段③。

3）给 gate 发送 sure_agent，对应表 3-4 中的阶段⑧。

4）如果全部过程成功执行，login 服务会打印"login succ"，并给客户端回应成功信息（根据 3.7.2 节的消息分发过程，login 服务会把 s.client.XX 的返回值发回给客户端）。

代码 3-25　service/login/init.lua 中新增的内容

```
s.client.login = function(fd, msg, source)
    local playerid = tonumber(msg[2])
    local pw = tonumber(msg[3])
    local gate = source
    node = skynet.getenv("node")
    -- 校验用户名密码
    if pw ~= 123 then
```

```
            return {"login", 1, "密码错误"}
        end
        -- 发给 agentmgr
        local isok, agent = skynet.call("agentmgr", "lua", "reqlogin", playerid, node, gate)
        if not isok then
            return {"login", 1, "请求 mgr 失败"}
        end
        -- 回应 gate
        local isok = skynet.call(gate, "lua", "sure_agent", fd, playerid, agent)
        if not isok then
            return {"login", 1, "gate 注册失败"}
        end
        skynet.error("login succ "..playerid)
        return {"login", 0, "登录成功"}
    end
```

> ℹ️ **说明：** 让客户端直接输入玩家 id 是一种简单方法。如果接入游戏平台，玩家输入的是平台账号，那么服务端就需要一个账号数据库，将平台账号和玩家 id 对应起来。

3.8 代码实现：agentmgr

agentmgr 是管理 agent 的服务，它是登录过程的仲裁服务，控制着登录流程。agentmgr 中含有一个列表 players，里面保存着所有玩家的在线状态。

首先，在 service/agentmgr/init.lua 新建 agentmgr 空服务（代码略），然后开始编写它。

3.8.1 玩家类

根据 3.5 节的登录流程可知，玩家会有"登录中""游戏中"和"登出中"这三种状态，定义如代码 3-26 的枚举（用 Lua 表）所示。

代码 3-26 service/agentmgr/init.lua 中新增的内容

```
STATUS = {
    LOGIN = 2,
    GAME = 3,
    LOGOUT = 4,
}
```

定义玩家类 mgrplayer 和玩家列表 players（如代码 3-27 所示），players 将会以 playerid（玩家 id）为索引，引用 mgrplayer 对象。

代码 3-27 service/agentmgr/init.lua 中新增的内容

```
-- 玩家列表
local players = {}

-- 玩家类
```

```
function mgrplayer()
    local m = {
        playerid = nil,
        node = nil,
        agent = nil,
        status = nil,
        gate = nil,
    }
    return m
end
```

mgrplayer 属性的含义如下。

❑ playerid：玩家 id。

❑ node：该玩家对应 gateway 和 agent 所在的节点。

❑ agent：该玩家对应 agent 服务的 id。

❑ status：状态，例如"登录中"。

❑ gate：该玩家对应 gateway 的 id。

图 3-28 为 mgrplayer 对象的示意图。agentmgr 包含着 players 表，players 表引用着 mgrplayer 对象，mgrplayer 对象的属性 gate 代表与该玩家对应的 gateway 服务，属性 agent 代表对于的 agent 服务。总而言之，agentmgr 会保存各玩家的节点信息和状态。

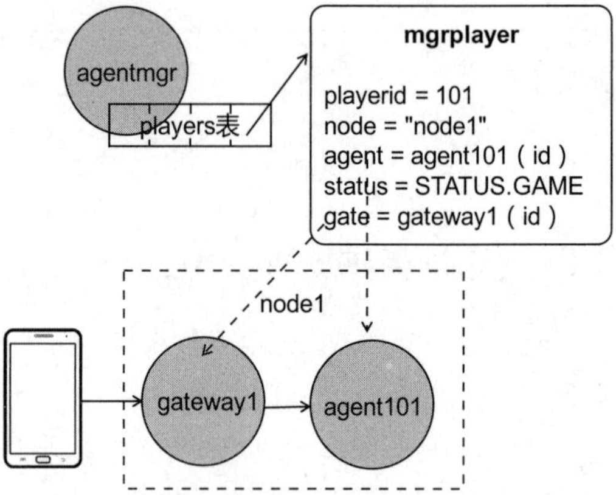

图 3-28　mgrplayer 对象的示意图

3.8.2　请求登录接口

根据 3.5 节中描述的各服务职责，在表 3-4 的阶段③，login 服务会向 agentmgr 请求登录（reqlogin），agentmgr 会主导阶段④⑤⑥，编写如代码 3-28 所示的 reqlogin 方法，完成该功能。

代码 3-28 做了如下几件事情。

1）登录仲裁：判断玩家是否可以登录（仅 STATUS.GAME 状态）。

2）顶替已在线玩家：如果该角色已在线，需要先把它踢下线。对应表 3-4 的阶段④⑤。

3）记录在线信息：将新建的 mgrplayer 对象记录为 STATUS.LOGIN（登录中）状态。

4）让 nodemgr 创建 agent 服务，对应表 3-4 的阶段⑥。待创建完成且 agent 加载了角色数据后，才往下执行。

5）登录完成，设置 mgrplayer 为 STATUS.GAME 状态（游戏中），并返回 true 及 agent 服务的 id。

代码 3-28　service/agentmgr/init.lua 中新增的内容

```
s.resp.reqlogin = function(source, playerid, node, gate)
    local mplayer = players[playerid]
```

```
-- 登录过程禁止顶替
if mplayer and mplayer.status == STATUS.LOGOUT then
    skynet.error("reqlogin fail, at status LOGOUT " ..playerid )
    return false
end
if mplayer and mplayer.status == STATUS.LOGIN then
    skynet.error("reqlogin fail, at status LOGIN " ..playerid)
    return false
end
-- 在线，顶替
if mplayer then
    local pnode = mplayer.node
    local pagent = mplayer.agent
    local pgate = mplayer.gate
    mplayer.status = STATUS.LOGOUT,
    s.call(pnode, pagent, "kick")
    s.send(pnode, pagent, "exit")
    s.send(pnode, pgate, "send", playerid, {"kick"," 顶替下线 "})
    s.call(pnode, pgate, "kick", playerid)
end
-- 上线
local player = mgrplayer()
player.playerid = playerid
player.node = node
player.gate = gate
player.agent = nil
player.status = STATUS.LOGIN
players[playerid] = player
local agent = s.call(node, "nodemgr", "newservice", "agent", "agent", playerid)
player.agent = agent
player.status = STATUS.GAME
return true, agent
end
```

由于登录过程涉及的步骤较多，建议将图 3-16 画在一张纸上，每写完一个功能，就做上标记。这样可以对整体进度有个概览。当前进度如图 3-29 所示。该图表示已经完成 gateway、login，以及一部分 agentmgr，还剩下 nodemgr、agent 没有实现。

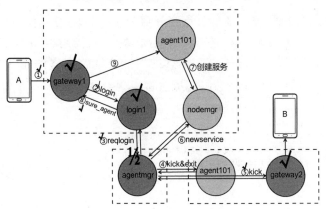

图 3-29　当前完成的登录流程标注图

3.8.3 请求登出接口

除了登录，agentmgr 还负责登出的仲裁。定义如代码 3-29 的远程调用方法 reqkick，它的功能对应表 3-5 的阶段②③（或对照表 3-4 的阶段④⑤）。agentmgr 会先发送 kick 让 agent 处理保存数据等事情，再发送 exit 让 agent 退出服务。由于保存数据需要一小段时间，因此 mgrplayer 会保留一小段时间的 LOGOUT 状态。

代码 3-29　service/agentmgr/init.lua 中新增的内容

```lua
s.resp.reqkick = function(source, playerid, reason)
    local mplayer = players[playerid]
    if not mplayer then
        return false
    end

    if mplayer.status ~= STATUS.GAME then
        return false
    end

    local pnode = mplayer.node
    local pagent = mplayer.agent
    local pgate = mplayer.gate
    mplayer.status = STATUS.LOGOUT

    s.call(pnode, pagent, "kick")
    s.send(pnode, pagent, "exit")
    s.send(pnode, pgate, "kick", playerid)
    players[playerid] = nil

    return true
end
```

至此，完成了 agentmgr，只需再写完 nodemgr 和简单的 agent 就可以测试了，加油！

3.9　代码实现：nodemgr

nodemgr 即节点管理服务，每个节点会开启一个。目前它只有一个功能，即提供创建服务的远程调用接口。nodemgr 的代码不到 10 行，如代码 3-30 所示，远程调用方法 newservice 只是简单地封装了 skynet.newservice，并返回新建服务的 id。

代码 3-30　service/nodemgr/init.lua

```lua
local skynet = require "skynet"
local s = require "service"

s.resp.newservice = function(source, name, ...)
    local srv = skynet.newservice(name, ...)
    return srv
end

s.start(...)
```

3.10　代码实现：agent（单机版）

现在开发登录流程涉及的最后一个服务 agent，完成后就可以真正地把框架运行起来了。本节还会演示 agent 的单机功能，做个"打工"小游戏。

新建 agent 空服务 service/agent/init.lua（代码略），开始编写代码。

3.10.1　消息分发

玩家登录后，gateway 会将客户端协议转发给 agent（见表 3-4 的阶段⑨）。为方便处理消息，仿照 login 服务的消息分发方式（见 3.7.2 节）编写如代码 3-31 所示的 agent 消息分发功能。

代码 3-31　service/agent/init.lua 中新增的内容

```lua
s.client = {}
s.gate = nil

s.resp.client = function(source, cmd, msg)
    s.gate = source
    if s.client[cmd] then
        local ret_msg = s.client[cmd]( msg, source)
        if ret_msg then
            skynet.send(source, "lua", "send", s.id, ret_msg)
        end
    else
        skynet.error("s.resp.client fail", cmd)
    end
end
```

登录后客户端发送"work"协议，s.client.work 方法将被调用。代码中的一些变量含义如下。

- ❑ s.id：即玩家 id，在代码 3-28（agentmgr 的 reqlogin）中，请求创建 agent 服务的语句是" s.call(node, "nodemgr", "newservice", "agent", "agent", playerid)"，最后两个参数会被传递到 nodemgr 中，再传递到 agent 服 s.start(...) 的可变参数中。所以对于 agent 服务，s.name 为"agent"，s.id 为玩家 id。
- ❑ s.gate：新建一个变量用于保存玩家对应 gateway 的 id。后续会给 agent 添加不少功能，要用多个 Lua 文件分模块存放代码，将 gateway 的 id 保存到 service 模块中（即 s 表内），可让 agent（代理服务）的所有模块获取该值。

3.10.2　数据加载

每个 agent 对应一个游戏角色，创建服务后，它要加载完所有角色数据才算完成职责。定义如代码 3-32 所示的初始化方法，service 模块将在服务启动时调用它。为了减少代码量，此处我们用阻塞 2 秒代替数据库读取数据的过程，读者可以参照第 2 章中数据库操作相关知识，从数据库拉取玩家数据。读取出的数据保存在 s.data 中，它包含 coin(金币) 和 hp(生命值)。

代码 3-32   service/agent/init.lua 中新增的内容

```
s.init = function( )
    -- 在此处加载角色数据
    skynet.sleep(200)
    s.data = {
        coin = 100,
        hp = 200,
    }
end
```

3.10.3   保存和退出

代码 3-33 定义了 kick 和 exit 的远程调用（agentmgr 会调用它们，见 3.8.2 节和 3.8.3 节），为了减少代码量，此处用阻塞 2 秒代替 s.resp.kick 的保存过程，读者可以根据第 2 章中数据库操作的知识实现数据库存储。s.resp.exit 仅是对 skynet.exit 的简单封装，它用于实现退出服务的功能。

代码 3-33   service/agent/init.lua 中新增的内容

```
s.resp.kick = function(source)
    -- 在此处保存角色数据
    skynet.sleep(200)
end

s.resp.exit = function(source)
    skynet.exit()
end
```

4.4 节会介绍读写玩家数据的方法，我们先实现服务端的主体功能。

3.10.4   单机测试

现在定义一个测试协议 work，协议参数如图 3-30 所示。通过此协议实现让角色"打工"，然后获得金币。

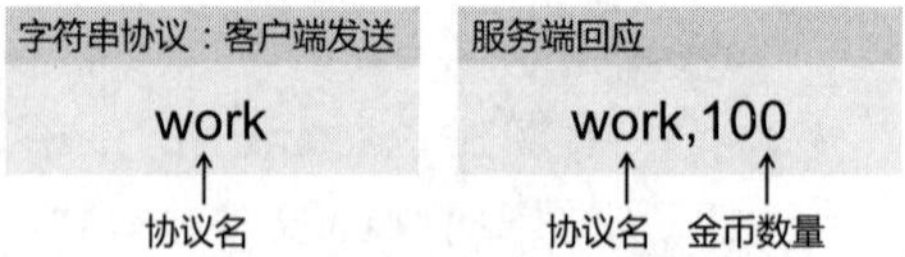

work 协议的处理方法如代码 3-34 所示，它很简单，将 coin 的值加 1，并返回带有最新金币数量的 work 协议，基于 3.10.1 节的实现，work 协议会经由 gateway 发送给客户端。

图 3-30   work 协议示意图

代码 3-34   service/agent/init.lua 中新增的内容

```
s.client.work = function(msg)
    s.data.coin = s.data.coin + 1
```

```
    return {"work", s.data.coin}
end
```

3.11 测试登录流程

终于可以测试 work 协议了。只要走得通，就代表完成了整套底层框架。

3.11.1 第 2 版主服务

我们重新修改主服务，让它智能一些，根据配置文件自动开启服务，无须手动设置，如代码 3-35 所示。主服务先开启 nodemgr（每个节点必有一个），加载 cluster（用于跨节点通信），再根据配置依次开启节点内的 gate、login 等服务。由于 nodemgr、gateway、login 是"本地服务"（见表 3-1），因此使用 skynet.name 给它命名。agentmgr 是"全局服务"，如果它在其他节点，则使用 cluster.proxy 创建一个代理。

代码 3-35　service/main.lua 中新增的内容

```lua
local skynet = require "skynet"
local skynet_manager = require "skynet.manager"
local runconfig = require "runconfig"
local cluster = require "skynet.cluster"

skynet.start(function()
    -- 初始化
    local mynode = skynet.getenv("node")
    local nodecfg = runconfig[mynode]
    -- 节点管理
    local nodemgr = skynet.newservice("nodemgr","nodemgr", 0)
    skynet.name("nodemgr", nodemgr)
    -- 集群
    cluster.reload(runconfig.cluster)
    cluster.open(mynode)
    --gate
    for i, v in pairs(nodecfg.gateway or {}) do
        local srv = skynet.newservice("gateway","gateway", i)
        skynet.name("gateway"..i, srv)
    end
    --login
    for i, v in pairs(nodecfg.login or {})  do
    local srv = skynet.newservice("login","login", i)
        skynet.name("login"..i, srv)
    end
    --agentmgr
    local anode = runconfig.agentmgr.node
    if mynode == anode then
        local srv = skynet.newservice("agentmgr", "agentmgr", 0)
        skynet.name("agentmgr", srv)
    else
        local proxy = cluster.proxy(anode, "agentmgr")
```

```
        skynet.name("agentmgr", proxy)
    end
    -- 退出自身
    skynet.exit()
end)
```

代码 3-35 虽然有点长，好在结构单一，并不复杂。

3.11.2 单节点测试

读者可以尝试修改 3.3.5 节提及配置文件，将所有服务配置在节点 1，然后开启节点 1 运行游戏服务端，使用 telnet 测试的结果如图 3-31 所示。该图所示的结果表示客户端发送 login 登录 id 为 1001 的角色，然后两次发送 work 协议，每次"打工"金币都会增加。图中客户端部分，白色字体代表客户端的输入，灰色字体代表服务端的回应。成功执行这一流程意味着服务端框架已经成型，可以在它基础上开发游戏逻辑。读者还可以测试另外一些登录情况，比如开启两个客户端登录同一个账号，看看先登录的账号会不会被顶替下线。

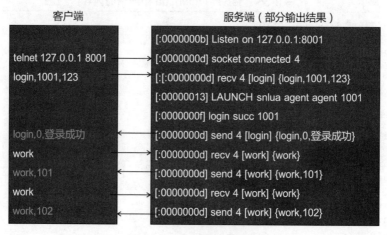

图 3-31　测试服务端框架

3.11.3 跨节点测试

单个节点只能部署在一台物理机上，它能承载数千玩家。如果要支撑更多，就需要开启多个节点，如图 3-32 所示，请确保节点 2 的配置文件 etc/config.node2 存在，它的内容和 config.node1 一样，仅仅是将 node 项改成了"node2"。

设置完成后可以开启两个节点进行测试，让不同的客户端连接不同节点的 gateway，它们应该都能正常工作。读者还可以尝试修改配置进行测试，比如将 agentmgr 放在节点 2 上，程序也应该能正常工作。

图 3-32　各个节点的配置文件

ⓘ **说明:** 如果开启多个节点,对开启顺序会有要求,应先开启 agentmgr 所在的节点,再开启其他,否则会报错。

3.12 战斗流程梳理

现在的服务端框架有支撑数万玩家的能力,且支持横向拓展(即增加物理机数量),理论上具有无上限的负载能力。下面以《球球大作战》为例,说明怎样使用这套框架。

3.12.1 战斗流程

《球球大作战》的战斗流程如图 3-33 所示。玩家登录后,呈现如图 3-2 所示的画面,玩家可以做些非战斗操作(仿照 work 示例,可以实现成就、背包、邮件、好友等功能),当点击"开始比赛"按钮时,客户端会发生"进入战斗"的协议。如图 3-33 所示,服务端会开启很多 scene 服务,每个服务处理一场战斗。收到"进入战斗"的协议后,agent 会随机选择一个战斗服务。进入战斗后,agent 会与某个 scene 服关联。注意图中的虚线方框,不同方框里的服务可能位于不同节点,理论上 scene 服务可以部署在任意节点上,这增加了服务端的扩展能力。

下面简化一下图 3-1 所示的《球球大作战》的玩法。如图 3-34 所示,战场中包含球和食物这两种对象,每个玩家控制一个球,其中黑色小圆代表食物。当玩家进入战斗时,场景中会添加一个代表玩家的小球,它出生在随机的位置上,默认是很小尺寸(半径)。玩家可以控制球移动的速度,比如设置为(1,0)会一直向右走,直到设置为(0,0)才停下来。场景中会随机生成一些食物,遍布各处,当小球碰(吃)到食物时,食物消失,球的尺寸增长。

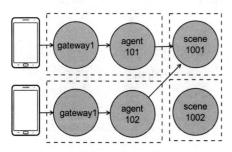

图 3-33 《球球大作战》的战斗流程

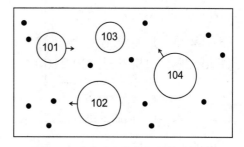

图 3-34 《球球大作战》的战斗场景

3.12.2 协议

《球球大作战》的战斗流程涉及如下几条协议。

1. 进入战场协议

当玩家点击"开始比赛"按钮时,客户端发送 enter 协议(见图 3-35),服务端会做出能不能进入战斗的判定，并且将 agent 和某个 scene 关联起来。

如果成功进入战场，服务端会回应成功信息，且向同战场的其他玩家广播有人进入的消息。广播的消息包含三个参数，分别是刚进入的玩家 id、它的坐标和尺寸。

如果进入失败，例如玩家已经在战斗中，会回应失败信息，如 "您已在战场中，不能重复进入"。

2. 战场信息协议

进入战场后，客户端需要显示战场中的球和食物。服务端会发送 balllist 和 foodlist 协议（见图 3-36 和图 3-37）。以 balllist 为例，它依次包含了各个球的信息，每个球包含 4 个参数，分别是玩家 id、x 坐标、y 坐标和尺寸。

服务端生成食物时，会给每个食物一个唯一 id。在食物信息协议 foodlist 中每个食物会包含 id、x 坐标、y 坐标这 3 个参数。

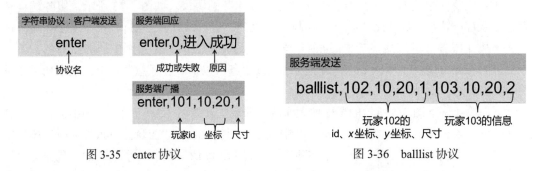

图 3-35　enter 协议　　　　图 3-36　balllist 协议

3. 生成食物协议

战场会随机生成一些食物。服务端会广播 addfood 协议（如图 3-38 所示），此协议包含新生成食物的 id、x 坐标、y 坐标。

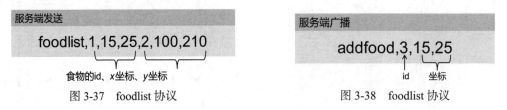

图 3-37　foodlist 协议　　　　图 3-38　foodlist 协议

4. 移动协议

当需要改变移动方向时，客户端会发送 shift 协议（如图 3-39 所示），设置小球的 x 方向速度和 y 方向速度。

所有游戏逻辑由服务端判定。每当小球的位置发生变化时（每隔一小段时间），服务端就会广播 move 协议（见图 3-40），更新小球的坐标。move 协议是发送频率最高的协议，假设服务端每 0.2 秒更新一次小球位置，战场上有 10 个小球，那么每个客户端每秒将收到 50 条 move 协议。

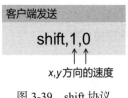

图 3-39 shift 协议

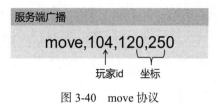

图 3-40 move 协议

说明：每个客户端每秒将收到 50 条 move 协议，这个频率非常高，但有不少优化方法，比如可以将多个小球的位置信息合并成一条协议或使用 AOI 算法做优化（见 3.15 节）。

5. 吃食物协议

当小球吞下食物时，服务端会广播 eat 协议（见图 3-41），此协议的参数包含玩家 id、被吃掉的食物 id 和玩家的新尺寸。

6. 离开协议

当玩家掉线时（离开战场），服务端会广播 leave 协议（如图 3-42 所示），告诉战场中每一位玩家，有人离开了。

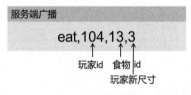

图 3-41 eat 协议

图 3-42 leave 协议

完整的《球球大作战》还包含玩家间的碰撞、球分裂、排行榜等功能。这些功能不算复杂，写法和"生成食物""吞下小球"很相似，留给读者自行实现。

3.13 代码实现：场景服务

场景服务会处理绝大部分的游戏逻辑。新建空服务 service/scene/init.lua（代码略），开始编写相关代码。

3.13.1 Ball 类

场景中包含小球和食物这两种对象，先看看小球的实现。定义如代码 3-36 所示的 balls 表和 ball 类，balls 表会以玩家 id 为索引，保存战场中各个小球的信息。小球与玩家关联，它会记录玩家 id（playerid）、代理服务（agent）的 id、代理服务所在的节点（node）；每个球都包含 x 坐标、y 坐标和尺寸这三种属性（x, y, size），以及移动速度 speedx 和 speedy。玩家进入战场会新建 ball 对象，并为其赋予随机的坐标。

代码 3-36　service/scene/init.lua 中新增的内容

```lua
local balls = {} --[playerid] = ball

-- 球
function ball()
    local m = {
        playerid = nil,
        node = nil,
        agent = nil,
        x = math.random( 0, 100),
        y = math.random( 0, 100),
        size = 2,
        speedx = 0,
        speedy = 0,
    }
    return m
end
```

图 3-43 展示了 ball 类一些属性的含义。

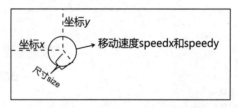

图 3-43　ball 类的属性示意图

定义如代码 3-37 所示的辅助方法 balllist_msg，它会收集战场中的所有小球，并构建
balllist 协议（各参数含义见 3.12.2 节）。

代码 3-37　service/scene/init.lua 中新增的内容

```lua
-- 球列表
local function balllist_msg()
    local msg = {"balllist"}
    for i, v in pairs(balls) do
        table.insert( msg, v.playerid )
        table.insert( msg, v.x )
        table.insert( msg, v.y )
        table.insert( msg, v.size )
    end
    return msg
end
```

3.13.2　Food 类

完成了小球类，再看看食物类。定义如代码 3-38 所示的 foods 表和 food 类。食物类

food 包含 id、*x* 坐标、*y* 坐标这三种属性；表 foods 会以食物 id 为索引，保存战场中各食物的信息。

为给食物赋予唯一 id，定义变量 food_maxid，其初始值为 0，每创建一个食物，给 food_maxid 加 1。

变量 food_count 用于记录战场中食物数量，以限制食物总量。

代码 3-38　service/scene/init.lua 中新增的内容

```lua
local foods = {} --[id] = food
local food_maxid = 0
local food_count = 0

-- 食物
function food()
    local m = {
        id = nil,
        x = math.random( 0, 100),
        y = math.random( 0, 100),
    }
    return m
end
```

定义如代码 3-39 所示的辅助方法 foodlist_msg，它会收集战场中的所有食物，并构建 foodlist 协议（各参数含义见 3.12.2 节）。

代码 3-39　service/scene/init.lua 中新增的内容

```lua
-- 食物列表
local function foodlist_msg()
    local msg = {"foodlist"}
    for i, v in pairs(foods) do
        table.insert( msg, v.id )
        table.insert( msg, v.x )
        table.insert( msg, v.y )
    end
    return msg
end
```

3.13.3　进入战斗

图 3-44 展示了进入战斗的流程，agent 收到 enter 协议（开始比赛，图中阶段①）后，随机选择一个 scene 服务，给它发送 enter 消息（稍后实现，见图中阶段②）。scene 和客户端的所有交互，都以 agent 作为中介。

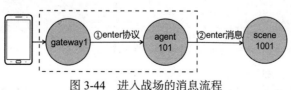

图 3-44　进入战场的消息流程

现在看看 scene 服务的内容，定义如代码 3-40 所示的 enter 远程调用，参数 playerid 指玩家 id；参数 agent 和 node 指玩家对应的代理服务 id 及其所在的节点；参数 source 是消息的发送方，它等同于 agent。

这段代码实现了如下几项功能：

1）判定能否进入战斗场景：如果玩家已在战场内，不可再次进入，返回失败信息（false）。

2）创建 ball 对象：创建玩家对应的 ball 对象，并给各个属性赋值。

3）向战场内的其他玩家广播 enter 协议，说明新的玩家到来（broadcast 方法稍后实现）。

4）将 ball 对象存入 balls 表。

5）向玩家回应成功进入的信息（enter 协议），此处使用" s.send(...., "send"....," 向 agent 发送消息，agent 相关处理会稍后实现。

6）向玩家发送战场信息（涉及 balllist 协议和 foodlist 协议）。

代码 3-40　service/scene/init.lua 中新增的内容

```lua
-- 进入
s.resp.enter = function(source, playerid, node, agent)
    if balls[playerid] then
        return false
    end
    local b = ball()
    b.playerid = playerid
    b.node = node
    b.agent = agent
    -- 广播
    local entermsg = {"enter", playerid, b.x, b.y, b.size}
    broadcast(entermsg)
    -- 记录
    balls[playerid] = b
    -- 回应
    local ret_msg = {"enter",0," 进入成功 "}
    s.send(b.node, b.agent, "send", ret_msg)
    -- 发战场信息
    s.send(b.node, b.agent, "send", balllist_msg())
    s.send(b.node, b.agent, "send", foodlist_msg())
    return true
end
```

定义如代码 3-41 所示的辅助方法 broadcast，用于广播协议。它会遍历 balls 表，把消息发送给每个玩家。

代码 3-41　service/scene/init.lua 中新增的内容

```lua
-- 广播
function broadcast(msg)
    for i, v in pairs(balls) do
        s.send(v.node, v.agent, "send", msg)
    end
end
```

3.13.4 退出战斗

当玩家掉线时，agent 会远程调用 scene 服务的 leave 方法（稍后实现）。实现如代码 3-42 所示的 leave 远程调用，它会删除与玩家对应的小球（设置 balls 列表对应 id 为空），并广播 leave 协议。

代码 3-42 service/scene/init.lua 中新增的内容

```lua
-- 退出
s.resp.leave = function(source, playerid)
    if not balls[playerid] then
        return false
    end
    balls[playerid] = nil

    local leavemsg = {"leave", playerid}
    broadcast(leavemsg)
end
```

3.13.5 操作移动

当玩家要改变移动方向时，客户端会发送 shift 协议，经由 agent 转发（稍后实现），调用 scene 的 shift 方法。实现如代码 3-43 的 shift 远程调用，它根据参数 playerid 找到与玩家对应的小球，并设置它的速度。

代码 3-43 service/scene/init.lua 中新增的内容

```lua
-- 改变速度
s.resp.shift = function(source, playerid, x, y)
    local b = balls[playerid]
    if not b then
        return false
    end
    b.speedx = x
    b.speedy = y
end
```

3.13.6 主循环

《球球大作战》是一款服务端运算的游戏，一般会使用主循环程序结构，让服务端处理战斗逻辑。如图 3-45 所示，图中的 balls 和 foods 代表服务端的状态，在循环中执行"食物生成""位置更新"和"碰撞检测"等功能，从而改变服务端的状态。scene 启动后，会开启定时器，每隔一段时间（0.2 秒）执行一次循环，在循环中会处理食物生成、位置更新等功能。

定义如代码 3-44 所示的 update 方法，通过某种机制（稍后

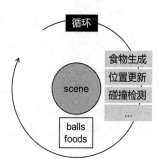

图 3-45 主循环结构示意图

实现）让它每隔一小段时间被调用一次。参数 frame 代表当前的帧数，每一次执行 update，frame 加 1。其中的 food_update、move_update 和 eat_update 分别实现"食物生成""位置更新"和"碰撞检测"的功能，稍后实现。

代码 3-44　service/scene/init.lua 中新增的内容

```lua
function update(frame)
    food_update()
    move_update()
    eat_update()
    -- 碰撞略
    -- 分裂略
end
```

现在思考一个问题，怎样开启稳定的定时器？可以开启一个死循环协程，协程中调用 update，最后用 skynet.sleep 让它等待一小段时间。定义如代码 3-45 所示的服务初始化方法 init，它会调用 skynet.fork 开启一个协程，协程的代码位于匿名函数中。

代码 3-45　service/scene/init.lua 中新增的内容

```lua
s.init = function()
    skynet.fork(function()
        -- 保持帧率执行
        local stime = skynet.now()
        local frame = 0
        while true do
            frame = frame + 1
            local isok, err = pcall(update, frame)
            if not isok then
                skynet.error(err)
            end
            local etime = skynet.now()
            local waittime = frame*20 - (etime - stime)
            if waittime <= 0 then
                waittime = 2
            end
            skynet.sleep(waittime)
        end
    end)
end
```

pcall 是为安全调用 update 而引入的，它的功能可以参照 3.4.3 节提及的 xpcall。

waittime 代表每次循环后需等待的时间。由于程序有可能卡住，我们很难保证"每隔 0.2 秒调用一次 update"是精确的。update 方法也需要一定的执行时间，等待时间 waittime 的实际值应为 0.2 减去执行时间，见图 3-46 的左侧，图中 update 前的竖直黑线代表 update

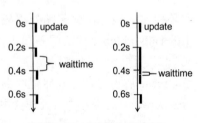

图 3-46　"追帧"示意图

的执行时间。若某次执行时间超过间隔（如图 3-46 的右侧第 0.2 秒执行的 update），则程序需要加快执行，只能给很短的间隔时间。使得运行较长时间后，最终会在第 N 秒执行 $N \times 5$ 次 update。

3.13.7 移动逻辑

服务端要处理的第一项业务功能是球的移动，现在实现 3.13.6 节提及的 move_update 方法。如代码 3-46 所示，由于主循环会每隔 0.2 秒调用一次 move_update，因此它只需遍历场景中的所有球，根据"路程 = 速度 × 时间"计算出每个球的新位置，再广播 move 协议通知所有客户端即可。

代码 3-46 service/scene/init.lua 中新增的内容

```lua
function move_update()
    for i, v in pairs(balls) do
        v.x = v.x + v.speedx * 0.2
        v.y = v.y + v.speedy * 0.2
        if v.speedx ~= 0 or v.speedy ~= 0 then
            local msg = {"move", v.playerid, v.x, v.y}
            broadcast(msg)
        end
    end
end
```

3.13.8 生成食物

服务端会每隔一小段时间放置一个新食物，定义如代码 3-47 所示的 food_update 方法来实现该功能，这段代码做了如下几件事情。

❑ 判断食物总量：场景中最多能有 50 个食物，多了就不再生成。

❑ 控制生成时间：计算一个 0 到 100 的随机数，只有大于等于 98 才往下执行，即往下执行的概率是 1/50。由于主循环每 0.2 秒调用一次 food_update，因此平均下来每 10 秒会生成一个食物。

❑ 生成食物：创建 food 类型对象 f，把它添加到 foods 列表中，并广播 addfood 协议。生成食物时，会更新食物总量 food_count 和食物最大标识 food_maxid。

代码 3-47 service/scene/init.lua 中新增的内容

```lua
function food_update()
    if food_count > 50 then
        return
    end

    if math.random( 1,100) < 98 then
        return
    end
```

```
        food_maxid = food_maxid + 1
        food_count = food_count + 1
        local f = food()
        f.id = food_maxid
        foods[f.id] = f

        local msg = {"addfood", f.id, f.x, f.y}
        broadcast(msg)
    end
```

3.13.9 吞下食物

编写吃食物的 eat_update 方法，如代码 3-48 所示，它会遍历所有的球和食物，并根据两点间距离公式（各变量含义见图 3-47）判断小球是否和食物发生了碰撞。如果发生碰撞，即视为吞下食物，服务端会广播 eat 协议，并让食物消失（设置 foods 对应值为 nil）。

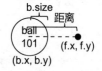

图 3-47 小球和食物碰撞检测涉及的变量

代码 3-48   service/scene/init.lua 中新增的内容

```
function eat_update()
    for pid, b in pairs(balls) do
        for fid, f in pairs(foods) do
            if (b.x-f.x)^2 + (b.y-f.y)^2 < b.size^2 then
                b.size = b.size + 1
                food_count = food_count - 1
                local msg = {"eat", b.playerid, fid, b.size}
                broadcast(msg)
                foods[fid] = nil
            end
        end
    end
end
```

代码中变量名的含义如下。

❏ pid：即 playerid，指遍历到的小球对应的玩家 id。

❏ b：遍历到的 ball 对象。

❏ fid：遍历到的食物 id。

❏ f：遍历到的 food 对象。

ℹ️ **说明**：本章的场景服务代码更多的是为了演示如何使用框架，没有很多性能考究。比如在代码 3-48 中，双重嵌套 for 循环的计算量较大。在实际项目中，往往会使用一些简化的计算方法（3.15 节会有简单的描述）。

以上，完成了场景服务的所有代码。

3.13.10 第3版主服务

基于3.3.5节的场景配置，假设服务端启动时就开启了多个战场。现在，修改主服务，让它开启scene服务，新增的内容如代码3-49所示。

代码3-49 service/main.lua中新增的内容

```
--scene (sid->sceneid)
for _, sid in pairs(runconfig.scene[mynode] or {}) do
    local srv = skynet.newservice("scene", "scene", sid)
    skynet.name("scene"..sid, srv)
end
```

ℹ **说明：** 为简单起见，演示程序会开启固定数量的场景服务。在实际项目中，可以仿照agent动态开启场景服务。

3.14 代码实现：agent（跨服务器版）

至此，我们已完成了《球球大作战》的绝大部分功能，只剩下完善agent，让它和scene服务联动了。

3.14.1 多个模块

一般而言，代理服务会承载很多系统，比如邮件、成就等，此处涉及的代码较多，容易混乱，需划分模块。3.4节实现的service模块能让服务带有分模块的潜力。

新建service/agent/scene.lua用于处理agent的战斗逻辑（拓展知识：如果后续开发邮件、成就等系统，同样要新建一个文件，每个文件处理一项功能）。只需在init.lua中引入（require）新增的文件，即可使用新文件提供的功能（如代码3-50所示）。

代码3-50 service/agent/init.lua中新增的内容

```
require "scene"
```

3.14.2 进入战斗

现在编写让玩家进入比赛的功能。定义如代码3-51所示的战斗协议处理方法s.client.enter，这段代码可实现如下几个功能：

1）定义s.snode和s.name这两个变量，如果玩家尚未进入战场，这两个值为空；如果已进入，分别存储对应场景服务的节点和名字。

2）调用random_scene（稍后实现）随机获取一个场景服务。变量snode代表场景服务所在的节点，sid代表场景服务的id。

3）向场景服务发送 enter 消息（见 3.13.3 节），请求进入场景。如果成功进入场景，会给 s.snode 和 s.sname 赋值。

代码 3-51　service/agent/scene.lua

```lua
local skynet = require "skynet"
local s = require "service"
local runconfig = require "runconfig"
local mynode = skynet.getenv("node")

s.snode = nil --scene_node
s.sname = nil --scene_id

s.client.enter = function(msg)
    if s.sname then
        return {"enter",1,"已在场景"}
    end
    local snode, sid = random_scene()
    local sname = "scene"..sid
    local isok = s.call(snode, sname, "enter", s.id, mynode, skynet.self())
    if not isok then
        return {"enter",1,"进入失败"}
    end
    s.snode = snode
    s.sname = sname
    return nil
end
```

随机选择场景的 random_scene 方法，如代码 3-52 所示。按照 3.2.4 节的分析，agent 应尽可能地进入个同节点的 scene。为模拟合适的匹配机制，random_scene 返回同节点场景服务的概率是其他节点的数倍。

具体做法是，先把所有配置了场景服务的节点都放在表 nodes 中，同一节点（mynode）会插入多次，使它能有更高被选中的概率。插入完成后在 nodes 表随机选择一个节点（scenenode）。再在选出的节点中随机选出一个场景（sceneid）。

代码 3-52　service/agent/scene.lua 中新增的内容

```lua
local function random_scene()
    -- 选择 node
    local nodes = {}
    for i, v in pairs(runconfig.scene) do
        table.insert(nodes, i)
        if runconfig.scene[mynode] then
            table.insert(nodes, mynode)
        end
    end
    local idx = math.random( 1, #nodes)
    local scenenode = nodes[idx]
    -- 具体场景
    local scenelist = runconfig.scene[scenenode]
    local idx = math.random( 1, #scenelist)
```

```
        local sceneid = scenelist[idx]
        return scenenode, sceneid
    end
```

3.14.3 退出战斗

通过 3.13.4 节的分析可知，当客户端掉线时，agent 需要向场景服务请求退出。要实现该功能，首先得修改 resp.kick，使 agent 在退出前调用 s.leave_scene 方法，具体见代码 3-53。

代码 3-53 service/agent/init.lua 中修改的内容

```
s.resp.kick = function(source)
    s.leave_scene()
    -- 在此处保存角色数据
    skynet.sleep(200)
end
```

然后编写如代码 3-54 所示的 s.leave_scene 方法，它会给场景服务发送 leave 消息。

代码 3-54 service/agent/scene.lua 中新增的内容

```
s.leave_scene = function()
    -- 不在场景
    if not s.sname then
        return
    end
    s.call(s.snode, s.sname, "leave", s.id)
    s.snode = nil
    s.sname = nil
end
```

3.14.4 最后的辅助方法

最后的最后，完成几个简单方法。在 3.13.3 节中，scene 调用了 agent 的远程调用方法 send 给客户端发送消息，它的实现如代码 3-55 所示，这里仅仅是将消息转发到 gateway 上。

代码 3-55 service/agent/init.lua 中新增的内容

```
s.resp.send = function(source, msg)
    skynet.send(s.gate, "lua", "send", s.id, msg)
end
```

按照 3.13.5 节的分析，当玩家要改变移动方向时，客户端会发送 shift 协议，经由 agent 转发，实现如代码 3-56 所示的转发方法。

代码 3-56 service/agent/scene.lua 中新增的内容

```
-- 改变方向
s.client.shift = function(msg)
    if not s.sname then
```

```
        return
    end
    local x = msg[2] or 0
    local y = msg[3] or 0
    s.call(s.snode, s.sname, "shift", s.id, x, y)
end
```

3.14.5 运行结果

我们成功编写完所有代码，可以测试了。运行客户端，然后登录、进入场景。可以看到服务端回应的"进入成功"等消息，如图 3-48 所示。图中白色文字代表客户端发送的内容，灰色文字表示服务端回应的内容，竖直方向代表时间顺序。客户端 A（101）先登录游戏，然后进入场景，进入时服务端会回应 enter 协议并发送 balllist 和 foodlist 协议告诉客户端 A 当前的战场信息。服务端会随机添加食物，发送 addfood 协议。当客户端 A 改变移动方向（shift）时，服务端会一直广播 move 协议。稍后客户端 B（201）登录，如果进入同一场景，客户端 A 会收到"enter,201..."的信息。客

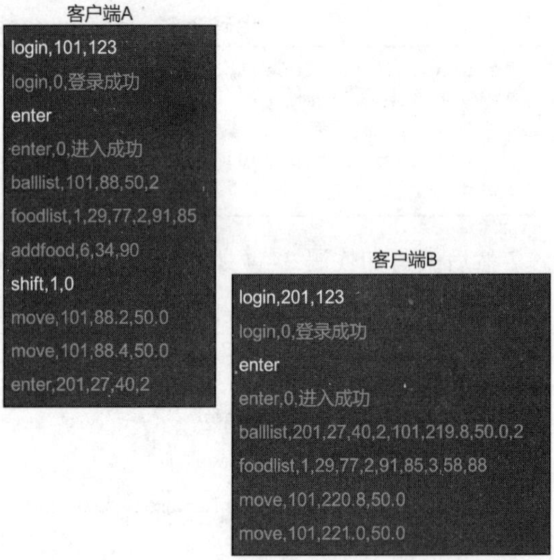

图 3-48 《球球大作战》的运行结果

户端 B 获得的战场信息 balllist 也会包含玩家 101（客户端 A）的信息，且收到客户端 A 的移动协议。

> 💡 **说明：** 由于本书关注的是服务端开发技术，因此我们只用协议收发的形式来代表客户端。如果读者想开发一套图形界面的客户端，欢迎关注笔者的另一本书《Unity3D 网络游戏实战》。

3.15 改进

纵观全套代码，已相对完整，但有几处出于篇幅限制没能提及，在此做下说明。

1）登录流程的一种意外情况：尽管登录流程已相对完善，但还存在一种意外情况。在客户端发起登录协议后，在登录协议返回之前客户端下线。由于此时 agentmgr 记录的是"登录中"状态，下线请求不会被执行，除非再次登录踢下线，否则 agent 会一直存在。这种情况不常出现，解决方法是让 gateway 和 agent 之间偶尔发送心跳协议，若检测到客户端

连接已断开,则请求下线。

2)agentmgr 是个单点,有可能成为系统瓶颈。这个问题不大,可以开启多个 agentmgr,以玩家 id 为索引分开处理。

3)由于 move 协议的广播量很大,会造成跨节点通信的负载压力。匹配时应尽量匹配到同节点的场景服务,只有在某些特殊玩法中才匹配到跨节点的场景服务。

4)gateway 在 Lua 层处理字符串协议,但 Lua 并不适合处理大量可变字符串,因为它会增加 GC(内存垃圾回收机制)的负担,所以 3.6 节所述的 Lua 层输入缓冲区效率较低,Skynet 已提供了 netpack 模块用于高效处理该功能(下一章介绍)。

5)场景服务广播量很大,可以用 AOI(Area of Interest)算法做优化。考虑到玩家屏幕大小有限,只能看到有限的球和食物,因此只需把玩家附近小球和食物广播给他即可(第 8 章会介绍)。

6)食物碰撞计算量很大,可以用四叉树算法做优化,比起双重遍历,可以减少几倍计算量。另一种做法是服务端不主动做碰撞检测,由客户端计算。若客户端发现玩家碰撞到食物,告诉服务端。服务端只需做校验,这样就把计算量转移到了客户端(第 9 章会介绍不同做法的优劣之处)。

7)在登出过程中,agent 会接收 kick 和 exit 消息,分别用于保存数据和退出服务。一种意外情形是,在 kick 和 exit 之间,agent 接收并处理了其他服务发来的消息,这些消息导致的属性更改将不会被存档(想想,如果在 kick 和 exit 之间,玩家充值了,因为已经保存了数据,所以更新的金额不会被再次保存)。若要解决该问题,可以给 agent 添加状态,设置若处于 kick 状态下则不处理任何消息。

8)本章没有提及数据库的内容,对于大量玩家,可以对数据库做分库分表操作,甚至可使用 Redis 做一层缓存。

9)本章服务端稳定运行的前提是所有 Skynet 节点都能稳定运行,且各个节点能维持稳定的网络通信,因此所有节点应当部署在同一局域网。

💡 **知识拓展**: 图 3-32 中的目录名叫 rill4。Rill 即小河,喻意服务畅通无阻,亦表积流成海。假以时日,厚积薄发。

多年前,笔者参与了该系统第 1 个版本的开发,后续也将设计理念融入实际项目之中。书中范例可视为精简版,算第 4 个版本吧。

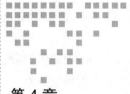

Skynet 进阶技法

通过第 3 章的学习，我们已经可以把游戏做出来。然而对于上线运营的游戏，只是做出游戏功能还不够，还要考虑服务端的运行效率，以及应对常见的异常情形（如断线重连）。本章将会介绍游戏开发中的几种常用技法，让读者不仅能把游戏"做出来"，更能够"做得好"。

阅读本章之前，读者可以先思考以下几个问题。

1）《球球大作战》使用了字符串协议，所占带宽较多（如"move,101,10,20\r\n"占用 16 字节），有没有一种更高效的协议？

2）游戏功能时常更新，热门游戏每隔一两周就会出新版本，增加新功能，如图 4-1 所示。如果数据库设计不合理，项目后期将会很难维护，那么，要怎样合理地设计玩家数据表各个字段（栏位），以应对存储内容的变更？

3）手机网络时常会有不稳定的情况出现，"断线重连"是手游的必备功能，怎样实现它？

图 4-1　游戏的更新公告

4.1　用"长度信息"解 TCP 包

3.6.3 节是使用结束符"\r\n"分割 TCP 数据的，但"结束符号法"并不完美。

举例来说，假如聊天协议的形式是" chat,101,聊天内容"，如果玩家发送多行文本" chat,101,你好 \r\n 请加我 qq"，它将被错误地解析成" chat,101,你好"和"请加我 qq"两条协议。若坚持使用"结束符号法"，就要限制玩家发送的内容，或者换其他的结束符（但也会导致同样的问题），所以本节来看看用"长度信息"解 TCP 包的方法。

4.1.1　长度信息法

"长度信息法"指在数据包前面加上长度信息。游戏一般会使用 2 字节或 4 字节来表示长度（如图 4-2 和图 4-3 所示），2 字节整型数的取值范围是 0 到 65535，4 字节整型数的取值范围是 0 到 4294967295。对于大部分游戏，2 字节已经足够。

图 4-2　2 字节消息长度的格式　　　图 4-3　4 字节消息长度的格式

解析数据时，先读取长度信息，如果数据足够多，取出相应的字节，否则等待下一次接收。读者可以仿照 3.6.3 节介绍的 gateway 的"处理客户端协议"用纯 Lua 来解析它。不过，3.15 节已说明直接用 Lua 处理字符串的性能不高，因此，可以考虑使用 Skynet 提供的 C 语言编写的 netpack 模块，它能高效解析 2 字节长度信息的协议。

4.1.2　使用 netpack 模块解析网络包

本节将介绍使用 skynet 的 netpack 模块解析网络包的方法，读者可以用它实现 gateway 服务。netpack 模块需与 socketdriver 模块、skynet.register_protocol 配合使用，程序的结构如代码 4-1 所示。

代码 4-1　examples/Pmain.lua（仅开启一个服务做测试）

（资源：Chapter4/1_netpack.lua）

```lua
local skynet = require "skynet"
local socketdriver = require "skynet.socketdriver"
local netpack = require "skynet.netpack"

skynet.start(function()
    -- 注册 SOCKET 类型消息
    skynet.register_protocol( {
        name = "socket",
        id = skynet.PTYPE_SOCKET,
        unpack = socket_unpack,
```

```
        dispatch = socket_dispatch,
    })
    -- 注册 Lua 类型消息 (skynet.dispatch 略)
    -- 开启监听
    local listenfd = socketdriver.listen("0.0.0.0", 8888)
    socketdriver.start(listenfd)
end)
```

比起第 2 章和第 3 章用到的 socket 模块，socketdriver 更底层，它需与 skynet.register_protocol 配合。代码 4-1 中注册了 skynet.PTYPE_SOCKET 类型的协议，unpack 方法为 socket_unpack（稍后实现），dispatch 方法为 socket_dispatch（稍后实现），整块代码的含义是：开启 8888 端口的监听，当有网络事件（新连接、连接关闭、收到数据）发生时，先用 socket_unpack 方法解析它，再用 dispatch 方法处理它。

代码 4-2 展示的是解包方法 socket_unpack 和网络事件处理方法 socket_dispatch，其中 socket_unpack 和 socket_dispatch 几乎为固定形式，照抄即可（注意前面还定义了变量 queue）。socket_dispatch 的参数 type 代表消息事件的类型，如表 4-1 所示。

代码 4-2　examples/Pmain.lua

```lua
local queue     -- message queue

-- 解码底层传来的 SOCKET 类型消息
function socket_unpack( msg, sz )
    return netpack.filter( queue, msg, sz )
end

-- 处理底层传来的 SOCKET 类型消息
function socket_dispatch(_, _, q, type, ...)
    skynet.error("socket_dispatch type:"..(type or "nil"))
    queue = q
    if type == "open" then
        process_connect(...)
    elseif type == "data" then
        process_msg(...)
    elseif type == "more" then
        process_more(...)
    elseif type == "close" then
        process_close(...)
    elseif type == "error" then
        process_error(...)
    elseif type == "warning" then
        process_warning(...)
    end
end
```

ℹ️ 说明：所谓照抄即可，并非说明它不重要，只是笔者认为它是 Skynet 中特有的处理方式，对学习服务端开发的普遍方法作用不大，因此不展开说明。如果读者对 netpack 模块很感兴趣，可在 skynet/lualib-src/lua-netpack.c 查看源码。

表 4-1　netpack 模块的网络事件类型

事件类型	说　　明
open	有新连接
data	netpack.filter 会对数据做分包处理，如果分包后刚好有一条完整消息，会触发 data 类型事件。如果不止一条消息，返回 more 类型消息
more	同上，这是 Skynet 中特有的用法，照抄即可
close	连接关闭
error	发生错误
warning	缓冲区积累的数据过多时，发生 warning 事件
nil	没有事件。但没有事件不代表没有数据接收，在代码 4-2 中，仍然需要更新 queue

代码 4-2 中的 queue 是一个 userdata，它是由 C 语言定义的数据对象，可按顺序存放待处理的完整消息，图 4-4 是它的示意图，展示了包含 5 条消息的队列（queue）。消息的内容包括 fd（哪个客户端发来的）、msg（消息内容）、sz（size，消息长度）等。queue 存放的待处理的完整消息可以通过 netpack.pop 弹出，每次弹出一条。由于 msg 是 C 语言结构不能直接使用，因此需要用 netpack.tostring(msg,sz) 把它转换为 Lua 格式。

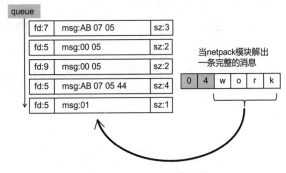

图 4-4　queue 的逻辑结构

netpack 会返回 6 种网络事件，每种事件对应一个 process_XXX 的处理方法，如代码 4-3 所示。需特别关注的是，每个处理方法的参数各不相同。process_connect 的参数 fd 是新连接的标识，addr 代表客户端 IP 和端口，客户端连接后，需调用 socketdriver.start 开始接收数据。process_error 的参数 error 代表错误的原因，process_warning 的参数 size 代表缓冲区的长度。

代码 4-3　examples/Pmain.lua

```lua
-- 有新连接
function process_connect(fd, addr)
    skynet.error("new conn fd:"..fd.." addr:"..addr)
    socketdriver.start(fd)
end

-- 关闭连接
function process_close(fd)
    skynet.error("close fd:"..fd)
end

-- 发生错误
function process_error(fd, error)
    skynet.error("error fd:"..fd.." error:"..error)
end
```

```
-- 发生警告
function process_warning(fd, size)
    skynet.error("warning fd:"..fd.." size:"..size)
end
```

代码 4-3 的 4 个处理方法都很常规，但由接收数据而触发的 data 和 more 事件就稍显复杂，如代码 4-4 所示。在 netpack 模块刚好接收到一条完整消息时，process_msg 会被调用，参数 fd、msg、sz 分别代表消息来源、消息内容和消息长度（同图 4-4 的描述），它通过 netpack.tostring 将消息解析出来。此处只是简单打印消息内容，读者可以做进一步处理。收到多于一条完整消息时会触发 more 事件，在 process_more 中，会依次取出 queue 中的消息，再调用 process_msg 处理它。此处使用 skynet.fork 创建 process_msg 协程，是为了统一消息的时序，读者先照抄即可，4.1.4 节会加以说明。

代码 4-4　examples/Pmain.lua

```
-- 处理消息
function process_msg(fd, msg, sz)
    local str = netpack.tostring(msg,sz)
    skynet.error("recv from fd:"..fd .." str:"..str)
End

-- 收到多于 1 条消息时
function process_more()
    for fd, msg, sz in netpack.pop, queue do
        skynet.fork(process_msg, fd, msg, sz)
    end
end
```

4.1.3　测试小案例

上一节完成了可以解析"长度信息法"数据包的网关（gateway），本节将对其进行测试。由于 telnet 等现成的工具没能提供发送"长度信息法"数据包的功能，因此需自行编写客户端。

1. 发送一条完整消息

测试内容如图 4-5 所示，客户端连接服务端，然后发送带 2 字节长度的"login,101,134"，图中的"13"代表长度信息。

代码 4-5 编写一个用于测试的客户端，为了方便，我们将它放在 Skynet 的 examples 目录下，以便引用 Skynet 提

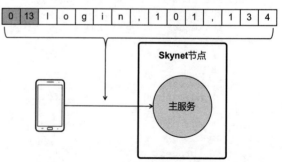

图 4-5　发送一条完整消息的测试示意图

供的 client.socket 模块。客户端先调用 socket.connect 连接服务端，然后等待 1 秒（socket.usleep 表示休眠，单位是微秒），再用 string.pack 拼装消息，并发送出去。

string.pack 是 Lua 语言提供的二进制数据处理方法，第一个参数 ">Hc13" 代表二进制数据的格式，后面的参数与第一个参数对应。格式中的 ">" 代表这串数据采用大端编码，与 netpack 模块使用的编码方式相同；"H" 代表放置一个 16 位无符号整数，与第二个参数 13 对应；"c13" 代表放置一个 13 字节长度的字符串，与第三个参数 "login,101,134" 相对应。

代码 4-5　examples/Pclient.lua　　（资源：Chapter4/1_client.lua）

```
package.cpath = "luaclib/?.so"
package.path = "lualib/?.lua;examples/?.lua"
local socket = require "client.socket"

local fd = socket.connect("127.0.0.1", 8888)
socket.usleep(1*1000000)
-- 测试1 发送完整消息
local bytes = string.pack(">Hc13", 13, "login,101,134")
socket.send(fd, bytes)
-- 关闭
socket.usleep(1*1000000)
socket.close(fd)
```

开启服务端，用 "./3rd/lua/lua examples/client.lua"（同 2.1 节）开启客户端，可以看到服务端的输出。图 4-6 是测试结果，白色字体代表需要特别关注的内容，即服务端收到 "data" 类型的事件，消息的内容为 "login,101,134"。

```
[:01000009] socket_dispatch type:open
[:01000009] new conn fd:6 addr:127.0.0.1:46406
[:01000009] socket_dispatch type:nil
[:01000009] socket_dispatch type:data
[:01000009] recv from fd:6 str:login,101,134
[:01000009] socket_dispatch type:close
[:01000009] close fd:6
```

图 4-6　发送一条完整消息的测试结果

💡 **知识拓展**：内存数据会占用多个字节的内存，比如一个整型数（int）会占 4 字节，这 4 字节哪个在前、哪个在后并没有统一规则。大端模式，是指数据的高字节保存在内存的低地址中，而数据的低字节保存在内存的高地址中。小端模式，是指数据的高字节保存在内存的高地址中，而数据的低字节保存在内存的低地址中。在网络通信中，双端必须采用同一套规则。

2. 发送错误消息

代码 4-6 展示了发送两条消息的客户端，如图 4-7 所示，第一条消息 "[10]login,101," 是一条完整的消息，长度信息 "10" 指示它共有 10 字节的长度。第二条消息是 "134"，没附带长度信息，是一条错误的消息。

代码 4-6   examples/Pclient.lua 中的部分代码

```
-- 测试 2 发送错误消息
local bytes = string.pack(">Hc10", 10, "login,101,")
socket.send(fd, bytes)
socket.usleep(1*1000000)
local bytes = string.pack(">c3", "134")
socket.send(fd, bytes)
```

图 4-8 展示了测试结果，服务端先收到"data"类型的事件，消息内容为"login,101,"，再收到类型为"nil"的事件。按照解析规则，netpack 会把第二条消息"134"的前两个字符"13"当作长度信息，并等待非常长的消息内容（字符串"13"对应的数值为 12595）。

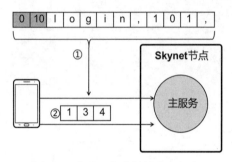

图 4-7   发送一条完整消息和一条
错误消息的测试示意图

图 4-8   发送一条完整消息和一条
错误消息的测试结果

3. 发送不完整消息

代码 4-7 展示了发送三条消息的客户端，如图 4-9 所示，第一条消息为"[13] login,101,134"，第二条和第三条消息都是"[4]work"。这三条消息被分割成两段。

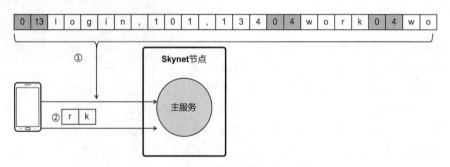

图 4-9   发送不完整消息的测试示意图

代码 4-7   examples/Pclient.lua 中的部分代码

```
-- 测试 3 发送不完整消息
local bytes = string.pack(">Hc13Hc4Hc2", 13, "login,101,134", 4, "work", 4,"wo")
socket.send(fd, bytes)
socket.usleep(1*100000)
```

```
local bytes = string.pack(">c2", "rk")
socket.send(fd, bytes)
```

图 4-10 展示了测试结果，服务端第一次接
收到的是两条完整消息外加 4 字节，因此事件
类型为 more，这两条完整的消息分别是"[13]
login,101,134"和"[4]work"，额外的 4 字节是
"[4]wo"。待接收到最后 2 字节"rk"，形成完整
的第三条消息，netpack 就会返回 data 类型事件。

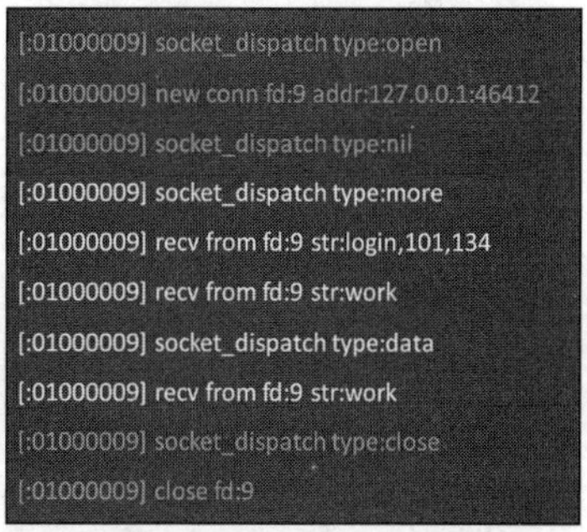

图 4-10 发送不完整消息的测试结果

4.1.4 阻塞方法的时序

在 process_more 中，使用 skynet.fork 创建
process_msg 协程，是为了保障阻塞消息处理方法的时序一致性。在代码 4-8 中，在消息处
理方法 process_msg 中调用阻塞方法 skynet.sleep 暂停 0.1 秒，我们看看会有什么结果。

代码 4-8　examples/Pclient.lua 中的部分代码

```
-- 处理消息
function process_msg(fd, msg, sz)
    local str = netpack.tostring(msg,sz)
    skynet.error("recv from fd:"..fd .." str:"..str)
    skynet.sleep(100)
    skynet.error("finish fd:"..fd .." " ..str)
end
```

用代码 4-7 的客户端发送数据，运行结果如图 4-11 所示，白色字体代表需要特别注
意的内容。Skynet 在分发消息时，都会开启新的协程，图中 3 条消息的时序是：①收到
login，②收到第 1 条 work，③收到第 2 条 work，④处理完 login，⑤处理完第 1 条 work，
⑥处理完第 2 条 work（见图 4-13 的左图，其中标注"1""2""3"的方块代表消息处理函
数的运行时间，"1"代表第一条消息 login，"2"代表第二条消息，即上文的第 1 条 work，
"3"代表第三条消息，即上文的第 2 条 work）。

如果去掉 fork（如代码 4-9 所示），运行结果如图 4-12 所示。图中 3 条消息的时序是：
①收到 login，②收到第 2 条 work，③处理完 login，④收到第 1 条 work，⑤处理完第 2 条
work，⑥处理完第 1 条 work（见图 4-13 的右图）。消息不按照发送顺序处理，这不是我们
想要的。因此在 process_more 中，我们会用 skynet.fork 去调用 process_msg。

代码 4-9　examples/Pclient.lua 中的部分代码

```
-- 收到多于 1 条消息时
function process_more()
    for fd, msg, sz in netpack.pop, queue do
        process_msg(fd, msg, sz)
    end
end
```

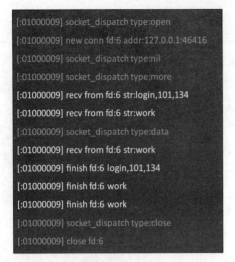
图 4-11　程序时序问题的测试结果

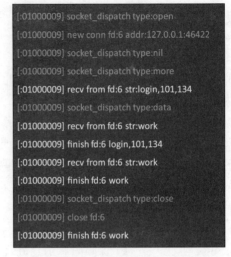
图 4-12　去掉 fork 的程序时序问题测试结果

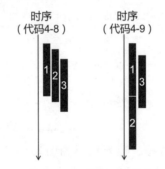
图 4-13　代码 4-8 和代码 4-9 的运行时序

读者也不必执着地去深究它，因为它是 Skynet 和 netpack 特有的问题，记住 process_more 的固定形式即可。

💡 **知识拓展**：queue 是个 userdata，它定义在 C 语言编写的 netpack 模块中。当关闭监听时，需调用 "netpack.clear(queue)" 来释放内存。

可使用 socketdriver.nodelay(listenfd) 禁用 Nagle 算法，这对实时性要求高的游戏很有帮助。Nagle 算法是默认开启的，开启后发送端多次发送很小的数据包时，并不会立马发送它们，而是积攒到一定数量后再组成一个较大的数据包发送出去。Nagle 算法可以节省数据流量（每个 TCP 包都要包含一些额外信息），但增加了延迟。

4.2　用 Json 序列化协议

3.6.4 节提供了字符串编解码方法 str_unpack 和 str_pack。它们可以让特定格式的字符串和 Lua 表相互转化，不过不能处理嵌套的 Lua 表。本节将会介绍 Json 协议，它既直观又强大，可运用于大部分弱交互的游戏中。

4.2.1　安装 lua-cjson 模块

使用 Json 协议格式的关键点，就是将 Lua 表转换成 Json 格式的字符串，又能将它转换回来。虽然可以仿照 3.6.4 节的 str_unpack 和 str_pack "造轮子"，编写 Json 格式的字符串与字节流的转换函数，但自己编写多累啊，好在第三方库 lua-cjson 提供了转换功能，可以帮我们实现 Json 协议格式，要使用它，就得先安装这个模块。

在 3.3.1 节给出的 "目录结构" 基础上新建名为 luaclib_src 的文件夹，用于存放 C 语言模块的源码，如图 4-14 所示。

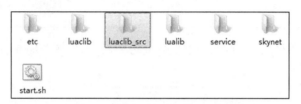

图 4-14　新建名为 luaclib_src 的文件夹

在命令行中输入如下指令，下载、编译、复制第三方库文件 lua-cjson。由于配置文件（etc/config）配置了 .so 文件的读取目录，因此只要把 .so 文件复制到 lualib，即可在 Skynet 中调用它。

```
cd luaclib_src          # 进入 luaclib_src 目录
git clone https://github.com/mpx/lua-cjson    # 下载第三方库 lua-cjson 的源码
cd lua-cjson            # 进入 lua-cjson 的源码目录
make                    # 编译，成功后会多出名为 cjson.so 的文件
cp cjson.so ../../luaclib/   # 将 cjson.so 复制到存放 C 模块的 luaclib 目录中
```

4.2.2　使用 lua-cjson 模块

本节将会介绍如何使用 lua-cjson 库，它非常简单，只有 encode 和 decode 这两个方法。

1.编码

新建一个专用于测试功能的服务，编写如代码 4-10 所示的测试方法。在 test1 方法中，定义较为复杂的协议对象（Lua 表）msg，它包含 _cmd 和 balls 两项属性，字符串类型的 _cmd 代表协议名；列表类型的 balls 代表战场上的小球（参考 3.12.2 节）。再用 cjson.encode 将 msg 转换成 Json 字符串。

代码 4-10　service/Pmain.lua　　　（资源：Chapter4/2_json.lua）

```
local skynet = require "skynet"
local cjson = require "cjson"
```

```
-- 编码测试
function test1()
    local msg = {
        _cmd = "balllist",
        balls = {
            [1] = {id=102, x=10, y=20, size=1},
            [2] = {id=103, x=10, y=30, size=2},
        }
    }
    local buff = cjson.encode(msg)
    print(buff)
end

skynet.start(function()
    test1()
end)
```

图 4-15 是编码程序的示意图，代码 4-10 将会输出图中 "Json 格式字符串" 所示的内容。

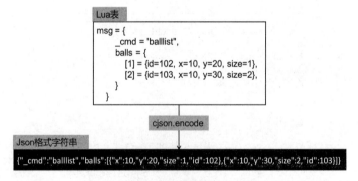

图 4-15　Json 编码程序示意图

2. 解码

代码 4-11 展示了 lua-cjson 模块的解码方法。将 cjson.decode 放在 pcall 中，是为了捕获错误，如果待解码的字符串格式有误，可以通过 pcall 的返回值 isok 捕获它。

代码 4-11　service/Pmain.lua

```
function test2()
    local buff = [[{"_cmd":"enter","playerid":101,"x":10,"y":20,"size":1}]]
    local isok, msg = pcall(cjson.decode, buff)
    if isok then
        print(msg._cmd)  -- enter
        print(msg.playerid) -- 101.0
    else
        print("error")
    end
end
```

图 4-16 是解码程序的示意图，代码 4-11 将会输出 Lua 表的部分属性。

4.2.3　设计完整协议格式

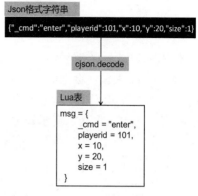

图 4-16　Json 解码程序示意图

下面设计如图 4-17 所示的完整协议格式，前两个字节代表消息长度，即示例中"04move {"x"=1, "y"=2}"的长度（19 字节），第 3 字节和第 4 字节为协议名长度，即示例中"move"的长度（4 字节）。通过协议名长度，程序可以正确解析协议名称，并根据名称做消息分发。示例中"{"x"=1, "y"=2}"为协议体，可由它解析出协议对象（Lua 表）。

图 4-17　完整的协议格式

ⓘ 说明： 笔者的另一本书《Unity3D 网络游戏实战（第 2 版）》介绍了处理该协议格式的 Unity 客户端框架，可以配合着学习。

4.2.4　编码 Json 协议

代码 4-12 展示了将 Lua 表转换成 4.2.3 节所设计协议格式的方法，读者可用它替换 3.6.4 节介绍的 gateway 的编码解码方法，实现更具灵活性的协议格式。在 json_pack 方法中，参数 cmd 代表协议名，msg 代表协议对象，经过 string.pack 打包，最终输出符合协议格式的二进制数据。代码中各变量的含义如图 4-18 所示。

代码 4-12　service/Pmain.lua

```lua
function json_pack(cmd, msg)
    msg._cmd = cmd
    local body = cjson.encode(msg)      -- 协议体字节流
    local namelen = string.len(cmd)     -- 协议名长度
    local bodylen = string.len(body)    -- 协议体长度
    local len = namelen + bodylen + 2   -- 协议总长度
    local format = string.format("> i2 i2 c%d c%d", namelen, bodylen)
    local buff = string.pack(format, len, namelen, cmd, body)
    return buff
end
```

ⓘ 说明： json_pack 会给 msg 添加代表协议名的"_cmd"属性，这不是必须的，但

它能给客户端的网络模块带来些许便利。

4.2.5 解码 Json 协议

代码 4-13 展示了解码协议的 json_unpack 方法，参数 buff 代表去掉"长度信息"后的消息体（netpack 模块会把前两字节切掉，见 4.1 节），它有两个返回值，第一个返回值代表协议名，第二个返回值代表协议对象。这段代码的核心是用 Lua 的 string.unpack 来解析二进制数据，各变量含义如图 4-19 所示。

代码 4-13　service/Pmain.lua

```lua
function json_unpack(buff)
    local len = string.len(buff)
    local namelen_format = string.format("> i2 c%d", len-2)
    local namelen, other = string.unpack(namelen_format, buff)
    local bodylen = len-2-namelen
    local format = string.format("> c%d c%d", namelen, bodylen)
    local cmd, bodybuff = string.unpack(format, other)

    local isok, msg = pcall(cjson.decode, bodybuff)
    if not isok or not msg or not msg._cmd or not cmd == msg._cmd then
        print("error")
        return
    end

    return cmd, msg
end
```

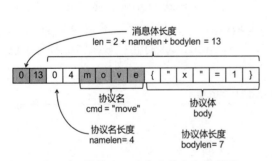

图 4-18　代码 4-12 中各变量含义示意图

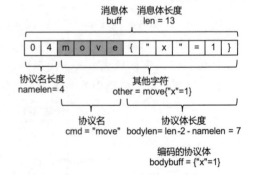

图 4-19　代码 4-13 中各变量含义示意图

4.2.6 测试

代码 4-14 是一个测试程序，用于测试 4.2.4 节和 4.2.5 节讲解的编码解码功能。在该段代码中，定义了较复杂的协议对象 msg，协议名为"playerinfo"，包含金币 coin 和背包 bag，背包又包含两个物品，即一把 id 为 1001 的倚天剑和 5 个 id 为 1005 的草药。

先调用json_pack编码打印出编码后的消息长度和内容，再对去除长度信息后的buff进行解码，并输出协议内容。

代码4-14 service/Pmain.lua

```lua
-- 协议测试
function test3()
    local msg = {
        _cmd = "playerinfo",
        coin = 100,
        bag = {
            [1] = {1001,1},  -- 倚天剑 *1
            [2] = {1005,5}   -- 草药 *5
        },
    }
    --编码
    local buff_with_len = json_pack("playerinfo", msg)
    local len = string.len(buff_with_len)
    print("len:"..len)
    print(buff_with_len)
    --解码
    local format = string.format(">i2 c%d", len-2)
    local _, buff = string.unpack(format, buff_with_len)
    local cmd, umsg = json_unpack(buff)
    print("cmd:"..cmd)
    print("coin:"..umsg.coin)
    print("sword:"..umsg.bag[1][2])
end
```

程序输出结果如图4-20所示，白色字体代表编码的输出，可以看到，编码后的消息长度为72字符，灰色字体代表解码的输出。第二行和第三行都是print(buff_with_len)的输出，由于编码后的数据并非纯字符串，因此直接打印会有格式问题。

```
len:72
F
playerinfo{"bag":[[1001,1],[1005,5]],"coin":100,"_cmd":"playerinfo"}
cmd:playerinfo
coin:100.0
sword:1.0
```

图4-20 测试程序的运行结果

4.3 用Protobuf高效传输

3.6.4节中采用了形如 " move,101,10,20\r\n " 的字符串协议，一共占用个16字节（其中，"\"是转义字符，"\r"和"\n"各占用1字节，如图4-21所示）。

4.2节介绍的Json协议也会占用较多字节数（如4.2.6节的测试程序就占用了72字节），数据量越大，传输越慢、延迟越高。若协议的发送频率很高（如3.12.2节的move协议），则需要一种简短的编码格式。是时候让Protobuf出场了。

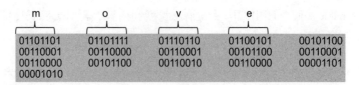

图 4-21   "move,101,10,20\r\n" 的二进制表示

4.3.1   什么是 Protobuf

Protobuf 是谷歌发布的一套协议格式，它规定了一系列的编码和解码方法，比如对于数字，它要求根据数字的大小选择存储空间，小于等于 15 的数字只用 1 个字节来表示，大于 15 的数用 2 个字节表示，以此类推，这样要求可以尽可能地节省空间。Protobuf 协议的一大特点是编码后的数据量很小，可以节省网络带宽。

图 4-22 展示了用 pbc 模块处理 Protobuf 协议的流程。开发者需要先编写描述文件，描述文件有它特定的格式（由于网上资料很多，因此此处不展开）；再用名为 protoc 的软件将它转换成 .pb 格式的文件；最后使用 pbc 库提供的方法实现编码解码。从图 4-22 中也可以看出，Protobuf 的编码长度很短，move 协议仅仅占用了 6 个字节。

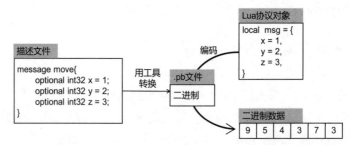

图 4-22   用 pbc 模块处理 Protobuf 协议的流程

4.3.2   安装 Protobuf 和 pbc

在 Skynet 中使用 Protobuf 协议，要先安装它们。

1. 安装 protobuf

在 CentOS 中输入如下指令安装 Protobuf 和编译工具 protoc。安装完成后，可输入"protoc --version"测试其能否正常工作，如果正常，它将会返回版本号"libprotoc 2.5.0"。

```
yum install protobuf-c-compiler protobuf-compiler    # 安装 protobuf
protoc --version    # 测试是否安装成功
```

2. 安装 pbc

输入如下指令安装 pbc 模块。

```
cd luaclib_src    # 进入项目工程 luaclib_src 目录
```

```
git clone https://github.com/cloudwu/pbc    # 下载第三方库 pbc 的源码
cd pbc/binding/lua53     # 进入 pbc 的 binding 目录，它包含 Skynet 可用的 C 库源码
make                     # 编译，成功后会在同目录下生成库文件 protobuf.so
cp protobuf.so  ../../../../luaclib/ # 将 protobuf.so 复制到存放 C 模块的 lualib 目录中
cp protobuf.lua ../../../../lualib/  # 将 protobuf.lua 复制到存放 Lua 模块的 lualib 目录中
```

如果编译失败，提示找不到 lua.h，则须先手动安装 Lua 5.3 版本，相关指令如下。

```
wget http://www.lua.org/ftp/lua-5.3.5.tar.gz  # 下载 Lua 5.3.5 的源码压缩包
tar zxf lua-5.3.5.tar.gz             # 解压
cd lua-5.3.5                         # 进入源码目录
make linux                           # 编译
make install                         # 安装
```

4.3.3　编译 proto 文件

1. 编写 proto 文件

使用 Protobuf 的第一步是编写描述文件（即 .proto 文件），在项目工程中（按照 3.3.1 节的目录结构）新建用于存放协议描述文件的目录 proto，并在里面创建描述文件 login.proto。login.proto 的内容如代码 4-15 所示，包名为"login"，协议名为"Login"，它包含 id、pw、result 三个属性。

代码 4-15　proto/login.proto　　　（资源：Chapter4/3_login.proto）

```
package login;
message Login {
    required int32 id = 1;
    required string pw = 2;
    optional int32 result = 3;
}
```

2. 编译 proto 文件

进入 proto 目录，用如下指令编译 login.proto。编译成功后，将会出现名为 login.pb 的二进制文件（如图 4-23 所示）。

```
protoc --descriptor_set_out login.pb login.proto
```

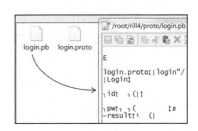

图 4-23　编译后生成的 .pb 文件

4.3.4　编码和解码

pbc 模块常用的 API 有"register_file""encode"和"decode"。使用 pbc 编解码之前，需先用 register_file 注册编译文件（.pb 文件），然后用 encode 方法编码、用 decode 方法解码。代码 4-16 展示了这些 API 的使用方法，其中 pb.encode 带有两个参数，第一个

参数代表协议名，由 proto 描述文件的包名和协议名组合而成，第二个参数代表协议对象。pb.decode 也带有两个参数，第一个参数代表协议名，第二个参数是二进制数据。如果解码失败，pb.decode 会返回 nil，如果解码成功，它会返回协议对象。程序各变量的示意图如图 4-24 所示，运行结果如图 4-25 所示，白色字体代表编码部分的输出，可以看到这里只占 10 字节；灰色字体是解码部分的输出。

代码 4-16　service/Pmain.lua 中的部分代码　（资源：Chapter4/3_protobuf.lua）

```lua
local pb = require "protobuf"

--protobuf 编码解码
function test4()
    pb.register_file("./proto/login.pb")
    -- 编码
    local msg = {
        id = 101,
        pw = "123456",
    }
    local buff = pb.encode("login.Login", msg)
    print("len:"..string.len(buff))
    -- 解码
    local umsg = pb.decode("login.Login", buff)
    if umsg then
        print("id:"..umsg.id)
        print("pw:"..umsg.pw)
    else
        print("error")
    end
end
```

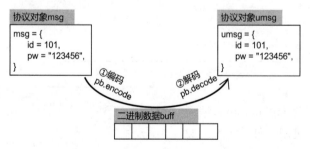

图 4-24　代码 4-16 中各变量示意图

图 4-25　代码 4-16 的运行结果

结合 4.2.3 节到 4.2.5 节的内容，读者可以将 gateway 服务的字符串协议（见第 3 章）改成 Protobuf 协议。

4.4　如何设计游戏数据库

我们需要将玩家的金币、等级等数据存入数据库，使得在服务端关闭、重启时，数据不会丢失。3.10节预留了数据保存和加载的接口，2.6节介绍了MySQL的操作方法，但这些还不够，本节将会介绍一种玩家数据库的设计方案。

4.4.1　传统设计方法

10年前，一些游戏使用如图4-26所示的表结构，其中包含playerid（作为索引）、name、coin、level、last_login_time等几个栏位。假如要保存玩家id（playerid）、名字（name）、金币（coin）、等级（level）、最后一次登录时间（last_login_time）等，最直接的办法就是在数据表中建立相应的栏位。

名	类型	长度	小数点	允许空值(	
playerid	bigint	20	0	☐	🔑1
name	text	0	0	☐	
coin	int	11	0	☐	
level	int	11	0	☐	
last_login_time	int	11	0	☐	

图4-26　传统的玩家数据库表结构

图4-27展示了填充数据后的传统数据表。

playerid	name	coin	level	last_login_time
105	Lily	250	3	1582631413
103	LPY	9999999	999	1582635312
101	XiaoMing	100	1	1582630384

图4-27　填充数据后的传统数据表

代码4-17展示了传统读取数据库的方法（对应到3.10.2节），首先通过"select * from [表名] where playerid = [索引id]"获取玩家数据，再逐一取出。图4-28展示了代码的执行结果，即取出了如图4-27所示的数据。

代码4-17　service/Pmain.lua 中的部分代码

（资源：Chapter4/4_database.lua）

```lua
local mysql = require "skynet.db.mysql"
local db   -- 数据库对象，省略连接数据库的代码


function test5()
    local playerdata = {}
    local res = db:query("select * from player where playerid = 105")
    if not res or not res[1] then
        print("loading error")
        return false
    end
    playerdata.coin = res[1].coin
    playerdata.name = res[1].name
    playerdata.last_login_time = res[1].last_login_time
```

```
    print("coin:"..playerdata.coin)
    print("name:"..playerdata.name)
    print("time:"..playerdata.last_login_time)
end
```

```
coin:250
name:Lily
time:1582631413
```

图 4-28 代码 4-17 的执行结果

ℹ️ **说明：** 图 4-27 的数据是手动添加的。实际游戏中会涉及"创角"和"读取"两个过程，若玩家第一次登录游戏，数据库中没有他的数据，db:query 会返回空值，只需在"loading error"处插入默认的数据即可。

4.4.2 传统的数据库难以应对版本更新

传统方法只适用于功能稳定的游戏项目，现代手游更新频率很高（比如图 4-29 所示的游戏《王者荣耀》，每隔两个月就会有一次大版本更新），传统的数据库设计难以应对。

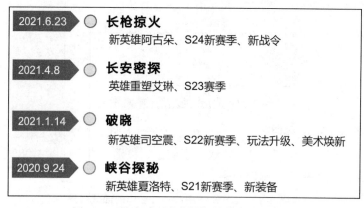

| 2021.6.23 | ○ | **长枪掠火** |
| 新英雄阿古朵、S24新赛季、新战令 |
| 2021.4.8 | ○ | **长安密探** |
| 英雄重塑艾琳、S23赛季 |
| 2021.1.14 | ○ | **破晓** |
| 新英雄司空震、S22新赛季、玩法升级、美术焕新 |
| 2020.9.24 | ○ | **峡谷探秘** |
| 新英雄夏洛特、S21新赛季、新装备 |

图 4-29 游戏《王者荣耀》的版本更新说明

以 4.4.1 节的数据库结构为例，假如某个游戏版本新增"换装"功能，需要存储玩家的皮肤（skin）。那么，需要在数据表中新增 skin 栏位（如图 4-30 所示），假如游戏用户量很大，这一步操作可能要花费十几个小时，会造成较大损失。

如图 4-31 所示，新增 skin 栏位后，有些记录是默认的空值（后 3 行），有些被赋予了默认值（第 1 行）。假如新增栏位的默认值为空（后 3 行），而玩家上线后会赠送 id 为"1"的皮肤（第一行），那么数据库会存在"空"和"皮肤 id"两种数据格式，读取时，往往需要多重判断。在代码 4-18 中，需判断"res[1].skin 是否为空"来决定是"读取数据库的值"还是"赋予默认值 1"。经历多次版本更迭后，这些"判断历史数据的代码"会变得冗长而混乱。后期接手项目的同事，他们没有经历前期版本更迭，很难理解这些代码的用意，很难做维护。

名	类型	长度	小数点	允许空值 (	
playerid	bigint	20	0	☐	1
name	text	0	0	☐	
coin	int	11	0	☐	
level	int	11	0	☐	
last_login_time	int	11	0	☐	
skin	int	11	0	☑	

图 4-30　新增 skin 栏位

playerid	name	coin	level	last_login_time	skin
108	Zhang	35	1	1582640483	1
101	XiaoMing	100	1	1582630384	(Null)
103	LPY	9999999	999	1582635312	(Null)
105	Lily	250	3	1582631413	(Null)

图 4-31　新增 skin 栏位

代码 4-18　service/Pmain.lua 中的部分代码

```
function test5()
    local playerdata = {}
    local res = db:query("select * from player where playerid = 105")
-- 省略读不到数据的处理
-- 省略 playerdata.coin/name/last_login_time 的赋值

    if res[1].skin then
        playerdata.skin = res[1].skin
    else
        playerdata.skin = 1
    end

    print("skin:"..playerdata.skin)
end
```

4.4.3　Key-Value 表结构

为避免拓展数据库导致十几个小时停服，就要保证数据库结构的稳定。一种办法是，将玩家数据序列化，数据库仅存储序列化后的二进制数据。图 4-32 展示了一种设计方案，它类似于“Key-Value”（键值对）数据库，以玩家 id 为键，以序列化数据为值，其中的 playerid 代表玩家 id，用作索引，data 存储序列化后的数据。

名	类型	长度	小数点	允许空值 (	
playerid	bigint	20	0	☐	1
data	blob	0	0	☐	

图 4-32　数据库结构

图 4-33 展示了数据存储的全过程，即先序列化，再存入 data 栏位。

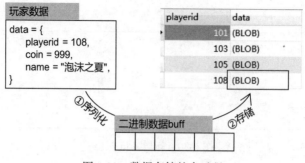

图 4-33 数据存储的全过程

使用 Key-Value 数据表，可以构造稳定的数据库结构，还能兼容 NoSQL，让服务端系统拥有无缝切换 MySQL 和 MongoDB 这两种数据库的潜力。

4.4.4 用 Protobuf 描述玩家数据

我们可以用 Json、Protobuf 来序列化玩家数据。由于 Protobuf 序列化的数据很小，能节省存储空间，又能管理默认值，因此更加适用。

要使用 Protobuf，就得定义 Protobuf 描述文件。首先新建用于存放描述文件的 storage 目录，与 4.3.3 节的 proto 目录不同，它是用于存放"存储数据"的描述文件，而 proto 目录是用于存放通信协议的描述文件。

然后新建 playerdata.proto，用于描述玩家数据，如代码 4-19 所示。在 playerdata. BaseInfo 所描述的结构中，会存储玩家的金币（coin）、名字（name）、等级（level）、最后一次登录时间（last_login_time）等。

代码 4-19　storage/playerdata.proto（资源：Chapter4/4_playerdata.proto）

```
package playerdata;

message BaseInfo {
    required int32 playerid = 1;
    required int32 coin = 2;
    required string name = 3;
    required int32 level = 4;
    required int32 last_login_time = 5;
}
```

最后用指令"protoc --descriptor_set_out playerdata.pb playerdata.proto"编译描述文件，生成 playerdata.pb。

4.4.5 创建角色

代码 4-20 模拟了创建角色时将默认数据插入数据库的方法。代码中的 playerdata 代表需存储的数据，它与 4.4.4 节创建的描述文件拥有同样的结构。先用 pb.encode 序列化，再

用 insert into 语句将数据插入 baseinfo 表。由于变量 data 是二进制数据，因此，在拼接成
SQL 语句时，需用 mysql.quote_sql_str 做转换。如果插入成功，会打印出"ok"，如果失败
会打印出"error"和失败的原因。

代码 4-20　service/Pmain.lua 中的部分代码

```lua
function test6()
    pb.register_file("./storage/playerdata.pb")
    -- 创角
    local playerdata = {
        playerid = 109,
        coin = 97,
        name = "Tiny",
        level = 3,
        last_login_time = os.time(),
    }
-- 序列化
    local data = pb.encode("playerdata.BaseInfo", playerdata)
print("data len:"..string.len(data))
-- 存入数据库
    local sql = string.format("insert into baseinfo (playerid, data) values (%d
        , %s)", 109, mysql.quote_sql_str(data))
local res = db:query(sql)
-- 查看存储结果
    if res.err then
        print("error:"..res.err)
    else
        print("ok")
    end
end
```

图 4-34 展示了执行的结果，可以看到 playerdata 序列化后占用了 18 字节。图 4-35 展
示了插入数据后的数据库表，可以看到新增了 playerid 为 109 的记录，且它的 data 栏位占
用了 18 字节。

图 4-34　代码 4-20 的执行结果　　　　图 4-35　插入数据后的数据库表

4.4.6　读取角色数据

代码 4-21 模拟了读取角色数据的方法。先查询数据库，然后用 pb.decode 反序列化数

据，最后打印出金币、名字等数值。图 4-36 展示了程序运行的结果，可以看到读出的二进制长度为 18 字节，金币（coin）、名字（name）等数值与 4.4.5 节存入的数据相同。

代码 4-21 service/Pmain.lua 中的部分代码

```lua
function test7()
    pb.register_file("./storage/playerdata.pb")
    -- 读取数据库（忽略读取失败的情况）
    local sql = string.format("select * from baseinfo where playerid = 109")
    local res = db:query(sql)
    -- 反序列化
    local data = res[1].data
    print("data len:"..string.len(data))
    local udata = pb.decode("playerdata.BaseInfo", data)
    if not udata then
        print("error")
        return false
    end
    -- 输出
    local playerdata = udata
    print("coin:"..playerdata.coin)
    print("name:"..playerdata.name)
    print("time:"..playerdata.last_login_time)
end
```

图 4-36　代码 4-21 的运行结果

4.4.7　应对游戏版本更新

用 Protobuf 序列化角色数据可以应对游戏的版本更新。假设游戏新增了"换装"功能，需要储存玩家的皮肤的 id，且默认穿戴 id 为 10 的皮肤。这时，只需先在描述文件中添加 skin 这一项（在代码 4-22 中设置了默认值 10），然后重新编译 .pb 文件即可，如图 4-37 所示，更新数据版本时，仅需更改描述文件和少量逻辑代码。

图 4-37　在描述文件中添加 skin 项

代码 4-22　storage/playerdata.proto

```
package playerdata;
```

```
message BaseInfo {
    required int32 playerid = 1;
    required int32 coin = 2;
    required string name = 3;
    required int32 level = 4;
    required int32 last_login_time = 5;
    required int32 skin = 6 [default = 10];
}
```

更新描述文件后，无须扩展数据库，甚至无须修改读写数据库的代码，即可获取新增的数值（见代码 4-23）。

代码 4-23　service/Pmain.lua 中的部分代码

```
function test7()
-- 读取数据库、反序列化等步骤省略
-- 输出
    local playerdata = udata
    print("coin:"..playerdata.coin)
    print("name:"..playerdata.name)
    print("time:"..playerdata.last_login_time)
    print("skin:"..playerdata.skin)      -- 输出 "skin:10"
end
```

4.4.8　拆分数据表

设想游戏中有个好友功能（如图 4-38 所示），无论好友上线与否，玩家都可以查看他好友的基础信息，比如等级、战斗力、外观等。

图 4-38　4399 游戏《天姬变》好友信息截图

若好友不在线，程序可能要查询数据库以获取好友的基本信息，比如，在图 4-39 中，玩家 101 点开了好友 104 的信息面板，由于玩家 104 不在线，因此，需要从数据库中读取数据。若把角色数据都存在一张表中，每次查询都要全部加载，而实际用到的只有其中很小的部分，那么数据越大加载的时间就越长，很浪费。

一种解决方法是按照功能模块划分数据表，如代码 4-24 和图 4-40 所示，成就相关的数据放在 achieve 表，背包相关的数据放在 bag 表，以此类推。当需要查询不在线玩家的部分信息时，只加载某一个数据表即可，会快很多。

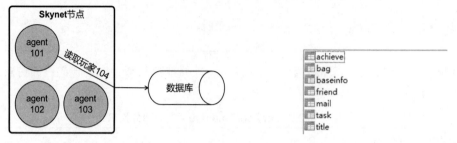

图 4-39　玩家 101 点开了好友 104 的信息面板　　图 4-40　按照功能模块划分玩家数据表

代码 4-24　按照功能模块划分的玩家数据

```
local playerdata = {
    baseinfo = {},   -- 基本信息
    bag = {},        -- 背包
    task = {},       -- 任务
    friend = {},     -- 朋友
    mail = {},       -- 邮件
    achieve = {},    -- 成就
    title = {},      -- 称号
    --……
}
```

4.5　如何关闭服务器

如果游戏要停服更新，关闭服务器时，要妥善处理在线玩家。

4.5.1　管理控制台

如何妥善地关闭服务器呢？如图 4-41 所示，可以仿照 Skynet 的 debug_console（见 2.7 节）编写一个"管理控制台"（admin）服务，服务器管理员可以通过 telnet 登入控制台，然后输入指令。如果输入的是"stop"，服务端将会妥善的关闭。

代码 4-25 展示了 admin 服务的结构，它开启了 127.0.0.1:8888 的网络监听。

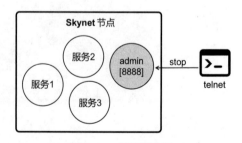

图 4-41　管理控制台

代码 4-25　service/admin/init.lua（以第 3 章的框架为例）

（资源：Chapter4/rill4）

```
local skynet = require "skynet"
```

```lua
local socket = require "skynet.socket"
local s = require "service"
local runconfig = require "runconfig"
require "skynet.manager"

s.init = function()
    local listenfd = socket.listen("127.0.0.1", 8888)
    socket.start(listenfd , connect)
end

s.start(...)
```

当客户端连入 admin 服务时，代码 4-26 中的 connect 方法将被调用，它会简单地判断输入的指令是否为 stop，然后调用 stop 方法（稍后实现）处理关闭服务器的指令。此处预留了其他指令的处理接口，读者可以在此处添加更多功能，比如给玩家发送邮件、发放道具等。

代码 4-26　service/admin/init.lua

```lua
function connect(fd, addr)
    socket.start(fd)
    socket.write(fd, "Please enter cmd\r\n")
    local cmd = socket.readline(fd, "\r\n")
    if cmd == "stop" then
        stop()
    else
        --......
    end
end
```

在主服务中调用"skynet.newservice("admin", "admin", 0)"即可开启管理控制台服务。

4.5.2　关闭服务器的流程

图 4-42 展示了关闭服务器的流程，一般会先给 gateway（网关）发送关闭服务器的消息，让它阻止新玩家连入；再缓慢地让所有玩家下线，下线过程中玩家数据都将得以保存；然后保存公会、排行榜等一些全局数据；最后才关闭整个节点。

关闭服务器的方法 stop 如代码 4-27 所示，对应着图 4-41 的阶段①②④。shutdown_gate 和 shutdown_agent 稍后实现，skynet.abort 是结束 skynet 进程的方法。

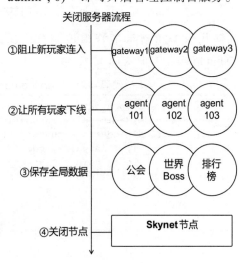

图 4-42　关闭服务器的流程

代码 4-27　service/admin/init.lua

```
function stop()
    shutdown_gate()
    shutdown_agent()
    --...
    skynet.abort()
    return "ok"
end
```

4.5.3　阻止新玩家连入

前面说过，关闭服务器的第一步是阻止新的玩家连接，如图 4-43 所示，管理控制台（admin）会给每个网关（gateway）发送关闭服务器的消息，使网关不再接收新连接。

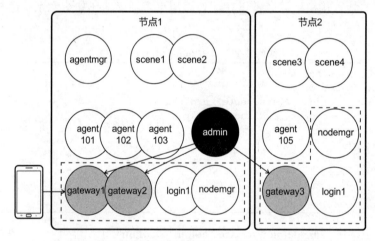

图 4-43　管理控制台给每个网关发送关闭服务器的消息

代码 4-28 展示了管理控制台发送消息的方法，它会遍历每个网关，并发送名为"shutdown"的消息。

代码 4-28　service/admin/init.lua（以第 3 章的框架为例）

```
function shutdown_gate()
    for node, _ in pairs(runconfig.cluster) do
        local nodecfg = runconfig[node]
        for i, v in pairs(nodecfg.gateway or {}) do
            local name = "gateway"..i
            s.call(node, name, "shutdown")
        end
    end
end
```

在代码 4-29 中给 gateway 添加 closing 变量，默认值为 false。当 gateway 收到来自 admin 的 shutdown 消息时，将 closing 设为 true。

代码 4-29 service/gateway/init.lua（以第 3 章的框架为例）

```
local closing = false
-- 不再接收新连接
s.resp.shutdown = function()
    closing = true
end
```

代码 4-30 在 gateway 接收新连接处做判断，如果服务端处于"关闭中"状态，不处理它。

代码 4-30 service/gateway/init.lua（以第 3 章的框架为例）

```
-- 有新连接时
local connect = function(fd, addr)
    if closing then
        return
    end
    print("connect from " .. addr .. " " .. fd)
    ......
```

gateway 仅仅会阻止新玩家连入，而不是直接关闭所有连接。因为玩家下线时需要保存数据，如果成千上万的玩家同时下线，会给数据库造成很大压力。服务端要"缓缓"地把玩家踢下线才行。

4.5.4 缓缓踢下线

如图 4-44 所示，假设 agentmgr 提供一个 shutdown 接口，可以把一定数量的玩家踢下线。管理控制台会给 agentmgr 发 shutdown 消息，在 agentmgr 把一定数量玩家踢下线后，会返回在线玩家的数量。

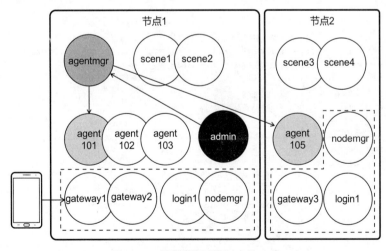

图 4-44 "缓缓踢下线"中的一步

代码 4-31 展示了 admin 给 agentmgr 发送消息的过程，代码流程如图 4-45 所示，可以看到,它会多次让 agentmgr 踢掉 N(此处为 3)人,直到所有玩家被踢下线。在 agentmgr 的 shutdown 远程调用中,参数"3"代表每次踢下线的人数,返回值 online_num 代表剩余的在线人数。读者可以调节每次踢下的人数、sleep 等待时间等参数来调整关闭服务器的速度。

代码 4-31　service/admin/init.lua(以第 3 章的框架为例)

```lua
function shutdown_agent()
    local anode = runconfig.agentmgr.node
    while true do
        local online_num = s.call(anode, "agentmgr", "shutdown", 3)
        if online_num <= 0 then
            break
        end
        skynet.sleep(100)
    end
end
```

代码 4-32 展示了 agentmgr 的 shutdown 接口,其中代码 4-33 的辅助方法 get_online_count 会返回当前在线的人数。

此处,shutdown 接口做了三件事情。其一,记录当前的在线人数;其二,给 num 个 agent 发送下线指令;其三,等待玩家数下线。图 4-46 展示了代码的执行流程。

代码 4-32　service/agentmgr/init.lua(以第 3 章的框架为例)

```lua
-- 将 num 数量的玩家踢下线
s.resp.shutdown = function(source, num)
    -- 当前玩家数
    local count = get_online_count()
    -- 踢下线
    local n = 0
    for playerid, player in pairs(players) do
        skynet.fork(s.resp.reqkick, nil, playerid, "close server")
        n = n + 1    -- 计数,总共发 num 条下线消息
        if n >= num then
            break
        end
    end
    -- 等待玩家数下线
    while true do
        skynet.sleep(200)
        local new_count = get_online_count()
        skynet.error("shutdown online:"..new_count)
        if new_count <= 0 or new_count <= count-num then
            return new_count
        end
    end
end
```

代码 4-33　service/agentmgr/init.lua（以第 3 章的框架为例）

```lua
-- 获取在线人数
function get_online_count()
    local count = 0
    for playerid, player in pairs(players) do
        count = count + 1
    end
    return count
end
```

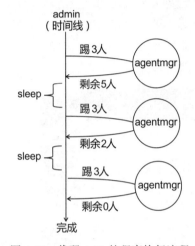

图 4-45　代码 4-31 的程序执行流程

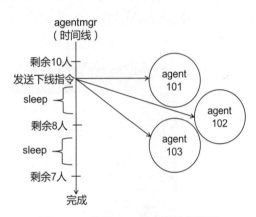

图 4-46　代码 4-32 的程序执行流程

4.5.5　测试关闭服务器的功能

完成关闭服务器的程序后对其进行测试。先开启服务器，登录多个玩家，然后用 telnet 连接管理控制台，并输入 stop 指令，如图 4-47 所示，白色字体代表用户输入的内容。

可以看到服务端的在线人数在缓缓下降（见图 4-48 中的 shutdown online:X），当人数下降到 0 时，关闭服务端进程。

```
telnet 127.0.0.1 8888
Trying 127.0.0.1...
Connected to 127.0.0.1.
Escape character is '^]'.
Please enter cmd.
stop
Connection closed by foreign host.
```

图 4-47　管理控制台的输出

```
[:00000014] LAUNCH snlua agent agent 101
......
[:00000015] LAUNCH snlua agent agent 102
......
[:00000010] shutdown online:10
[:00000015] KILL self
[:00000014] KILL self
[:00000010] shutdown online:7
[:00000010] shutdown online:4
[:00000010] shutdown online:1
[:00000010] shutdown online:0
```

图 4-48　关闭服务器的过程中服务端的输出

（省略部分无关的内容）

4.6 怎样做定时系统

不少游戏功能是和时间相关的，比如"每天只能购买一次""世界 BOSS 每周六 12:00 复活"，这些功能该怎么制作呢？

4.6.1 每天第一次登录

图 4-49 所示为 4399 游戏《王者修仙》的活动界面，其中大部分活动会有每天限制次数，比如"护送取经"每天只能玩 3 次，"聚灵秘境"每天只能玩两次。活动次数每日凌晨会刷新（见图中右上角的说明）。一些功能会在玩家每天第一次登录时刷新数据，一种可能的做法是，记录玩家最后一次登录的时间，如果两次登录的时间跨天，则视为当天的第一次登录。

图 4-49　4399 游戏《王者修仙》的活动界面

代码 4-34 展示了具体的实现方法。辅助函数 get_day 可以根据传入的时间，计算出当天零点的时间戳，并在加载玩家数据后（agent 服务的 init 方法），判断上一次登录时间（last_login_time）与现在时间（os.time）是否在同一天。如果不在同一天，说明是跨天登录，可以执行刷新数据的逻辑（first_login_day）。

代码 4-34　service/agent/init.lua（以第 3 章的框架为例）

```
--os.time() 得到是当前时间距离 1970.1.1.08:00 的秒数
function get_day(timestamp)
    local day = (timestamp + 3600*8)/(3600*24)
    return math.ceil(day)
end

s.init = function( )
    -- 模拟从数据库加载
```

```
    s.data = {
        coin = 100,
        last_login_time = 1582725978;
    }
    -- 获取和更新登录时间
    local last_day = get_day(s.data.last_login_time)
    local day = get_day(os.time())
    s.data.last_login_time = os.time()
    -- 判断每天第一次登录
    if day > last_day then
        first_login_day() -- 每天第一次登录执行
    end
end
```

代码 4-34 展示的是以零点为界的跨天登录，读者只需修改 get_day 方法中的数值，即可实现 "每天凌晨 5 点登录后刷新" "每周五 10 点登录后获得道具" 等功能。

4.6.2　定时唤醒

游戏中的某些功能需要定时开启，比如图 4-50 所示的是 MMORPG《天姬变》的定时活动，每天 19:30 会开启 "国家盛宴" 活动，每天 21:00 会开启 "武斗神坛" 或 "荣耀战魂" 活动；又比如《梦幻西游 2》的 "大闹天宫" 副本，每周四晚上 20：40 开启，游戏会在大闹天宫主战场刷出女武神的化身，玩家需要击杀女武神，以获得积分奖励。

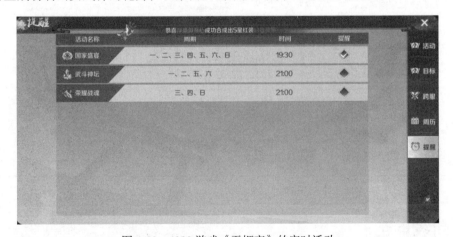

图 4-50　4399 游戏《天姬变》的定时活动

代码 4-35 展示了一种错误的定时唤醒写法，它会启用定时器每秒调用一次 timer 方法，然后判断时、分、秒是否满足开启条件。这种方法的问题是：如果活动开启的那一秒服务端刚好卡顿，活动将不会开启。

代码 4-35　定时器错误范例

```
-- 每隔一秒执行一次
```

```
function timer()
    local week = get_week(time)
    local hour = get_hour(time)
    local minute = get_minute(time)
    local second = get_minute(time)

    if week == 4 and hour == 20 and minute == 50 and second == 0 then
        open_activity() -- 开启活动
    end
end
```

代码 4-36 则展示了一种较好的实现方法，它会定时检查并记录下每次检查的时间，判断两次检查时间是否跨过活动开启时间。就算是服务端卡顿，甚至中间服务器停止了一小段时间，活动都会正常开启。

代码 4-36　开启活动

```
--1970 年 01 月 01 日是星期四。此处以周四 20:40 点为界
function get_week_by_thu2040(timestamp)
    local week = (timestamp + 3600*8 - 3600*20-40*60)/(3600*24*7)
    return math.ceil(week)
end

-- 开启服务器时从数据库读取
-- 关闭服务器时保存
local last_check_time = 1582935650

-- 每隔一小段时间执行
function timer()
    local last = get_week_by_thu2040(last_check_time)
    local now = get_week_by_thu2040(os.time())
    last_check_time = os.time()

    if now > last then
        open_activity() -- 开启活动
    end
end
```

4.7　断线重连

"断线重连"是手机游戏的必备功能。除了网络连接不稳定外，部分手机系统为了节省电量，在默认情况下黑屏十几秒后就会断开网络连接。如果没有重连机制，玩家只要短时间不在手机旁（比如去喝杯水），回来后就得退出游戏重新打开，大大影响游戏体验。图 4-51 是《Unity3D 网络游戏实战（第 2 版）》的范例游戏《铁流的轮印》在断线后会自动重连。它是如何实现的呢？下面一起来看看。

图 4-51　游戏《铁流的轮印》在断线后会自动重连

4.7.1　原理解析

图 4-52 展示了服务端断线重连的流程。以 3.2 节《球球大作战》的服务端架构为例，gateway 作为中介连接客户端与内部服务，当客户端断开连接（阶段①）时，只要 gateway 不去触发下线流程，agent 和 scene 就都不会受到影响。当客户端重新发起连接（阶段②）时，经过校验，如果 gateway 认为它是合法的连接（阶段③），则会将新连接与 agent 关联起来，这样便完成了重连。整个重连过程只有 gateway 参与，服务端系统中的其他服务均不受影响。

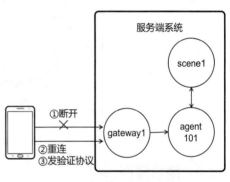

图 4-52　断线重连的简化流程

4.7.2　身份标识

为验证重连客户端的合法性，需给每个玩家生成代表身份标识的密码，如代码 4-37 中的 key 变量，gateway 会为每个玩家生成身份标识码（读者可以将它设计得更加复杂），并让其随着登录协议返回给客户端（代码略）。在发起重连时，客户端必须将标识码发回给服务端，以验证身份。如果不是重连的客户端，它无法得知标识码，就无法以断线的名义冒充身份。图 4-53 展示了断线重连的完整流程。

代码 4-37　service/gateway/init.lua（以第 3 章的框架为例）

（资源：Chapter4/rill4）

```
-- 玩家类
function gateplayer()
    local m = {
        playerid = nil,
        agent = nil,
```

```
            conn = nil,
            key = math.random( 1, 999999999),
            lost_conn_time = nil,
            msgcache = {}, -- 未发送的消息缓存
        }
        return m
end
```

除了 key，代码 4-37 还定义了两个变量，lost_conn_time 用于记录最后一次断开连接的时间，msgcache 用于缓存服务端未能发出的协议。

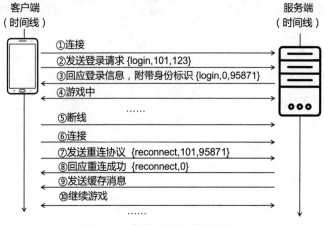

图 4-53 断线重连的完整流程

4.7.3 消息缓存

断线期间服务端可能会向客户端发送消息，由于这些消息不能传达，因此需由 gateway 缓存起来，待重连后发送，见代码 4-38。修改 gateway 向客户端发送消息的远程调用 send，可实现如下功能：

1）如果没有断线，调用 s.resp.send_by_fd 正常发送消息。

2）如果在断线期间，将消息存入 gplayer.msgcache 中。

3）为避免占用过多内存，在缓存了大于 500 条的消息后，触发下线逻辑，不允许重连。

代码 4-38 service/gateway/init.lua（以第 3 章的框架为例）

```
s.resp.send = function(source, playerid, msg)
    local gplayer = players[playerid]
    if gplayer == nil then
        return
    end
    local c = gplayer.conn
    if c == nil then
        table.insert( gplayer.msgcache, msg )
        local len = #gplayer.msgcache
        if len > 500 then
```

```
                skynet.call("agentmgr", "lua", "reqkick", playerid, "gate消息缓存过多")
            end
            return
        end

        s.resp.send_by_fd(nil, c.fd, msg)
end
```

> ⓘ **说明**：由于没有涉及 Socket 底层，若掉线时 Socket 的发送缓冲区尚有未发出的数据，代码 4-38 无法缓存它们。

4.7.4 处理重连请求

定义图 4-54 所示的重连协议 reconnect，客户端会发送玩家 id 和身份标识，服务端会回应重连成功或者失败。

图 4-54 reconnect 协议

由于 reconnect 协议由 gateway 处理，因此在处理消息的 process_msg 方法中，要做个特殊判断，即如果收到 reconnect 协议，交由 process_reconnect 方法处理，见代码 4-39。

代码 4-39 service/gateway/init.lua（以第 3 章的框架为例）

```
local process_msg = function(fd, msgstr)
    local cmd, msg = str_unpack(msgstr)
    skynet.error("recv "..fd.." ["..cmd.."] {"..table.concat( msg, ",")..")}")

    local conn = conns[fd]
    local playerid = conn.playerid
    -- 特殊断线重连
    if cmd == "reconnect" then
        process_reconnect(fd, msg)
        return
    end
    -- 尚未完成登录流程，转发给 login
    ......
    -- 完成登录流程，转发给 agent
```

代码 4-40 展示了断线重连的具体处理方法，它有如下几个要点：

1）做出严格的条件判断，只有断线的玩家才能接受重连。未登录（if not gplayer 为真）、未掉线（if gplayer.conn 为真）、身份标识错误（if gplayer.key ~= key 为真）均不可重连。

2）绑定新连接（conn）和玩家对象（gplayer）。

3）回应重连消息 {"reconnect", 0}。

4）发送缓存中的消息。

代码 4-40   service/gateway/init.lua（以第 3 章的框架为例）

```lua
local process_reconnect = function(fd, msg)
    local playerid = tonumber(msg[2])
    local key = tonumber(msg[3])
    --conn
    local conn = conns[fd]
    if not conn then
        skynet.error("reconnect fail, conn not exist")
        return
    end
    --gplayer
    local gplayer = players[playerid]
    if not gplayer then
        skynet.error("reconnect fail, player not exist")
        return
    end
    if gplayer.conn then
        skynet.error("reconnect fail, conn not break")
        return
    end
    if gplayer.key ~= key then
        skynet.error("reconnect fail, key error")
        return
    end
    -- 绑定
    gplayer.conn = conn
    conn.playerid = playerid
    -- 回应
    s.resp.send_by_fd(nil, fd, {"reconnect", 0})
    -- 发送缓存消息
    for i, cmsg in ipairs(gplayer.msgcache) do
        s.resp.send_by_fd(nil, fd, cmsg)
        end
    gplayer.msgcache = {}
end
```

4.7.5　断线处理

与 3.6.8 节介绍的"登出流程"不同，当客户端掉线时，gateway 不会去触发掉线请求（即向 agentmgr 请求 reqkick）。如代码 4-41 所示，掉线时仅仅取消玩家对象（gplayer）与旧连接（conn）的关联（即 gplayer.conn = nil）。

为防止客户端不再发起重连导致的资源占用，程序会开启一个定时器（skynet.timeout），若 5 分钟后依然是掉线状态（if gplayer.conn ~= nil 为假），则向 agentmgr 请求下线。

代码 4-41   service/gateway/init.lua（以第 3 章的框架为例）

```lua
local disconnect = function(fd)
```

```
local c = conns[fd]
if not c then
    return
end

local playerid = c.playerid
-- 还没完成登录
if not playerid then
    return
-- 已在游戏中
else
    local gplayer = players[playerid]
    gplayer.conn = nil
    skynet.timeout(300*100, function()
        if gplayer.conn ~= nil then
            return
        end
        local reason = " 断线超时 "
        skynet.call("agentmgr", "lua", "reqkick", playerid, reason)
    end)
end
end
```

4.7.6　测试

1. 重连

假设读者在第 3 章程序的基础上添加了断线重连功能，如图 4-55 所示，客户端发送 login 协议登录，服务端返回登录成功的信息和身份标识"675475980"，随后关闭客户端。再重新连接时，会发送 reconnect 协议，也将会看到服务端返回重连成功的信息。

图 4-55　测试断线重连功能（客户端）

2. 掉线

图 4-56 展示了客户端掉线的过程，可以看到，服务端掉线后 agent 服务（014）并没有退出，而是等待一段时间后（代码 4-41 设置的定时器）才触发下线流程。

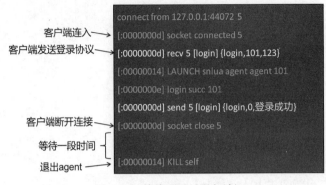

客户端连入 →
客户端发送登录协议 →

客户端断开连接 →
等待一段时间
退出agent →

图 4-56 掉线测试（服务端）

3.消息缓存

图 4-57 展示了玩家进入《球球大作战》战场，然后退出重连的过程。重连之后，服务端会重发掉线期间的消息。

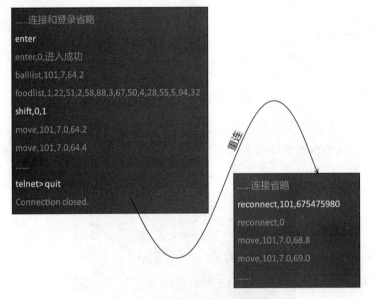

图 4-57 测试消息缓存（服务端）

本章介绍了服务端开发过程中一些"做得更好"的技法。现在读者已经能够用 Skynet 开发具有商业价值的服务端系统，也达成本书第一部分"学以致用"的目的。

要做到极致，就要"知其然，知其所以然"，接下来让我们回归 C++ 底层，以求"入木三分"。

第二部分 *Part 2*

入木三分

你好，C++ 并发世界

如果深究服务端底层，你会发现它是榨取计算资源的艺术。由于 C/C++ 更底层，能较大限度地利用操作系统提供的功能，因此是高性能服务端开发的首选语言。Skynet 底层由 C 语言编写，它提供一套 Actor 模型机制，本章会以 C++ 仿写 Skynet 为主线来进行讲解，这不仅仅是为了说明 Skynet 的原理，更重要的是学习"线程""锁""条件变量"这些操作系统概念，从而方便编写更高效的程序。

本章将会实现一套用 C++ 仿写 Skynet 的 Sunnet 引擎，通过它学习 C++ 并发编程，图 5-1 直观地展示了并发程序示意图。对于体量小、数量大的任务，并发程序有较高的效率。

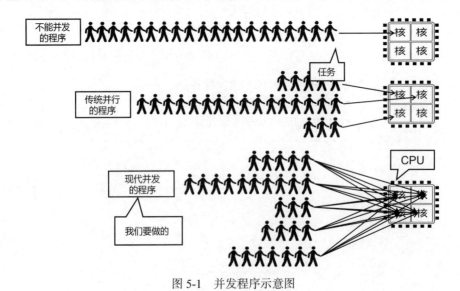

图 5-1　并发程序示意图

5.1 从 HelloWorld 开始

写 C++ 程序，当然要从 HelloWorld 开始。

5.1.1 HelloWorld

代码 5-1 展示了使用 C++ 编写的 HelloWorld 程序。

代码 5-1　C++ 的 HelloWorld 程序 main.cpp

```cpp
#include <iostream>
using namespace std;

int main() {
    cout << "Hello, World!";
    return 0;
}
```

主函数 main 是程序的起点，"std::cout" 是 C++ 标准程序库 iostream 里用于在屏幕上显示信息的方法，在使用它之前，需先使用预处理命令 #include 把头文件 iostream 包含进来。"std::cout" 比较长，为方便调用，添加一句 "using namespace std"，即可用 "cout" 代替 "std::cout"。

假设文件名为 main.cpp，使用如下指令可将它编译成可执行文件。

```
g++ main.cpp -o sunnet
```

其中 g++ 是 C++ 语言的编译器（如果尚未安装此编译器，可用指令 yum install gcc-c++ 安装它），main.cpp 是待编译的文件，"-o" 指定生成的可执行文件名称，这里设置为 sunnet。如果没有报错，该指令会生成名为 sunnet 的可执行文件。编译过程如图 5-2 所示。

执行刚生成的可执行文件，即可看到屏幕中打印出的 "Hello,World!"（如图 5-3 所示，白色字体为输出内容）。

图 5-2　单文件编译过程示意图　　　图 5-3　HelloWorld 程序的输出

5.1.2 用 CMake 构建工程

1. 为什么要用 CMake

我们要做的是像 Skynet 那样的 "大" 工程，不可能把所有的代码都写到一个文件里。一种编译多个文件的古老方法是编写 makefile，用于说明各个 C++ 文件的依赖关系，然后用一款叫 make 的软件来构建程序，如图 5-4 所示，其中的 make 会用到 makefile 文件和 g++ 编译器，g++ 编译器带虚线边框，代表它由 make 调用，用户无须关心；makefile 用实线边框表示，代表用户需要手动编写它。

然而，makefile 的规则很复杂。若 C++ 文件不太多，手动编写 makefile 尚且可能，但对于大项目，makefile 可能会复杂到没人能看懂。于是更现代的构建工具 CMake 应运而生，如图 5-5 所示。使用该工具需分成三步操作，先编写 CMake 的指导文件 CMakeList.txt，用 CMake 生成 makefile 文件，再用 make 构建工程。比起直接编写 makefile，CMakeList.txt 更简单易懂。图 5-5 中的 makefile 用虚线边框，代表它由 CMake 生成，用户无须关心；CMakeList.txt 用实线边框表示，代表需由用户编写。

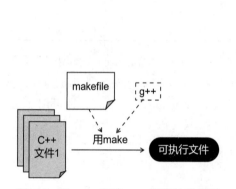
图 5-4　用 make 构建 C++ 程序的示意图

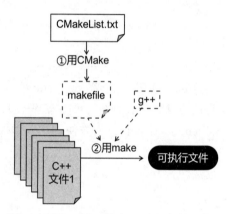
图 5-5　用 CMake 构建 C++ 程序的示意图

2. 安装 CMake

安装 CMake 很简单，用"yum install CMake"指令安装即可，安装后可以用"CMake --help"查看软件版本号，笔者使用的是 2.8.12.2 版本。

3. 建立工程目录

图 5-6 展示了即将用到的工程目录结构，读者可以照此建立这些文件（夹），这些文件（夹）各自的功能如表 5-1 所示。

图 5-6　工程目录结构

表 5-1　工程目录各文件（夹）的功能

文件（夹）	说　明
include	存放头文件（.h）。每个 C++ 程序通常由头文件（.h）和源文件（.cpp）组成。头文件用于保存程序的声明，而源文件用于保存程序的实现
src	存放源文件（.cpp）
build	存放构建工程时生成的临时文件、可执行文件
CMakeLists.txt	CMake 的指导文件

4. 编写 CMakeList

CMakeList.txt 文件须由用户编写，代码 5-2 展示了 CMakeList 的最基本写法，并附带了详细注释。这几行的主要含义是：把"include"文件夹当作头文件的目录，把"src"当作源文件的目录，使用 C++11 的标准。

代码 5-2　CMakeLists.text

```
# 项目名称
project (sunnet)
# CMake 最低版本号要求
cmake_minimum_required (VERSION 2.8)
# 头文件目录
include_directories(include)
# 查找 ./src 目录下的所有源文件，保存到 DIR_SRCS 变量中
aux_source_directory(./src DIR_SRCS)
# 用 C++11
add_definitions(-std=c++11)
# 指定生成目标文件
add_executable(sunnet ${DIR_SRCS})
```

💡 **知识拓展**：C++ 的国际标准有 5 个版本，即 98 版、03 版、11 版、14 版和 17 版。其实，C++ 在第一个标准 C++98 之前就已经广泛使用，后来才起草标准草案。C++98 是第一个正式 C++ 标准，C++03 只是在 C++98 上面进行了小幅度的修订，C++11 则是一次全面的大进化。标准的推广往往需要很长时间，C++11 是目前普及且广泛使用的新一代标准，所以，本章基于 C++11 编写。

5.1.3　"学猫叫"小例子

C++ 程序通常由头文件（.h）和源文件（.cpp）组成，本节将通过一个"学猫叫"的小例子来说明这两种文件的写法和注意事项。为实现图 5-7 所示的程序世界，需定义"猫"类，并按较为规范的 C++ 编写规则，把它分为"cat.h"和"cat.cpp"这两个文件。

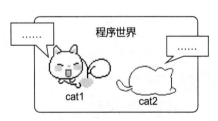

图 5-7　"学猫叫"程序示意图

1. 编写程序

代码 5-3 展示了 C++ 头文件的写法。在 5.1.2 节中建立的目录结构下，头文件位于 include 目录下，它声明了 Cat 类，包含 age 属性和 Say 方法。预处理命令"#pragma once"能够保证头文件只被编译一次。

代码 5-3　include/cat.h

```
#pragma once
class Cat {
public:
```

```
    int age;
    void Say();
};
```

代码 5-4 展示了 C++ 源文件的写法。cat.cpp 存放着头文件 cat.h 中方法的具体实现。另外，源文件必须包含头文件（#include "cat.h"）。

代码 5-4　src/cat.cpp

```
#include <iostream>
#include "cat.h"
using namespace std;

void Cat::Say() {
    cout << "I am cat, age is " << age << endl;
}
```

下面在主函数中定义类对象（见代码 5-5）、设置属性值、调用类方法。由于用到了 Cat 类，因此，需要包含（#include）它的头文件（cat.h）。

代码 5-5　src/main.cpp

```
#include <iostream>
#include "cat.h"
using namespace std;

int main() {
    Cat cat1;
    cat1.age = 5;
    Cat cat2;
    cat2.age = 2;
    cat1.Say();
    cat2.Say();
    return 0;
}
```

2. 编译和运行

进入 build 目录，分别执行如下两条指令完成编译。"CMake ../" 会查找上一级目录的 CMakeList.txt，然后生成 makefile 文件（还会生成另外一些辅助文件，无须关注它们）；"make" 会根据 makefile 构建程序，最终生成可执行文件 sunnet。

```
cmake ../
make
```

"学猫叫" 的运行结果如图 5-8 所示，灰色字体代表用户输入，白色字体代表程序输出。

图 5-8　"学猫叫" 程序的运行结果

5.1.4　各文件的依赖关系

图 5-9 展示了"学猫叫"程序的依赖关系，main.cpp 和 cat.cpp 都包含了 cat.h，cat.cpp 和 main.cpp 都包含了 iostream。由于一个头文件有可能被多个文件包含，因此一定要在头文件中写上"#pragma once"，才能避免被多次编译。iosteam 是标准库中的文件，在笔者的电脑中，它位于"/usr/include/c++/4.8.5/"目录下，编译器将自动找到它们。

> **知识拓展**：虽然可以很自由地组织 C++ 工程，比如把整个类放在一个文件里（不区分 .h 和 .cpp 文件），甚至把整个项目写到一个文件中，但从工程的角度看，区分 .h 和 .cpp 文件有助于提高编译速度，因为 make 会做检查，只编译修改过的文件；还有助于项目的保密，不把 .cpp 文件开放给无关人员。主流软件都采用这种写法。
>
> 在代码 5-4 中，cat.cpp 用到了标准库的 cout，于是在 .cpp 文件中包含了 iosteam。C++ 的写法非常自由，由于 cat.cpp 包含了 cat.h，因此，将 include<iosteam> 放在 cat.h 中也能实现同样的功能。"一种功能多种写法"容易带来歧义，在工程中最好只用一种。我们采用"最小"原则，如果头文件在 .h 和 .cpp 文件中都用到了，那么把它包含在头文件中，如果只有 .cpp 用到，那么把它包含在源文件中。
>
> C++ 头文件有些历史遗留问题，图 5-10 就展示了其中的循环引用问题。cat.h 引用了 ball.h、ball.h 又引用了 cat.h。编译器无法自动处理这种情况，须使用"前置声明"的方法来解决，后续章节将会讲到。

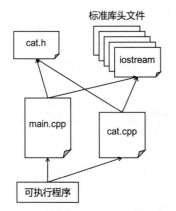

图 5-9　"学猫叫"程序的依赖关系

图 5-10　循环引用问题

5.1.5　模仿 Skynet 写底层

基础知识学习完毕，开始编写 Sunnet 系统。第一步是创建一个对象，它全局唯一，可代表整个系统，如图 5-11 所示，一套 Actor 系统包含多个服务，Sunnet::inst 管理（用虚线箭头标注）着它们。本节只实现 Sunnet::inst，后续章节再实现服务（用虚线边框标注）。

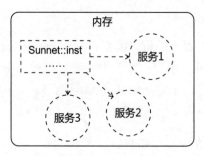

图 5-11　创建 Sunnet::inst 对象

1. Sunnet 类

代码 5-6 和代码 5-7 展示了 Sunnet 类的头文件和源文件，这里先实现最简单的功能，后续再慢慢添加。与 cat 不同的是，Sunnet 使用了单例模式，它声明了静态变量 inst，在构造函数（创建对象时会被调用）中会给它赋值。

代码 5-6　include/Sunnet.h　　　　　　　　　（资源：Chapter5/Sunnet）

```cpp
class Sunnet {
public:
    // 单例
    static Sunnet* inst;
public:
    // 构造函数
    Sunnet();
    // 初始化并开始
    void Start();
};
```

需特别注意代码 5-7 中的 "Sunnet* Sunnet::inst" 这一行，它是 C++ 中特有的写法，所有头文件声明静态变量都需在源文件中定义。

代码 5-7　src/Sunnet.cpp

```cpp
#include <iostream>
#include "Sunnet.h"
using namespace std;

// 单例
Sunnet* Sunnet::inst;
Sunnet::Sunnet(){
    inst = this;
}

// 开启系统
void Sunnet::Start() {
    cout << "Hello Sunnet" << endl;
}
```

💡 **知识拓展**："声明"和"定义"是 C/C++ 特有的概念，"声明"用于向编译器表明变量的类型和名字，"定义"用于为变量分配存储空间。所谓先声明再定义，就是要告诉编译器它要占多少内存，然后去申请内存。Sunnet.h 中的"static Sunnet* inst"即为声明，Sunnet.cpp 中的"Sunnet* Sunnet::inst"即为定义。换句话说，当程序运行到 .cpp 文件的定义语句时，内存才会呈现出图 5-11 所示的状态。中文的"声明""实现"和"定义"的词义很接近，用英文"Declare""Implement"和"Define"或许可以帮助理解。

2.main

既已声明和实现，接着创建一个 Sunnet 对象看看效果，如代码 5-8 所示。程序启动后创建 Sunnet 对象，Sunnet 的构造函数将被调用，Sunnet::inst 将被赋值为新创建的对象。Sunnet::inst 是全局唯一的，在任何地方都可以使用类似"Sunnet::inst->Start()"的语法调用它。

代码 5-8　src/main.cpp

```cpp
#include "Sunnet.h"

int main() {
    new Sunnet();
    Sunnet::inst->Start();
    // 开启系统后的一些逻辑
    return 0;
}
```

构建、编译、执行后，程序的运行结果如图 5-12 所示，可以看到打印出了"Hello Sunnet"。虽然它是个简单的 HelloWorld 程序，但我们已经搭起 Sunnet 的框架，接下来会在此基础上继续开发。

图 5-12　程序运行结果

💡 **知识拓展**：所谓单例，就是整个程序有且仅有一个实例，是一种常用的软件设计模式。为了减少代码量，在代码 5-7 中已假设用户只会创建一次 Sunnet 对象，并直接在构造函数中给静态变量赋值了。

5.2　多核多线程

本节将介绍 C++ 开启多线程的方法。

5.2.1　操作系统调度原理

现代 CPU 大都是多核 CPU，每个物理核心均可以单独运转。操作系统抽象出的"线程"

的概念是 CPU 物理核心的进一步抽象，比起 CPU 只有 2 核、4 核少量物理核心，用户可以

创建数百条线程（见 1.5.3 节），操作系统将
会按时间分片调度它们。如图 5-13 所示，图
中的 CPU 有两个物理核心，系统开了 5 条线
程，操作系统会给每条线程分配执行时间，
图中线程上的黑色方块表示当前线程处于活
跃状态，同一时刻最多只有"物理核心数条"
（即 2 条）线程处于活跃状态。由于 CPU 执
行速度非常快，因此看上去好像所有线程都
在同时执行。

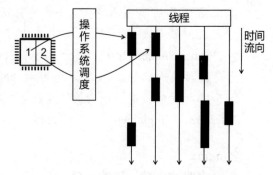

图 5-13　操作系统线程调度示意图

　　开启多条线程，让各线程同时运作，可以充分利用硬件资源。图 5-14 展示了一种多
线程 Actor 模型，每条线程处理部分服务的逻辑，它们并行执行，每个 CPU 的物理核心都
在工作。图中 CPU 有两个核心，开启了两条线程（由带箭头的椭圆形表示，代表线程在循
环执行逻辑），其中线程 1 处理着 3 个服务的逻辑、线程 2 处理着 2 个服务的逻辑。图中
Sunnet::inst 的边框为实线，代表着已经创建（见 5.1.5 节）；服务的边框为虚线，代表尚未
实现。

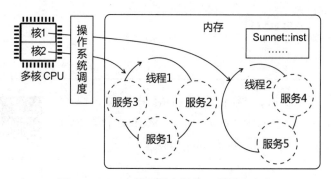

图 5-14　Actor 模型服务端的一种调度方法

　　图 5-14 的调度方法还不够高效，可能出现某些线程很忙、某些线程很闲的不平衡情
况，本章将介绍一种效率更高的调度策略。

5.2.2　创建线程对象

　　C++ 中至少有四种创建线程的方法，我们按照"只用最好的一种"原则（见 5.1.4 节）
选用"线程对象"方法。在代码 5-9 中，定义了名为 Worker 的类，我们会给每条线程配备
一个 worker 对象。

代码 5-9　include/Worker.h

```
#pragma once
```

```
#include <thread>

class Sunnet;
using namespace std;

class Worker {
public:
    int id;             // 编号
    int eachNum;        // 每次处理多少条消息
    void operator()();  // 线程函数
};
```

线程对象可以拥有一些属性，在图 5-15 中，worker 拥有 id 和 eachNum 两个属性，它们将被用于后续的服务调度功能。代码 5-9 中的 "void operator()()" 的含义是重载括号操作符，它是线程对象最核心的内容，读者可以把它当作一个特殊的方法，对应线程的执行代码。

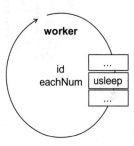

图 5-15　线程对象示意图

> 💡 **说明：** 在后续的实现中，Worker 和 Sunnet 会相互引用，代码 5-9 中的 "class Sunnet;" 是 Sunnet 类的前向声明，以解决 5.1.4 节提及的循环引用问题。此处读者可以将它删掉。

代码 5-10 展示了 Worker 类的实现，其中 "operator()()" 是线程执行方法，它是个死循环，每次循环会先打印出 "working id:XXX"，然后阻塞 0.1 秒（usleep 方法位于 unistd.h 头文件中，参数的单位为微妙）。

代码 5-10　src/Worker.cpp

```
#include <iostream>
#include <unistd.h>
#include "Worker.h"
using namespace std;

// 线程函数
void Worker::operator()() {
    while(true) {
        cout << "working id:" << id << endl;
        usleep(100000); //0.1s
    }
}
```

5.2.3　模仿 Skynet 开启线程

有了线程对象，只需如下两句代码就可以创建线程，第一句代码创建一个 worker 对象，第二句代码创建一条线程，并指定它对应的 worker 对象。之后线程便会开始运行，不断打印出 "working id:XXX"。

```
Worker* worker = new Worker();
thread* wt = new thread(*worker);
```

为了让 Sunnet 引擎可以管理线程，我们设计如图 5-16 所示的结构，图中开启了 3 条 worker 线程，每条线程对应一个 worker 对象。由于线程、线程对象都由 Sunnet::inst 管理，因此考虑给 Sunnet 添加代码 5-11 所示的成员。

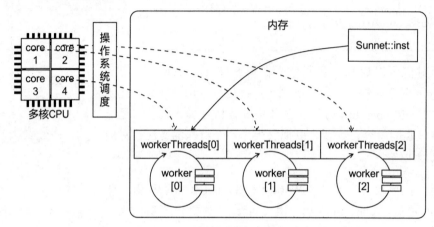

图 5-16　Sunnet 的线程结构

代码 5-11　include/Sunnet.h，带底纹的部分代表新增的内容

```
#pragma once
#include <vector>
#include "Worker.h"

class Sunnet {
public:
    // 单例
    static Sunnet* inst;
public:
    // 构造函数
    Sunnet();
    // 初始化并开始
    void Start();
    // 等待运行
    void Wait();
private:
    // 工作线程
    int WORKER_NUM = 3;                 // 工作线程数（配置）
    vector<Worker*> workers;            // worker 对象
    vector<thread*> workerThreads;      // 线程
private:
    // 开启工作线程
    void StartWorker();
};
```

上述代码有如下要点：

❑ 变量 WORKER_NUM 代表开启的线程数量，此处设置为 3，所以可从图 5-16 中看到有 3 个 workerThreads 和 3 个 worker 对象。

❑ 变量 workerThreads 代表线程，它是一个 thread 数组（vector 类型），Sunnet::inst 管理着它们（即图 5-16 中的实线箭头），操作系统会自动调度这 3 条线程（图 5-16 中的虚线箭头）。thread 类型在头文件 thread 中定义，代码 5-9 中的 Worker.h 包含了它。

❑ 每条线程必须带着一个线程对象（worker），正如图 5-16 所示，每个 workerThreads 均和 worker 连在一起。worker 的图示与图 5-15 相似，代表不断执行循环的代码。变量 workers 也是一个数组，存放着 3 个 worker，也由 Sunnet::inst 管理（图 5-16 中没有标注）。

❑ 代码 5-11 还定义了 StartWorker 和 Wait 两个方法，StartWorker 方法会开启线程，Wait 方法会在下一节中介绍。

完成了 Sunnet 类的声明，接着看看如何开启线程。如代码 5-12 所示，StartWorker 方法在 WORKER_NUM 次循环中，每次都会先创建 worker 对象，并给它的属性赋值。eachNum 的具体含义会在后续章节解释，目前只需知道 "2 << i" 代表 2 的 i 次方即可。然后创建线程 wt，把线程 wt、线程对象 worker 都添加到 Sunnet 管理的数组中。

代码 5-12　src/Sunnet.cpp

```cpp
// 开启 worker 线程
void Sunnet::StartWorker() {
    for (int i = 0; i < WORKER_NUM; i++) {
        cout << "start worker thread:" << i << endl;
        // 创建线程对象
        Worker* worker = new Worker();
        worker->id = i;
        worker->eachNum = 2 << i;
        // 创建线程
        thread* wt = new thread(*worker);
        // 添加到数组
        workers.push_back(worker);
        workerThreads.push_back(wt);
    }
}
```

更详细的结构如图 5-17 所示，Sunnet::inst 管理着 workerThreads 和 workers，每个 workerThread 都和一个 worker 对象对应。worker 对象的 id 分别为 0、1、2，eachNum 的值分别为 1、2、4。

最后，开启系统的 Start 方法调用 StartWorker。

代码 5-13　src/Sunnet.cpp

```cpp
// 开启系统
void Sunnet::Start() {
    cout << "Hello Sunnet" << endl;
```

```
    // 开启 Worker
    StartWorker();
}
```

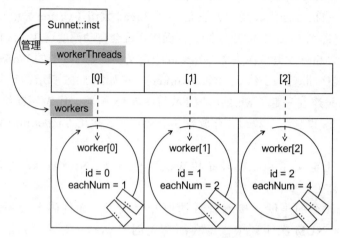

图 5-17 Sunnet 的详细线程结构

ℹ **说明：**本章假设了读者有一些 C/C++ 编程基础，知道指针（即代码 5-1 和 5-2 中的
"＊"）等概念。如果你不是很熟悉也没关系，先让程序运行起来，再找资料了解它们。

5.2.4 等待线程退出

等待线程的方法与开启线程的方法相对应，自然也是要学习的，下面就来看看。在代
码 5-14 中，线程的 "join" 方法可以使调用方阻塞，直到线程退出。

代码 5-14 src/Sunnet.cpp

```
// 等待
void Sunnet::Wait() {
    if( workerThreads[0] ) {
        workerThreads[0]->join();
    }
}
```

如果在主线程调用了 Wait（如代码 5-15 所示），主线程将等待第 1 条 worker 线程
（workerThreads[0]），直至它退出。在代码 5-10 中，worker 线程是个死循环，排除外部因素，
主线程将永久的阻塞。

代码 5-15 src/main.cpp

```
#include "Sunnet.h"

int main() {
    new Sunnet();
    Sunnet::inst->Start();
```

```
// 开启系统后的一些逻辑
Sunnet::inst->Wait();
return 0;
}
```

图 5-18 展示了到目前为止 Sunnet 的运行状态。程序从 main 函数开始执行，当执行到
"Sunnet::inst->Start()"时开启 3 条 worker 线程（图中用 en 代表 eachNum），主线程阻塞，
3 条 worker 线程循环执行逻辑。

5.2.5 Worker 设计模式

开启多条线程，让每条线程充当"工人"并行执行任务，是一种常见的设计模式。这
与日常生活场景类似，督工（Sunnet 系统）给每个工人分配任务，并监督他们的工作情况。

要使编译器能够编译多线程程序，需要在 CMake 的构建文件 CMakeLists.txt 中添加代
码 5-16 所示的两行代码，它们会让编译器链接多线程的库。

代码 5-16　CMakeLists.txt

```
# 库文件
find_package (Threads)
target_link_libraries (sunnet ${CMAKE_THREAD_LIBS_INIT})
```

进入"build"目录，依次执行"cmake ../"和"make"，然后执行程序，可以看到如
图 5-19 所示的输出，图中先打印出"Hello Sunnet"，然后开启 3 条线程（打印出"start
worker thread:XXX"），每条线程不停地打印"working id:XXX"。由于多条线程同时运作，
发生冲突在所难免，比如倒数第三行的"working id:1working id:"是因为线程 1（id 为 0）
和线程 2（id 为 1）同时输出，在线程 2 的换行符还没完整输出的时候，线程 1 开始打印导
致的。后面章节会讨论解决线程冲突的方法。

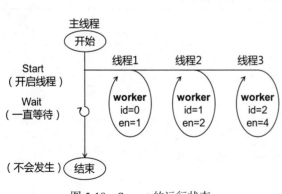

图 5-18　Sunnet 的运行状态

图 5-19　Sunnet 引擎的运行结果

5.3 探索 C++ 对象模型

Actor 系统至少需要有"服务""消息"这两种对象，本节将以创建"消息"对象为例，说明 C++ 对象的创建方法和生命周期。除了管理全局的 Sunnet::inst 以外，Actor 系统至少还包含服务对象（图 5-20 中的 ping1、ping2 和 pong）和消息对象（图 5-20 中的 Msg，不同的服务通过发送消息通信）。从程序角度看，每个对象都会占用内存。

5.3.1 Actor 模型的消息类

本节将介绍构造函数和析构函数的作用，以及什么时候该使用"虚析构"函数。我们为 Sunnet 设计了如图 5-21 所示的消息类结构，基类 BaseMsg 存放消息的通用属性，ServiceMsg 专用于服务间的消息传递，另外一些用于 Socket 通信的消息类型将在后续章节进行介绍。

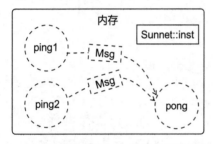

图 5-20 Actor 系统至少包含服务对象和消息对象

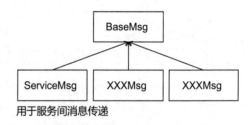

图 5-21 Sunnet 的消息类结构

代码 5-17 展示了消息基类 BaseMsg 的具体内容，它包含枚举 TYPE 和定义消息的类型（目前只有一种，后续再添加）；type 成员与 TYPE 枚举相对应，用于指明该条消息的类型；char load[999999] 是一个很长的数组，它将占用较大的内存空间，在调试时如果存在内存泄漏，将很容易暴露出来。

代码 5-17　include/Msg.h

```cpp
#pragma once
using namespace std;

// 消息基类
class BaseMsg {
public:
    enum TYPE {             // 消息类型
        SERVICE = 1,
    };
    uint8_t type;           // 消息类型
    char load[999999]{};    // 用于检测内存泄漏，仅用于调试
    virtual ~BaseMsg(){};
};
```

C++对象被创建后，它的构造函数会被调用（可以参照代码5-7的Sunnet::Sunnet()方法），被销毁时析构函数（代码5-17的~BaseMsg()）会被调用。如果没有特殊需求，构造函数和析构函数可以省略不写，编译器将给类赋予默认的行为。比如，代码5-17就没有编写构造函数，它使用virtual关键词修饰析构函数，代表它是虚析构。当一个类有子类时，它的析构函数必须是虚函数。

💡 **知识拓展**：读者可以认为，如果一个类包含子类，那它的虚析构函数就必须写上virtual，否则不能写virtual。具体原因是，如果不写virtual，在多态情况下删除对象可能会造成内存泄漏，而写上virtual也有代价，即会占用更多内存。

5.3.2　栈、堆、智能指针

在C++中，至少有三种创建对象的方法。C++程序运行时，它的内存会分成"堆"和"栈"两大部分，在图5-22中画着一个"栈"，栈外空间代表"堆"。

1. 方法1

在5.1.3节"学猫叫"的小例子中，代码5-5使用"Cat cat1"和"Cat cat2"的形式创建了两只猫对象，使用"类型 对象名"（如：Cat cat1）或"类型 对象名 = 类型 (XXX)"（如：Cat cat1 = Cat()）语法创建的对象会存在于栈中（图5-22栈中画着两只猫），它们的生命周期由系统管理，在它的作用域执行完毕（如：定义对象的函数返回）后，系统会销毁它们。

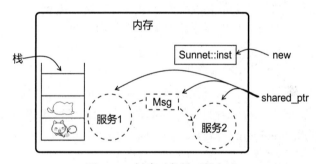

图5-22　创建对象的三种方法

2. 方法2

由new关键字创建的对象存放于"堆"中，需由用户亲手管理，比如，在代码5-8中使用"new Sunnet()"创建的对象将永远驻留在程序内存中，直到程序退出或者用户调用delete将它删除。经验表明，在大型项目中，用户会经常性地遗漏某些条件下的delete，导致内存泄漏，或者对同一对象多次调用delete导致程序错乱。

3. 方法3

C++11提供的智能指针（shared_ptr）能为堆对象的管理带来便利，使用"智能指针类型 对象名 = make_shared< 类型 >(XXX)"，比如：shared_ptr<Service> srv = make_shared<Service>() 的语法将能创建一个堆对象，并且会用智能指针将其包裹起来，智能指针会自动记录对象被引用的次数，当对象无用之时（没人引用它）则自动销毁。按照"只用最好的一种"原则，本章使用智能指针的方法创建服务和消息对象，正如图5-22所示（下一节会用到)。

5.3.3　对象的内存分布

为了说明对象的内存分布方式,我们先编写 BaseMsg 的子类 ServiceMsg,再以它为例进行说明。如代码 5-18 所示,其中的 source 代表消息发送方,记录着发送方的服务 id(后续实现);buff 指代消息内容,它是一个智能指针,指向 char 类型的数组;size 代表消息的长度。

代码 5-18　include/Msg.h

```cpp
#include <memory>

//服务间消息
class ServiceMsg : public BaseMsg  {
public:
    uint32_t source;          // 消息发送方
    shared_ptr<char> buff;  // 消息内容
    size_t size;              // 消息内容大小
};
```

图 5-23 是 ServiceMsg 的内存示意图,图中标注了各属性占用的字节数。该图只是一个简化图,并没有考虑内存对齐的情况。在 64 位系统中,智能指针占用 16 字节,size_t 占用 8 字节。特别要注意的是 buff 的内存表示,除了它自己占有的 16 字节以外,它还引用着另一块内存空间。ServiceMsg 对象(图中用首字母小写表示)包含 type(由基类继承而来)、char(由基类继承而来)、source、buff 和 size 等属性。对于类继承,在内存中会先排布基类的属性,再排布子类的属性。buff 智能指针引用着另一块 char 数组的内存,图中的①代表智能指针记录着目前该对象有一处引用。buff 的内容由用户定义,图中展示的消息代表发送 "reqlogin" 指令,并传递参数 101。

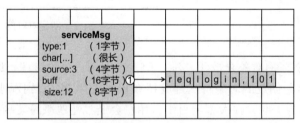

图 5-23　ServiceMsg 的内存示意图

由于消息依赖于服务,因此在了解了创建服务所涉及的 C++ 知识后,再介绍消息的创建、传递、销毁等知识。

5.4　队列与锁

多线程编程会广泛地使用队列和锁。作为一个示例,图 5-24 展示了 Sunnet 系统的使用场景。在多线程环境下，如果多条线程同时操作一个队列，将会造成难以预估的后果。因此，需要给队列加锁。图 5-24 中是两条线程分别处理两个服务的情形，虚线框表示更仔细地查看服务 1 的内部结构。在 Actor 模型中，每个服务拥有各自的"邮箱"（即图中的

msgQueue），为了提高运行效率，系统会开启多条工作线程（即图中的 worker[0] 和 worker[1]），且会同时处理不同的服务。如果"服务 1"正在读取消息时，"服务 2"向"服务 1"发送消息，那么两条线程同时操作消息队列，可能会发生资源竞争，造成难以预估的后果，因此在操作队列前必须先加锁。

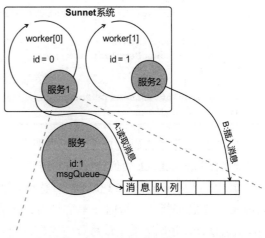

图 5-24　Sunnet 系统中队列和锁的应用

本节会创建 Sunnet 系统的服务类，以演示消息队列、锁的使用方法。后续章节会介绍工作线程调度各个服务的方法。

5.4.1　模仿 Skynet 写服务类

新建文件 include/Server.h 和 src/Service.cpp，编写服务（Service）类。服务类的头文件 Service.h 如代码 5-19 所示，它有点长，读者可先关注成员变量部分，对于其中的方法，会在编写 cpp 文件时再做详细介绍。

代码 5-19　include/Service.h 带底纹的两个变量值得特别关注

```cpp
#pragma once
#include <queue>
#include <thread>
#include "Msg.h"

using namespace std;

class Service {
public:
    // 唯一 id
    uint32_t id;
    // 类型
    shared_ptr<string> type;
    // 是否正在退出
    bool isExiting = false;
    // 消息列表和锁
    queue<shared_ptr<BaseMsg>> msgQueue;
    pthread_spinlock_t queueLock;
public:
    // 构造和析构函数
    Service();
    ~Service();
```

```
    // 回调函数（编写服务逻辑）
    void OnInit();
    void OnMsg(shared_ptr<BaseMsg> msg);
    void OnExit();
    // 插入消息
    void PushMsg(shared_ptr<BaseMsg> msg);
    // 执行消息
    bool ProcessMsg();
    void ProcessMsgs(int max);
private:
    // 取出一条消息
    shared_ptr<BaseMsg> PopMsg();
};
```

图 5-25 展示了代码 5-19 所声明的服务类的内存结构，实线箭头表示指针指向，虚线表示我们将用 queueLock 去锁住 msgQueue。

其中，id 是 uint32_t(32 位无符号整型) 数，代表服务的编号，每个服务的 id 是唯一的；type 是一个智能指针，指向一串字符串，代表服务的类型；isExiting 指示服务是否正在退出；msgQueue 是服务类中最重要的成员，代表消息队列（queue 类型由头文件 queue 声明），队列中元素的类型是 shared_ptr<BaseMsg>。正如图中所示，msgQueue 指向队列，队列的每个元素又指向消息对象。消息对象即 BaseMsg 的子类，可以是 5.3 节定义的 ServiceMsg，也可以是其他类型（后续章节将会定义图中的 XXXMsg），由于 ServiceMsg 中包含了指向 buff 的智能指针，因此图 5-25 也将它一并画出来了。

queueLock 是 pthread_spinlock_t 类型变量（头文件 thread 中声明），代表它是个自旋锁变量，我们将用它锁住 msgQueue，在图中，queueLock 指向了队列前面的锁。

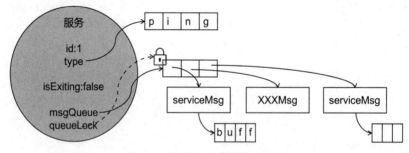

图 5-25 服务的内存结构示意图

在 C++ 编程中，要谨记各种对象的内存分布情况，知道哪些是由指针引用的堆对象，在指针销毁时记得删除它们，否则容易造成内存泄漏。就算使用了智能指针，也不能掉以轻心。

5.4.2 锁的初始化

自旋锁（spinlock）是指当一个线程在获取锁的时候，如果锁已经被其他线程获取，那么该线程将循环等待，直到其他线程释放锁，才能往下执行。使用锁之前必须初始化，使用完必须销毁，否则不能正常工作。

由于锁跟服务同生共死，因此我们可以在服务类的构造函数 Service() 中初始化它，在析构函数 ~Service() 中销毁它。最稳当的办法是在服务类的构造函数里初始化锁，在服务端的析构函数里销毁锁。如图 5-26 所示，服务被创建时它的构造函数 Service() 会被调用，服务被删除时它的析构函数 ~Service() 会被调用。图中的 OnInit、OnMsg、OnExit 是服务的回调方法，它们分别在服务被创建之后、服务收到消息时、服务退出前被调用，后续会实现这些方法。NewService 和 KillService 是创建和删除服务的方法，也将在后续实现。

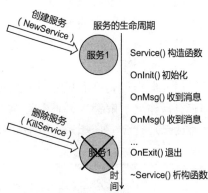

图 5-26　服务的生命周期

代码 5-20 展示了锁的初始化和销毁方法，这里仅仅是调用 API——pthread_spin_init 和 pthread_spin_destroy。

代码 5-20　src/Service.cpp

```cpp
#include "Service.h"
#include "Sunnet.h"
#include <iostream>

// 构造函数
Service::Service() {
    // 初始化锁
    pthread_spin_init(&queueLock, PTHREAD_PROCESS_PRIVATE);
}

// 析构函数
Service::~Service(){
    pthread_spin_destroy(&queueLock);
}
```

自旋锁常用的 API 如表 5-2 所示。

表 5-2　读写锁 API

API	说　明
int pthread_spin_init(pthread_spinlock_t *, int);	初始化锁，第二个参数暂无须关注
int pthread_spin_lock(pthread_spinlock_t *);	加锁
int pthread_spin_unlock(pthread_spinlock_t *);	解锁
int pthread_spin_destroy(pthread_spinlock_t *);	销毁锁（与初始化相对应）

5.4.3 多线程队列插入

多线程队列的插入和取出操作颇具技巧，代码 5-21 展示了向队列插入消息的方法，图 5-27 是插入操作的示意图，图中展示的是元素 msg3 插入原本只有两项元素的队列中，需要特别注意的是，队列的元素为 shared_ptr<BaseMsg> 类型，即指向 BaseMsg 及其子类对象的智能指针。

插入操作很简单，调用 msgQueue.push 即可，但是为了线程安全，在操作队列前需要加锁，操作之后解锁。代码中将 pthread_spin_lock 和 pthread_spin_unlock 的中间部分用花括号括起来，旨在提醒读者中间代码段处于锁中，称之为临界区。

代码 5-21　src/Service.cpp

```
// 插入消息
void Service::PushMsg(shared_ptr<BaseMsg> msg) {
    pthread_spin_lock(&queueLock);
    {
        msgQueue.push(msg);
    }
    pthread_spin_unlock(&queueLock);
}
```

多线程编程要注意的一点是，临界区必须很小，不然会影响程序效率。请读者对照图 5-24 的情景（在线程 1 的服务正读取消息的同时，线程 2 的服务向线程 1 的服务发送了消息）观察图 5-28，对应于图 5-24 的场景，图 5-28 中①代表线程 2 正往队列里插入数据；②代表线程 1 请求读取数据，因线程 2 加锁，它需要等待的时间；③代表线程 1 读取数据。线程的黑粗线代表工作状态，细线代表等待状态。线程 1 和线程 2 同时操作一个队列，线程 1 抢先加锁，在线程 2 解锁之前，线程 1 处于等待状态。临界区越大，意味着等待时间越长，自然会影响效率。

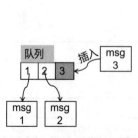

图 5-27　插入操作示意图

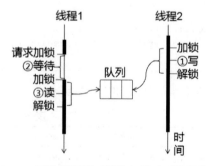

图 5-28　两条线程同时操作加锁队列的示意图

5.4.4 在多线程队列取出元素

代码 5-22 展示了在多线程下取出队列元素的做法，要注意临界区的设置。临界区中只有三行代码，分别是：判断队列是否为空；指向队列的第一个元素和弹出第一个元素。如果队列不为空，PopMsg 将返回队列中的第一个元素，否则会返回空值（NULL）。

代码 5-22　src/Service.cpp

```cpp
// 取出消息
shared_ptr<BaseMsg> Service::PopMsg() {
    shared_ptr<BaseMsg> msg = NULL;
    // 取一条消息
    pthread_spin_lock(&queueLock);
    {
        if (!msgQueue.empty()) {
            msg = msgQueue.front();
            msgQueue.pop();
        }
    }
    pthread_spin_unlock(&queueLock);
    return msg;
}
```

图 5-29 展示了代码 5-22 的设计意图，在代码 5-22 中，临界区可以设置得很小，仅仅是阶段②所代表的三行代码。阶段①表示原始队列，会给它加锁；阶段②表示执行 PopMsg 方法后的状态，队列中的第一个元素已经弹出，由函数的返回值（msg）引用着它，取出之后，元素与队列将不再有关联，可以解锁。阶段③表示在取出元素后，队列将不再受影响，在处理第一个元素的同时，其他线程可以给队列加锁和插入数据。

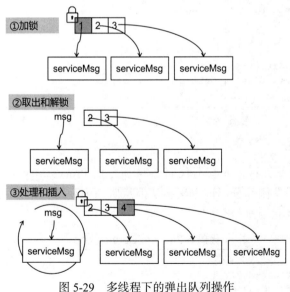

图 5-29　多线程下的弹出队列操作

💡 **知识拓展**：常用的锁有自旋锁、互斥锁、读写锁三种，本节中使用了自旋锁，后续我们还会用到读写锁。自旋锁在等待的过程中，会不停地检测锁是否被释放，这会占用 CPU 资源；互斥锁在等待期间不会占用资源，但"请求加锁"和"加锁"（唤醒）操作会有较大开销。两者的使用方法几乎相同，只是调用不同的 API 而已。"把临界区设计得很小"通常是好的设计，但它更适合用于自旋锁。对于 Actor 模型消息队列，我们认为自旋锁的等待开销比互斥锁的唤醒开销少，故选用自旋锁。

以上两节介绍了在高效且安全的多线程下操作队列的方法，请务必关注临界区的大小，该方法也可以拓展到其他的多线程操作上。

5.4.5　三个回调方法

参照图 5-26 中的服务生命流程，服务的三个回调方法如代码 5-23 所示，目前它们不具备任何功能，只是简单的打印。我们会在后续的创建服务功能中调用 OnInit，在删除服务功能中调用 OnExit，在消息处理功能中调用 OnMsg，在 PingPong 示例中（见 5.7 节）改写 OnMsg。

代码 5-23　src/Service.cpp

```cpp
// 创建服务后触发
void Service::OnInit() {
    cout << "[" << id <<"] OnInit"  << endl;
}

// 收到消息时触发
void Service::OnMsg(shared_ptr<BaseMsg> msg) {
    cout << "[" << id <<"] OnMsg"  << endl;
}

// 退出服务时触发
void Service::OnExit() {
    cout << "[" << id <<"] OnExit"  << endl;
}
```

5.4.6　分析临界区

为了进一步分析临界区，先编写代码 5-24 所示的 ProcessMsg 方法。ProcessMsg 对应于图 5-29 中阶段③的左侧部分，该方法会从消息队列中弹出一条消息，如果队列不为空，则调用回调函数 OnMsg。

代码 5-24　src/Service.cpp

```cpp
// 处理一条消息，返回值代表是否处理
bool Service::ProcessMsg() {
    shared_ptr<BaseMsg> msg = PopMsg();
    if(msg) {
        OnMsg(msg);
        return true;
    }
```

```
    else {
        return false;    // 返回值预示着队列是否为空
    }
}
```

OnMsg 是消息处理方法，由用户编写，内容可能会很多，而 ProcessMsg 中只有 PopMsg 的很小一部分用到锁，如图 5-30 所示，左图是极小临界区是良好的设计，它符合极小临界区的设计原则；右图虽然也达到线程安全的目的，但过大的临界区导致程序效率很低，是差劲的设计。

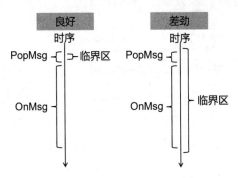

图 5-30　良好设计与差劲设计

下面拓展代码 5-24。代码 5-25 是一个辅助方法，用于处理多条消息，我们将在 5.6 节使用它。程序会处理参数 max 指定的消息数，或处理完全部消息。

代码 5-25　src/Service.cpp

```
// 处理 N 条消息，返回值代表是否处理
void Service::ProcessMsgs(int max) {
    for(int i=0; i<max; i++){
        bool succ = ProcessMsg();
        if(!succ){
            break;
        }
    }
}
```

💡 知识拓展：图 5-31 展示了在图 5-24 所示情景下的内存模型。在"服务 2 向服务 1 发送消息"这一情景中，肯定由服务 2 创建消息对象，此过程对应图中的阶段①，消息对象由服务 2 引用。发送成功后，服务 2 不再引用着消息对象，转而由服务 1 的消息队列引用，此过程对应图中阶段②；当服务 1 开始处理消息时，消息对象转为消息处理函数的临时变量引用，对应于图中的阶段③；消息处理完毕，临时变量被删除，由于使用了智能指针，一般情况下，消息对象的引用计数也会变为 0，系统会自动删除消息对象，使它不再占用内存，此过程对应于图中的阶段④。

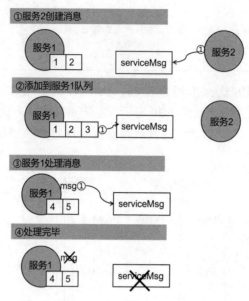

图 5-31   在图 5-24 所示情景下的内存模型

5.5   多线程下的对象管理

对象管理指新建、获取、删除对象，在多线程编程中颇为重要。Sunnet 系统要管理多个服务，本节将以新建和删除它们为例，介绍多线程对象管理的方法。

5.5.1   使用哈希表

为实现服务管理，需为 Sunnet 添加一些成员，如代码 5-26 所示，读者可先关注变量部分。

代码 5-26   include/Sunnet.h

```
#include "Service.h"
#include <unordered_map>
......

class Sunnet {
......
public:
    //服务列表
    unordered_map<uint32_t, shared_ptr<Service>> services;
    uint32_t maxId = 0;              // 最大 ID
    pthread_rwlock_t servicesLock;   // 读写锁
public:
    //增删服务
    uint32_t NewService(shared_ptr<string> type);
    void KillService(uint32_t id);   // 仅限服务自己调用
```

```
private:
    // 获取服务
    shared_ptr<Service> GetService(uint32_t id);
};
```

代码 5-26 中最重要的一个成员是 services，用于存放（引用）系统中的所有服务。它是一个哈希表（即 unordered_map 类型，它的底层是哈希表），unordered_map 在头文件 unordered_map 中声明，需要包含它。哈希表的键是 uint32_t 类型，代表服务的 id，值是

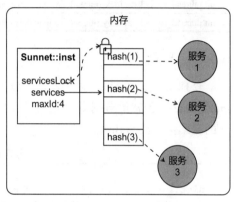

shared_ptr<Service> 类型，是服务对象的智能指针。如图 5-32 所示，哈希表是一种特殊数组，能够快速找到与键（服务 id）对应的元素（服务对象），经常用于对象管理。

servicesLock 是一个读写锁，正如 5.4.2 节队列的锁一样，有可能多个线程会同时操作哈希表，这时就需要加锁。maxId 是一个递增变量，由于在图 5-32 中最大的服务 id 是 3，因此 maxId 指示了下次新建服务时的 id(4)。

图 5-32　代码 5-26 中各变量的示意图

5.5.2　浅析读写锁

正如 5.4 节的队列操作所示，多线程对公共对象的操作必须加锁，哈希表的操作也要加锁。尽管自旋锁、互斥锁、读写锁都能实现线程安全，但出于效率考量，这里选用读写锁来锁住哈希表。

读写锁是一种特殊的自旋锁，它把对共享资源的访问者划分成读者和写者，读者只对共享资源进行读访问，写者则需要对共享资源进行写操作。读写锁允许同时有多个线程来读取共享资源，不允许多线程同时写入。一个读写锁在同一时间只能有一个写者或多个读者，但不能既读又写。考虑到在 Sunnet 系统中，会经常查找服务对象（读操作）并给它发消息，新增、删除服务的频率较低（写操作），因此使用读写锁能充分利用 CPU。

和自旋锁一样，读写锁也需要初始化，可在开启 Sunnet 系统时初始化它（见代码 5-27），除了 API 不同，它与自旋锁的初始化没有区别。

代码 5-27　src/Sunnet.cpp

```
// 开启系统
void Sunnet::Start() {
    cout << "Hello Sunnet" << endl;
    // 锁
    pthread_rwlock_init(&servicesLock, NULL);
    // 开启 Worker
    StartWorker();
}
```

读写锁常用的 API 如表 5-3 所示。

表 5-3　读写锁 API

API	说明
int pthread_rwlock_init(pthread_rwlock_t *restrict rwlock, const pthread_rwlockattr_t *restrict attr);	初始化锁，其中第二个参数一般填 NULL
int pthread_rwlock_rdlock(pthread_rwlock_t *rwlock);	加读锁
int pthread_rwlock_wrlock(pthread_rwlock_t *rwlock);	加写锁
int pthread_rwlock_unlock(pthread_rwlock_t *rwlock);	解锁（无论是读还是写）
int pthread_rwlock_destroy(pthread_rwlock_t *rwlock);	销毁锁（与初始化相对应）

5.5.3　新建服务

管理对象，可简单地理解为"增删改查"。代码 5-28 展示了新建服务的方法，先用 make_shared 创建服务对象，然后锁住临界区，将新服务插入哈希表 services，最后调用服务的初始化方法 OnInit。

代码 5-28　src/Sunnet.cpp

```
// 新建服务
uint32_t Sunnet::NewService(shared_ptr<string> type) {
    auto srv = make_shared<Service>();
    srv->type = type;
    pthread_rwlock_wrlock(&servicesLock);
    {
        srv->id = maxId;
        maxId++;
        services.emplace(srv->id, srv);
    }
    pthread_rwlock_unlock(&servicesLock);
    srv->OnInit(); // 初始化
    return srv->id;
}
```

图 5-33 展示了新建服务的时序，由于创建堆对象会涉及内存申请等过程，因此会占用一定的运行时间；OnInit 方法由用户自定义，不排除写得很复杂，可能要运行较长时间的情况。临界区的代码只有三行，包含对全局（特指可能由多线程操作的）变量 maxId 和 services 的读写操作。注意，代码中使用了 pthread_rwlock_wrlock，代表加写锁。

图 5-33　新建服务的时序图

5.5.4　查找服务

代码 5-29 展示了查找服务的方法，它只是简单地查找哈希表。哈希表查找操作的时间复杂度为 O(1)，非常快，这也是选用哈希表来存放（引用）所管理对象的原因。值得关注的是，查找表是个读操作，因此加上了读锁。

代码 5-29　src/Sunnet.cpp

```
// 由 id 查找服务
shared_ptr<Service> Sunnet::GetService(uint32_t id) {
    shared_ptr<Service> srv = NULL;
    pthread_rwlock_rdlock(&servicesLock);
    {
        unordered_map<uint32_t, shared_ptr<Service>>::iterator iter = services.
            find (id);
        if (iter != services.end()){
            srv = iter->second;
        }
    }
    pthread_rwlock_unlock(&servicesLock);
    return srv;
}
```

5.5.5　删除服务

代码 5-30 展示了删除服务的方法，参数 id 代表着待删除服务的编号。

代码 5-30　src/Sunnet.cpp

```
// 删除服务
// 只能 service 自己调自己，因为会调用不加锁的 srv->OnExit 和 srv->isExiting
void Sunnet::KillService(uint32_t id) {
    shared_ptr<Service> srv = GetService(id);
    if(!srv){
        return;
    }
    // 退出前
    srv->OnExit();
    srv->isExiting = true;
    // 删列表
    pthread_rwlock_wrlock(&servicesLock);
    {
        services.erase(id);
    }
    pthread_rwlock_unlock(&servicesLock);
}
```

图 5-34 展示了删除服务的时序，反映了尽量减小临界区的设计意图，OnExit 在临界区外执行。GetService 方法中用到了读锁，但临界区的代码只有三行，执行速度很快。OnExit 方法由用户编写，不排除很复杂，可能需要执行较长时间的情况，删除操作的临界区只有一行代码，速度很快。

删除对象，并不是简单的把它从哈希表中移除。如图 5-35 所示，KillService 只是完成了删除服务的一部分过程,它切断了 Sunnet::inst 与服务 3 的关联,由于使用了智能指针,如果没有其他地方引用服务 3,服务 3 将被自动释放。但是,如果在删除服务 3 的同时,服务 2 正向服务 3 发送消息,那么它也会找到服务 3,往消息队列插入数据。在这种情况下,就算切断 Sunnet::inst 与服务 3 的关联,服务 3 的引用计数不为 0,也不会马上被释放。所以代码 5-30 中把变量 isExiting 标注为 true,供后续处理。另外,服务 3 释放之后,它所引用的消息 (见图中的 msg 和 buff) 计数会减 1,若它们只被服务 3 引用,它们也将被自动释放。

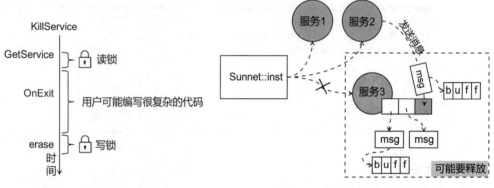

图 5-34 KillService 的时序   图 5-35   删除服务的内存示意图

在多线程环境下,需要很谨慎地对待删除操作。Sunnet 系统只能由服务在自己的消息处理函数中调用 KillService 删除自己,这是因为我们没有对 OnExit 和 isExiting 方法加锁,它们不具备线程安全性。

5.5.6 程序终于能运行了

在 5.3 节至 5.5 节中,声明了消息类、服务类,还添加了创建、删除服务的方法,终于可以把程序运行起来了! 下面就来试试吧!

在 main 函数中调用三次 NewService,新建 ping1、ping2 和 pong 三个服务,如代码 5-31 和图 5-36 所示。

代码 5-31   src/main.cpp

```cpp
#include "Sunnet.h"

int test() {
    auto pingType = make_shared<string>("ping");
    uint32_t ping1 =  Sunnet::inst->NewService(pingType);
    uint32_t ping2 = Sunnet::inst->NewService(pingType);
    uint32_t pong =  Sunnet::inst->NewService(pingType);
}

int main() {
    new Sunnet();
    Sunnet::inst->Start();
```

```
    test();
    Sunnet::inst->Wait();
    return 0;
}
```

执行 cmake ../（增删文件需要执行），编译，运行，将得到如图 5-37 所示的输出结果，此处创建了三个服务。尽管工作线程在"空转"，但组成 Actor 模型的关键元素——服务、消息、工作线程都已具备。worker 线程不断循环，三个服务被创建，它们的初始化回调 OnInit 方法会被调用。

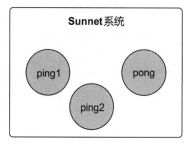

图 5-36　代码 5-31 的示意图

图 5-37　程序运行结果

读者可以尝试频繁地增删服务，比如在服务的 OnInit 回调中新建服务，又删除自己，看看程序是否还能正常运行，看看内存占用是否稳定。

5.6　充分利用 CPU

在 5.2 节到 5.5 节，已经创建了 Sunnet 系统所需的工作线程、消息类、服务类，本节将会综合各个模块，完成服务间的消息传送和消息处理。这部分也是 Skynet 最核心的设计，即通过各种手段，利用 CPU 资源，让运行效率达到极致。

5.6.1　全局消息队列

工作线程的职责是调度各个服务，帮助它们高效地处理消息。达成此项功能一个重要的前提是，工作线程必须知道哪些服务有消息要处理，哪些服务可以暂时忽略。如图 5-38 所示，Sunnet 仿照 Skynet 设计了一个全局队列（即图中的 globalQueue），我们会把"有消息待处理的服务"放进全局队列，工作线程会不断地从全局队列中取出服务，处理它们（见图中的①）。其中的圆形表示服务，圆形后的列表代表服务的消息队列，可见服务 1、2、3 的消息队列不为空，分别拥有 4、1、3 条待处理消息，服务 4 和 5 的消息队列为空。图中虚线箭头表示对服务的引用，由于加入了全局队列，服务 1、2、3 各有两处引用，服务 4、5 只有 1 处引用。

代码 5-32 展示了为 Sunnet 类新增的变量和方法，读者可以先关注变量部分。对照着图 5-38，可以知道新定义了三个与全局队列有关的成员。

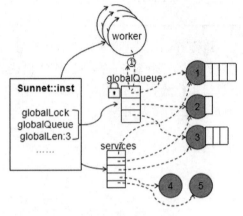

其中 globalQueue 代表全局队列，它用智能指针引用着"存有待处理消息"的服务，元素类型是 shared_ptr<Service>。由于多个线程可能同时读写全局队列，因此，为避免冲突需要加锁，于是这里定义了自旋锁 globalLock。globalLen 将会指示全局队列的长度，例如在图 5-38 中，它的值为 3。

图 5-38　全局队列示意图

代码 5-32　include/Sunnet.h

```cpp
private:
    // 全局队列
    queue<shared_ptr<Service>> globalQueue;
    int globalLen = 0;                      // 队列长度
    pthread_spinlock_t globalLock;   // 锁
public:
    // 发送消息
    void Send(uint32_t toId, shared_ptr<BaseMsg> msg);
    // 全局队列操作
    shared_ptr<Service> PopGlobalQueue();
    void PushGlobalQueue(shared_ptr<Service> srv);
```

既定义了锁，勿忘初始化它，代码 5-33 展示了在启动系统时初始化锁的方法，目前 sunnet 类需要初始化两个锁。

代码 5-33　scr/Sunnet.cpp

```cpp
// 开启系统
void Sunnet::Start() {
    cout << "Hello Sunnet" << endl;
    // 锁
    pthread_rwlock_init(&servicesLock, NULL);
    pthread_spin_init(&globalLock, PTHREAD_PROCESS_PRIVATE);
    // 开启 Worker
    StartWorker();
}
```

图 5-39 展示了全局队列的使用场景，左图表示全局队列的初始状态，它引用着"待处理"的服务。右图展示的是两个工作线程竞相取出了服务 1 和服务 2，处理它们的消息，此

时全局队列仅剩下一个服务。工作线程每次会处理一定数量的消息，再根据服务是否空闲，决定是否将它重新插回全局队列（后面实现）。

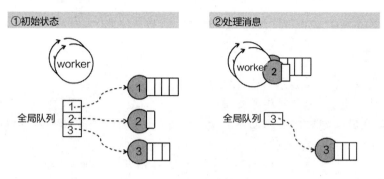

①初始状态 ②处理消息

图 5-39　全局队列的使用场景

5.6.2　插入和弹出

由于涉及多线程操作，因此插入和弹出全局队列的操作必须加锁。代码 5-34 展示了弹出队列的方法，它与 5.4.4 节介绍的多线程队列取出很相似，唯一不同的是它同时还维护了变量 globalLen（代表队列长度）。

代码 5-34　scr/Sunnet.cpp

```
// 弹出全局队列
shared_ptr<Service> Sunnet::PopGlobalQueue(){
    shared_ptr<Service> srv = NULL;
    pthread_spin_lock(&globalLock);
    {
        if (!globalQueue.empty()) {
            srv = globalQueue.front();
            globalQueue.pop();
            globalLen--;
        }
    }
    pthread_spin_unlock(&globalLock);
    return srv;
}
```

代码 5-35 展示了向全局队列插入服务的方法，它与 5.4.3 节介绍的多线程队列插入很相似，唯一不同的是它也同时维护了变量 globalLen。

代码 5-35　scr/Sunnet.cpp

```
// 插入全局队列
void Sunnet::PushGlobalQueue(shared_ptr<Service> srv){
    pthread_spin_lock(&globalLock);
    {
        globalQueue.push(srv);
```

```
        globalLen++;
    }
    pthread_spin_unlock(&globalLock);
}
```

5.6.3 标志位

按照目前的设计，工作线程可以很轻易地获取"待处理服务"，但如果想要知道一个服务是否在全局队列里，只能遍历，很慢。因此，我们给服务类添加了一个变量 inGlobal，用于标志服务是否在队列中。如图 5-40 所示，如果服务在全局队列中（服务 1 和 2），让 inGlobal 变为 true，否则（服务 3）让 inGlobal 变为 false。

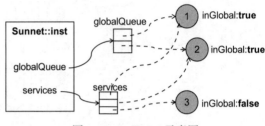

图 5-40 inGlobal 示意图

与变量 inGlobal 相关的声明如代码 5-36 所示。由于变量 inGlobal 可能被多个线程同时访问（5.6.4 节、5.6.5 节会介绍），因此，这里会定义自旋锁 inGlobalLock，以锁住 inGlobal。为了方便操作，定义 SetInGlobal 方法，用于安全地设置 inGlobal。

代码 5-36 include/Service.h

```
public:
    // 标记是否在全局队列，true: 表示在队列中，或正在处理
    bool inGlobal = false;
    pthread_spinlock_t inGlobalLock;
    // 线程安全地设置 inGlobal
    void SetInGlobal(bool isIn);
```

千万不要忘记将锁初始化和销毁，如代码 5-37 所示。目前服务类也拥有两个锁，分别是锁住消息队列的 queueLock 和锁住"是否在全局队列中"标志位的 inGlobalLock。

代码 5-37 src/Service.cpp

```
// 构造函数
Service::Service() {
    // 初始化锁
    pthread_spin_init(&queueLock, PTHREAD_PROCESS_PRIVATE);
    pthread_spin_init(&inGlobalLock, PTHREAD_PROCESS_PRIVATE);
}

// 析构函数
Service::~Service(){
    pthread_spin_destroy(&queueLock);
    pthread_spin_destroy(&inGlobalLock);
}
```

代码 5-38 展示了 SetInGlobal 方法的实现，它非常简单，就是将 inGlobal 放到锁中，

以达到线程安全的目的。

代码 5-38　src/Service.cpp

```cpp
void Service::SetInGlobal(bool isIn) {
    pthread_spin_lock(&inGlobalLock);
    {
        inGlobal = isIn;
    }
    pthread_spin_unlock(&inGlobalLock);
}
```

5.6.4　模仿 Skynet 发送消息

图 5-41 展示了服务间发送消息的全过程，即服务 1 向服务 2 发送消息的过程，这个过程分为两个步骤，其一，发送方（服务 1）将消息插入接收方（服务 2）的消息队列中（阶段①）；其二，如果接收方（服务 2）不在全局队列中，将它插入全局队列（阶段②），使工作线程能够处理它。具体代码如 5-39 所示。

代码 5-39　src/Sunnet.cpp

```cpp
// 发送消息
void Sunnet::Send(uint32_t toId, shared_ptr<BaseMsg> msg){
    shared_ptr<Service> toSrv = GetService(toId);
    if(!toSrv){
        cout << "Send fail, toSrv not exist toId:" << toId << endl;
        return;
    }
    // 插入目标服务的消息队列
    toSrv->PushMsg(msg);
    // 检查并放入全局队列
    bool hasPush = false;
    pthread_spin_lock(&toSrv->inGlobalLock);
    {
        if(!toSrv->inGlobal) {
            PushGlobalQueue(toSrv);
            toSrv->inGlobal = true;
            hasPush = true;
        }
    }
    pthread_spin_unlock(&toSrv->inGlobalLock);
    // 唤起进程（后面再实现）
}
```

代码 5-39 的设计较为巧妙，它的时序如图 5-42 所示，在图 5-42 右侧的标签中，加上锁图标的“sunnet:XXX”意味着它是全局的，临界区必须设置得很小。没有图标的“服务：XXX”代表它是服务内部的锁，它对性能的影响要比全局锁小很多。在不得不同时用一个全局锁和一个内部锁时，要先锁住内部锁，以最小化全局锁的临界区。首先通过 GetService 查找目标服务，这里 GetService 用到了读写锁，但速度很快。接着调用目标服务的 PushMsg 方法向消息队列插入数据，期间也会用自旋锁锁住消息队列。由于任何服务都可以调用 Send 方法，因此也就意味着它可能在任何 Worker 线程中执行，程序先对服务的 inGlobal 加锁，判断服务是否已经在全局队列之中，如果不在，调用 PushGlobalQueue 把它添加到全局队列，并设置 inGlobal 的值。

这段代码的巧妙之处在于先给 inGlobal 加锁，再给 globalQueue（PushGlobalQueue 方法中有加锁的操作）加锁，对照图 5-42 会发现，globalLock 的临界区很小。由于全局队列是全局的，服务的 inGlobal 变量只属于它自己，因此有理由认为，全局队列更影响性能，临界区必须很小。相反的做法是先锁住全局队列，再锁住 inGlobal，性能会比较低。hasPush 代表是否执行了插入全局队列的操作，5.8 节将会用到该变量。

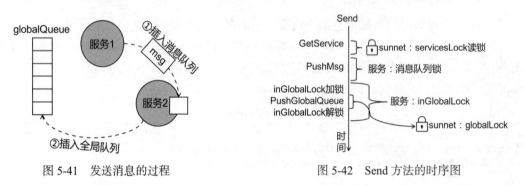

图 5-41　发送消息的过程　　　　　　　　　图 5-42　Send 方法的时序图

5.6.5　工作线程调度

只差最后一步了，即实现工作线程的调度，让它们竞相读取全局队列中的服务，处理服务的消息。

代码 5-40 用于重写 Worker 线程的线程函数，这段代码的要点如下：

1）它先从 sunnet 全局队列中获取一个服务，调用服务的 ProcessMsgs 方法处理 eachNum 条消息。

2）处理完成后，调用 CheckAndPutGlobal 方法（稍后实现），它会判断服务是否还有未处理的消息，如果有，把它重新放回全局队列中，等待下一次处理。

3）如果全局队列为空，线程将会等待 100 微秒，然后进入下一次循环。

代码 5-40　src/Worker.cpp

```
#include <iostream>
#include <unistd.h>
#include "Worker.h"
#include "Service.h"
using namespace std;

// 线程函数
void Worker::operator()() {
```

```
    while(true) {
        shared_ptr<Service> srv = Sunnet::inst->PopGlobalQueue();
        if(!srv){
            usleep(100);
        }
        else{
            srv->ProcessMsgs(eachNum);
            CheckAndPutGlobal(srv);
        }
    }
}
```

在 5.2.3 节讲解开启工作线程时提到，给不同工作线程的 eachNum 分别赋值 1、2、4、8、16……图 5-43 展示了这样设计的目的。由于"从全局队列取出服务""把服务重新放回全局队列"都用到了锁，因此也会有一定的时间开销，图中的灰色方块表示了这些操作的损耗。worker[0] 表示每处理一条消息就会有一次损耗，worker[1] 表示每处理两条消息就会有一次损耗，worker[2] 表示每处理 4 条消息才会有一次损耗，可见，worker[2] 的效率更高。正如图中的虚线标注，worker[2] 在处理第 8 条消息时，worker[0] 才处理到第 6 条。

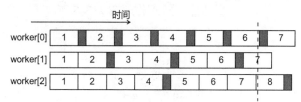

图 5-43 不同工作线程每次处理的消息数不同

但也不是 eachNum 越大越好，如图 5-44 所示，若工作线程每次处理的消息数量太多，会导致全局队列里的服务得不到及时处理。过大的 eachNum 会导致 worker 线程一直在处理某几个服务的消息，那些在全局队列里等待的服务将得不到及时的处理，会有较高的延迟。我们让 eachNum 按指数增大，让低编号的工作线程更关注延迟性，高编号的工作线程更关注效率，达到总体的平衡。

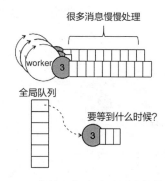

图 5-44 工作线程每次处理的消息数量太多

CheckAndPutGlobal 的实现如代码 5-41 所示，请读者自行在 Worker.h 中添加它的声明。还需要注意的是，由于 Worker 和 Sunnet 是相互引用的，因此需在 Sunnet.h 中添加前置声明"class Worker;"。

代码 5-41 src/Worker.cpp

```
// 那些调 Sunnet 的通过传参数解决
// 状态是不在队列中，global=true
```

```
void Worker::CheckAndPutGlobal(shared_ptr<Service> srv) {
    // 退出中（服务的退出方式只能它自己调用，这样 isExiting 才不会产生线程冲突）
    if(srv->isExiting){
        return;
    }

    pthread_spin_lock(&srv->queueLock);
    {
        // 重新放回全局队列
        if(!srv->msgQueue.empty()) {
            // 此时 srv->inGlobal 一定是 true
            Sunnet::inst->PushGlobalQueue(srv);
        }
        // 不在队列中，重设 inGlobal
        else {
            srv->SetInGlobal(false);
        }
    }
    pthread_spin_unlock(&srv->queueLock);
}
```

图 5-45 展示了上述代码的主要功能，在工作线程处理完消息后（阶段①），必要时把服务重新放回全局队列（阶段②），判断服务是否还有未处理的消息，若有，将它放回全局队列（阶段②）。

除此之外，有两点要注意：其一，若服务处于退出状态（isExiting 为 true），工作线程将不把服务放入全局队列中。此时被删除的服务如图 5-46 的服务 2 所示（作为 5.5.4 节的补充），它既失去了 services（存放服务的哈希表）对它的引用，也会失去工作线程对它的引用（因为处理完毕了），智能指针计数为 0，系统会销毁它。

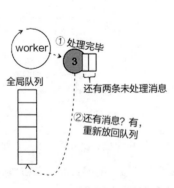

图 5-45　代码 5-41 的主要功能

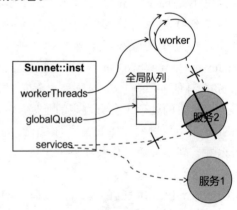

图 5-46　删除服务的过程

其二，虽然我们把 inGlobal 称为"服务是否在全局队列中"，但它蕴含了"服务在全局队列中"与"正在处理消息"两层含义。因此，在"重新返回全局队列"的过程中，如果尚有未处理的消息，服务的 inGlobal 一定为 true，无须再次设置。

5.7　演示程序 PingPong

至此，我们已经完成 Sunnet 系统的调度功能，实现了一套 Actor 模型。在本书第 1 章和第 2 章中，都用 PingPong 示例来演示 Actor 模型的功能，本章也用 PingPong 示例来演示 Sunnet 系统。

5.7.1　辅助函数

为减少代码量，先编写一个辅助方法 MakeMsg 用于创建消息。MakeMsg 只是简单地创建 ServiceMsg 对象，并给它的属性赋值（见图 5-47），如代码 5-42 所示（头文件的声明请读者自行添加）。

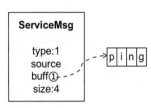

图 5-47　MakeMsg 返回的对象

代码 5-42　src/Sunnet.cpp

```cpp
// 仅测试用，buff 须由 new 产生
shared_ptr<BaseMsg> Sunnet::MakeMsg(uint32_t source, char* buff, int len) {
    auto msg= make_shared<ServiceMsg>();
    msg->type = BaseMsg::TYPE::SERVICE;
    msg->source = source;
    // 基本类型的对象没有析构函数，
    // 所以用 delete 或 delete[] 都可以销毁基本类型数组；
    // 智能指针默认使用 delete 销毁对象，
    // 所以无须重写智能指针的销毁方法
    msg->buff = shared_ptr<char>(buff);
    msg->size = len;
    return msg;
}
```

要特别注意的是参数 buff，由于用" shared_ptr<char>(buff)"的方式创建了智能指针，为使智能指针能有正确的计数，buff 不能被其他堆对象引用。换句话说，只能通过如下的形式调用 MakeMsg，很不简洁，但没关系，它只用于当前的测试工作，后续会做更好的封装。

```cpp
Sunnet::inst->MakeMsg(id, new char[4] { 'p', 'i', 'n', 'g' }, 4);
```

5.7.2　编写 ping 服务

在第 1 章和第 2 章中，我们已经两次编写 ping 服务，读者应该对它很熟悉。这里先修改服务类的 OnMsg 回调，如代码 5-43 所示，请注意其中的如下知识点：

1）由于当前只有一种消息类型，我们省略了判断消息类型的步骤。

2）程序会打印出收到的消息内容，这里用到了动态类型转换。代码中的 dynamic_pointer_cast 是动态类型转换的方法，可以将 shared_ptr<BaseMsg> 转换成 shared_ptr<ServiceMsg> 类型，代码中的 auto 相当于 shared_ptr<ServiceMsg>。

3）OnMsg 方法创建的回应消息 msgRet 中，其 buff 长度为 9999999，是为了能够明显地暴露内存泄漏问题（如有）。

代码 5-43　src/Service.cpp

```cpp
// 收到消息时触发
void Service::OnMsg(shared_ptr<BaseMsg> msg) {
    // 测试用
    if(msg->type == BaseMsg::TYPE::SERVICE) {
        auto m = dynamic_pointer_cast<ServiceMsg>(msg);
        cout << "[" << id <<"] OnMsg " << m->buff << endl;

        auto msgRet = Sunnet::inst->MakeMsg(id,
            new char[9999999] { 'p', 'i', 'n', 'g', '\0' }, 9999999);

        Sunnet::inst->Send(m->source, msgRet);
    }
    else {
        cout << "[" << id <<"] OnMsg"  << endl;
    }
}
```

读者也许会有疑问，在第 3 章中，我们创建了很多类型的服务，而当前的 Service 只有一种。还记得 5.4.1 节编写服务类时添加的变量 type 么？可用它区分不同的服务类型。在后续章节，还会用 Lua 做进一步封装。

5.7.3　测试

添加测试代码，如代码 5-44 所示。在系统启动前新建 ping1、ping2 和 pong，让 ping1 和 ping2 向 pong 服务发送初始消息。

代码 5-44　src/main.cpp

```cpp
int test() {
    auto pingType = make_shared<string>("ping");

    uint32_t ping1 =  Sunnet::inst->NewService(pingType);
    uint32_t ping2 = Sunnet::inst->NewService(pingType);
    uint32_t pong =  Sunnet::inst->NewService(pingType);

    auto msg1 = Sunnet::inst->MakeMsg(ping1,
        new char[3] { 'h', 'i', '\0' }, 3);
    auto msg2= Sunnet::inst->MakeMsg(ping2,
        new char[6] { 'h', 'e', 'l', 'l', 'o', '\0' }, 6);

    Sunnet::inst->Send(pong, msg1);
    Sunnet::inst->Send(pong, msg2);
}
```

消息传递流程如图 5-48 所示，ping1 和 ping2 先向 pong 发送初始消息（阶段①），然后

ping1 和 pong、ping2 和 pong 之间不断交互。

编译、运行，结果如图 5-49 所示，白色字体部分表示服务端接收到的消息。可见，pong 服务先收到"hi"和"hello"两条消息，之后 ping1 和 pong、ping2 和 pong 不断地相互发送"ping"。

查看服务端的 CPU 和内存占用情况，会得到如图 5-50 所示的结果，可见，这里较为充分地利用了 CPU 资源，运行一段时间后，内存占用保持稳定，说明没有内存泄漏。CPU 之所以未达到 200% 的满负荷运转，部分原因是开启了三条工作线程，未与机器配置匹配。

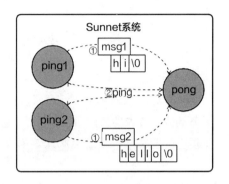

图 5-48　PingPong 程序的消息传递流程

```
Hello Sunnet
start worker thread:0
start worker thread:1
start worker thread:2
[0] OnInit
[1] OnInit
[2] OnInit
[2] OnMsg hi
[2] OnMsg hello
[0] OnMsg ping
[1] OnMsg ping
[2] OnMsg ping
[0] OnMsg ping
[2] OnMsg ping
[1] OnMsg ping
......
```

图 5-49　程序运行结果

	CPU负荷	内存占用
配置条件	2核	512M
测试值	174.8%	14.5%

图 5-50　Sunnet 系统的 CPU 和内存占用情况

5.8　条件变量与唤醒机制

5.8.1　改进版线程调度

回顾 5.6.5 节介绍的工作线程调度，图 5-51 展示了该节代码 5-40 的流程，先是从全局队列中取出待处理的服务，处理它；如果没有需处理的服务，等待一小段时间，然后继续循环。至于究竟要等多长时间是个值得研究的问题，如果时间太短，线程会频繁休眠和唤起、频繁地检测全局队列，这会带来性能损耗；如果等待时间太长，工作线程将不能够很及时地处理消息。早期的 Skynet 设置了 0.1 秒的等待时间，以求达到效率和延迟之间的平衡。

但这个"等待 0.1 秒"的设计被一些用户诟病，因为它只适用于对延迟要求不高的场合，例如 MMORPG（多人角色扮演游戏）；难以应对要求低延迟的 RTS（即时战略）、FPS（第一人称射击）游戏。后期的 Skynet 版本改用条件变量的设计，以求降低延迟。

具体做法如图 5-52 所示。若暂无"待处理服务"，工作线程将进入休眠状态，而在"将服务插入到全局队列"的操作中，它除了将服务插入队列末端以外，还会唤醒正在休眠的线程。既能在某种程度上保证效率，又能实现 0 延迟。

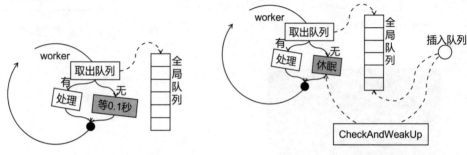

图 5-51　5.6.5 节所讲工作线程的流程　　　　图 5-52　改进版唤醒机制

5.8.2　如何使用条件变量

条件变量是一种线程同步机制，可实现图 5-52 描述的功能，它分为"休眠"和"唤醒"两部分，一条线程进入休眠，另一线程在必要时唤醒它。

如代码 5-45 所示，实现"休眠 – 唤醒"功能需由一个互斥锁（sleepMtx）和一个条件变量（sleepCond）配合工作。另外，sleepCount 用于记录 Sunnet 系统中有多少工作线程处于休眠状态，如果全部线程都在工作，就无须浪费精力唤醒。WorkerWait 和 CheckAndWeakUp 分别是"休眠"和"唤醒"方法。

代码 5-45　include/Sunnet.h

```
private:
    //休眠和唤醒
    pthread_mutex_t sleepMtx;
    pthread_cond_t sleepCond;
    int sleepCount = 0;          //休眠工作线程数
public:
    //唤醒工作线程
    void CheckAndWeakUp();
    //让工作线程等待（仅工作线程调用）
    void WorkerWait();
```

ⓘ　说明：可别忘记锁和条件变量都需要初始化，请在系统启动时初始化，命令如下。

```
pthread_cond_init(&sleepCond, NULL);
pthread_mutex_init(&sleepMtx, NULL);
```

WorkerWait 是让线程陷入休眠的做法，让工作线程调用它既能陷入休眠，具体实现如代码 5-46 所示。

代码 5-46　scr/Sunnet.cpp

```
//Worker 线程调用，进入休眠
void Sunnet::WorkerWait(){
    pthread_mutex_lock(&sleepMtx);
    sleepCount++;
    pthread_cond_wait(&sleepCond, &sleepMtx);
    sleepCount--;
    pthread_mutex_unlock(&sleepMtx);
}
```

条件变量的 API 较难理解，这是因为这一个 API 做了三件事情。图 5-53 以工作线程调用 WorkerWait 的场景，展示了 pthread_cond_wait 的功能。多个线程可能同时陷入休眠，它们会同时操作 sleepCount，因此使用前需加锁，对应语句" pthread_mutex_lock(&sleepMtx);"（阶段①），然后增加休眠线程的计数（对应语句" sleepCount++"和阶段②）。pthread_cond_wait 这一 API 拥有两个参数，第一个参数是条件变量，第二个参数是互斥锁，它会完成图中③④⑤这三个阶段的操作，阶段③是给之前加锁的 sleepMtx 解锁，阶段④让线程休眠。在线程被唤醒后，pthread_cond_wait 返回，它又给 sleepMtx 加锁（阶段⑤）。线程唤醒后，需减少休眠线程计数（对应语句" sleepCount--"和阶段⑥），最后解锁（阶段⑦）。如果还是不好理解，读者可以记住，条件变量陷入休眠的写法就是要按照"加锁 -XXX- 等待 -XXX-- 解锁"的结构来写。

"条件变量"是 Linux 操作系统提供的功能，唤醒操作很简单，只需调用 pthread_cond_signal 即可。如图 5-54 所示，调用后，操作系统会随机选取一个等待着" sleepCond"的线程唤醒它。

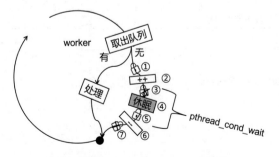

图 5-53　pthread_cond_wait 示意图

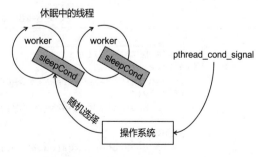

图 5-54　pthread_cond_signal 示意图

唤醒方法 CheckAndWeakUp 的具体实现如代码 5-47 所示。由于 pthread_cond_signal 有

一定的性能开销，为提高效率，在调用它之前先做两个判断：

1）是否有陷入休眠的线程。如果所有线程都在工作，无须唤醒。

2）正在工作的线程是否足够。比如系统中只有 2 个待处理的服务（globalLen），而系统开启了 5 条工作线程（WORKER_NUM），目前只有 1 条线程在休眠（sleepCount），那剩下的 4 条线程正在工作，足以应对。

这段代码还有一点需要注意，多个线程可能同时访问 sleepCount，理论上需要加锁，但为了节省加锁的开销，此处直接读取 sleepCount。由于没加锁，sleepCount 的值可能不准确，尽管出现的概率较小，但不排除某次需要唤醒时没有唤醒（因为 sleepCount 的值小了），或不该唤醒时唤醒了（sleepCount 的值大了）。但这两种错误无伤大雅，若出现“需要唤醒时没有唤醒”的情况，等待下一次唤醒即可（后续还会加上 Socket 模块，接收数据时也要唤醒工作线程）；“不该唤醒时唤醒了”更没关系，就当工作线程空转一次。综合起来，我们认为错误唤醒的开销比给 sleepCount 加锁的开销小，于是宁愿偶尔出错也不加锁。

代码 5-47　scr/Sunnet.cpp

```
// 检查并唤醒线程
void Sunnet::CheckAndWeakUp(){
    //unsafe
    if(sleepCount == 0) {
        return;
    }
    if( WORKER_NUM - sleepCount <= globalLen ) {
        cout << "weakup" << endl;
        pthread_cond_signal(&sleepCond);
    }
}
```

5.8.3　工作线程的等待与唤醒

最后，在恰当场合调用休眠与唤醒函数。如代码 5-48 所示，用休眠替换工作线程原先的 usleep。

代码 5-48　scr/Worker.cpp

```
// 线程函数
void Worker::operator()() {
    while(true) {
        shared_ptr<Service> srv = Sunnet::inst->PopGlobalQueue();
        if(!srv){
            Sunnet::inst->WorkerWait();
        }
        else{
            srv->ProcessMsgs(eachNum);
            CheckAndPutGlobal(srv);
        }
    }
}
```

回顾图 5-52 描述的场景，要在"把服务添加到全局队列"时，唤醒线程。如代码 5-49 所示，在发送消息的操作中会完成该功能。在 Actor 系统中，Send 方法必定被频繁调用，这也是为什么在编写 CheckAndWeakUp 方法时，宁愿它有出错的可能性，也要提高运行效率。

代码 5-49　scr/Sunnet.cpp

```
// 发送消息
void Sunnet::Send(uint32_t toId, shared_ptr<BaseMsg> msg){
    shared_ptr<Service> toSrv = GetService(toId);
    ......
    // 唤起进程，不放在临界区里面
    if(hasPush) {
        CheckAndWeakUp();
    }
}
```

5.8.4　测试

现在终于完成改进版的 Sunnet 的调度功能，编译后运行程序将看到如图 5-55 所示的结果，从日志中可以看到 CheckAndWeakUp（见代码 5-47）所打印的"weakup"。

图 5-55　Sunnet 调度部分运行结果

5.9　后台运行

到目前为止，程序只能在前台运行，断开终端（SSH 会话）程序也会关闭。这是因为终端断开时，它会向运行的程序发送 SIGHUP 信号，默认情况下，程序接收到该信号后就会被操作系统终止。有两种方法可以避免程序被终止。

其一，使用 nohup 命令，例如用 " nohup ./sunnet & " 开启程序。nohup 表示忽略所有挂断（SIGHUP）信号，最后的 & 表示后台运行。除了忽略 SIGHUP 信号，nohup 还会把程序的输出转存到文件 nohup.out 中。

其二，创建守护进程（Daemon），在程序中调用 daemon(0,0) 即可（在 unistd.h 头文件下），如代码 5-50 所示。运行后，可以用 " Top " 命令看到程序的运行状态，它会占满一个 CPU 核心。由于程序在后台运行，因此，只能用 Kill 指令终止它，而且不能打印日志（cout），需将 cout 方法改成写入文件。

代码 5-50　守护进程示范代码

```cpp
#include <unistd.h>
#include <iostream>
using namespace std;

int main() {
    daemon(0,0);
    while (true){
        cout << "runing" << endl;
    }
}
```

Skynet 和部分古老的服务端程序会自行实现 daemon 方法，具体做法是先用 signal 函数屏蔽 SIGHUP、SIGTTOU、SIGTTIN、SIGTSTP 等信号，再用 fork 函数复制进程。

在本章中，我们跟随 Sunnet 调度系统的案例，学习了 C++ 多线程、锁、条件变量等知识，接着以实现 Echo 为目标，给 Sunnet 系统添加网络功能。

图解 TCP 网络模块

由于我们做的是网络游戏，因此我们学习服务端时会学习网络编程的相关知识。本章将会为 Sunnet 添加网络功能，并借此介绍利用 C++ 处理 TCP 网络连接的方法。

所谓"建立一条网络连接"，只是一个逻辑概念。客户端与服务端可能隔着千山万水，如图 6-1 所示，C 代表客户端，S 代表服务端，R 代表路由器。电信号可能要历经多次转发传达方能到达目的地，网络的一端很难及时感知对端的状态。TCP/IP 是 19 世纪 70 年代设计的网络传输协议，由于当时人们比较注重技术的灵活性，因此留下了很多可供用户自由选择和处理的功能。但对于初学者，这些灵活性却为他们的学习增加了难度。

学习 TCP 编程需要掌握如下两方面的内容。其一是了解套接字、多路复用等系统 API 的使用方法，其二是了解不同条件

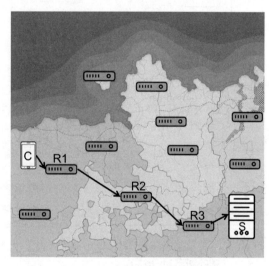

图 6-1　客户端与服务端可能隔着千山万水

下可能会出现的异常情况及应对方法。需要说明的一点是，由于网络编程有一定的难度，因此笔者在讲解相关内容时会尽量用通俗的语言和大量的图表，帮助大家更好地理解。如果大家在阅读过程中，遇到一些不好理解的地方，建议先照抄代码把 Sunnet 系统做出来，在做的过程中可能就会逐渐融会贯通。

6.1 启动网络线程

Sunnet 系统的网络模块与 Skynet 的网络模块大体上是相似的，但前者在细节上做了一些简化。

6.1.1 方案设计

Sunnet 系统的网络模块如图 6-2 所示。Sunnet 系统专门开启了一条线程来监听网络事件，当"有新的客户端连接""某客户端发来数据""某套接字可写"等事件发生时，网络线程会向套接字绑定的服务发送消息。在图 6-2 中展示了网络模块接收客户端数据的过程：客户端发送数据（阶段①），网络线程捕获到"有新数据"的事件（阶段②），然后网络线程通知对应的服务（阶段③）。

在处理消息时，服务会对不同的消息类型做不同的处理。图 6-3 所示的是当收到网络数据时，服务 2 先调用 read 函数读取消息，再调用 write 函数回应客户端。

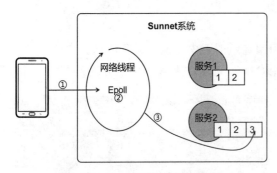

图 6-2　Sunnet 系统的网络模块

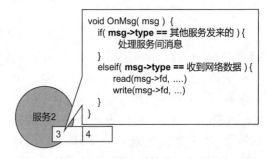

图 6-3　服务根据不同的消息类型做不同的处理

在实现细节上，Sunnet 网络模块与 Skynet 稍有不同。以接收网络数据为例，Skynet 网络线程会读取数据，把二进制数据放到消息中；而 Sunnet 网络线程则不会读写套接字，只是完成事件通知。这种实现方式一方面是出于运行效率的考虑，不读取数据可以减少数据传递时的内存复制；另一方面，在实践中笔者发现，无论底层如何处理，游戏业务层往往还会再做一次封装，每封装一次都会提高性能损耗与学习成本。关于读写数据的注意事项会在 6.5 节详细讲解。

6.1.2 新增两种消息

为了让服务端可以区分"服务间消息"与"网络事件消息"，这里在 5.3.1 节的基础上，新增了 SocketAcceptMsg（有新的客户端连接）和 SocketRWMsg（客户端可读可写）两种消息，其类结构如图 6-4 所示。

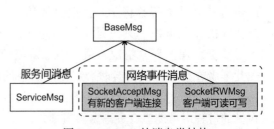

图 6-4　Sunnet 的消息类结构

修改 Msg.h，具体实现如代码 6-1 和代码 6-2 所示。代码 6-1 为 BaseMsg::TYPE 添加了两个枚举值，即 SOCKET_ACCEPT 和 SOCKET_RW，后续的程序将会根据这两个枚举值判断消息的类型。

代码 6-1　include/Msg.h 中修改的内容

```
// 消息基类
class BaseMsg {
public:
    enum TYPE {              // 消息类型
        SERVICE = 1,
        SOCKET_ACCEPT = 2,
        SOCKET_RW = 3,
    };
    ......
};
```

代码 6-2 展示了新增的两个消息类，即 SocketAcceptMsg 和 SocketRWMsg，它们都是 BaseMsg 的子类。SocketAcceptMsg 代表"有新的客户端连接"，属性 listenFd 是监听套接字的描述符，clientFd 是新连入客户端的套接字描述符；SocketRWMsg 代表"某个客户端连接可读可写"，属性 fd 代表发生事件的套接字描述符，isRead 为真代表可读，isWrite 为真代表可写。

代码 6-2　include/Msg.h 中新增的内容

```
// 有新连接
class SocketAcceptMsg : public BaseMsg {
public:
    int listenFd;
    int clientFd;
};

// 可读可写
class SocketRWMsg : public BaseMsg {
public:
    int fd;
    bool isRead = false;
    bool isWrite = false;
};
```

6.1.3　套接字到底是什么

为了后续章节的顺利展开，这里先补充一点基础知识。从操作系统的角度看，套接字是一个 C 语言结构体，用于保存协议、本地地址和远程地址等信息。如图 6-5 所示，操作系统内核会管理所有的套接字（Socket）结构，并向用户返回一个文件描述符。Linux 系统将很多资源都抽象成了文件，包括真实文件（见图 6-5 中的 5 号描述符）、设备（见图 6-5 中的 0 到 2 号描述符）、套接字等，因此用户可以用同一套 API（read、write、close 等）操作它们。

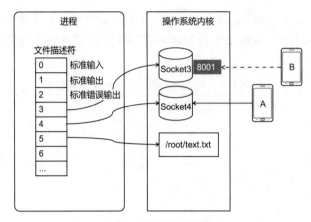

图 6-5 套接字示意图

从服务端的角度看，套接字可分为两种，一种是"监听套接字"，一种是"普通套接字"。服务端开启监听，操作系统会激活一个监听套接字，专门用于接收客户端的连接（图 6-5 中的 3 号 Socket 监听 8001 端口）。当服务端接收（accept）连接时，操作系统会创建一个与客户端对应的普通套接字。在图 6-5 中，客户端 B 连接 8001 端口，在服务端应答后，服务端将变成如图 6-6 所示的状态。客户端 B 连接 8001 端口，服务端接收后，操作系统将创建一个新的普通套接字（见图 6-6 中的 5 号 Socket），代表客户端 B。回到 Sunnet 系统，客户端 B 连接后，网络线程会为开启 8001 监听端口的服务，并发送一条 SOCKET_ACCEPT 类型（对应于 SocketAcceptMsg 对象）的消息，listenFd 为 3，clientFd 为 5。

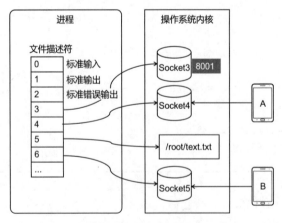

图 6-6 服务端应答后的套接字示意图

所谓"建立连接"，是指双端都准备好套接字的结构体；同理，所谓"断开连接"，是指双端都已销毁套接字的结构体。由于一端的套接字很难感知另一端的状态，因此 TCP 通过"三次握手"和"四次挥手"这两个很复杂的过程，来尽可能地保证双端都处于"准备好"或"已销毁"的状态。

这里为大家布置一个练习题，如图 6-7 所示，如果用剪刀剪断网线，那么请问会发生什么？

思考分割线，请认真思考一番后再往下看答案。

- -

答案是：短时间内没有任何改变。因为双端无法传输信号，无法感知对方，不会做出状态更改。要想验证该答案，也可以在乘车进入隧道前打开网游，看看在没有信号的隧道中，游戏会有什么变化，这与剪断网线的效果一样。

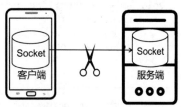

图 6-7　剪掉网线会怎样

6.1.4　模仿 Skynet 的网络线程

按照 6.1.1 节的设计方案，Sunnet 系统将包含一条网络线程和多条工作线程（如图 6-8 所示）。6.1 节主要是做一些准备工作，创建一条空线程，以及编写后续会用到的类，网络功能的实现将放在后面的章节中介绍。

新建文件 SocketWorker.h（如代码 6-3 所示）和 Socket-Worker.cpp（如代码 6-4 所示），编写空的线程对象 Socket-Worker，该线程对象类似于 5.2 节的 worker 线程。

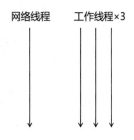

图 6-8　Sunnet 系统的线程

代码 6-3　include/SocketWorker.h

```
#pragma once
using namespace std;

class SocketWorker {

public:
    void Init();        // 初始化
    void operator()();  // 线程函数
};
```

如代码 6-3 所示，SocketWorker 拥有 Init 和 operator() 两个方法。Init 是初始化函数，在系统启动时调用。operator() 是线程函数，每隔一小段时间就会打印一次 "SocketWorker working"，如代码 6-4 所示。

代码 6-4　src/SocketWorker.cpp

```
#include "SocketWorker.h"
#include <iostream>
#include <unistd.h>

// 初始化
void SocketWorker::Init() {
    cout << "SocketWorker Init" << endl;
```

```
}

void SocketWorker::operator()() {
    while(true) {
        cout << "SocketWorker working" << endl;
        usleep(1000);
    }
}
```

Sunnet 系统会管理所有的线程。如图 6-9 所示，Sunnet 通过 workerThreads 引用工作线程，同理，可在 Sunnet 中添加 socketWorker、socketThread 这两个成员，用于引用网络线程，具体实现如代码 6-5 所示。

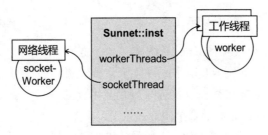

图 6-9　Sunnet 管理所有的线程

代码 6-5　include/Sunnet.h 中新增的内容

```
#include "SocketWorker.h"

class Sunnet {
public:
    ......
private:
    //Socket 线程
    SocketWorker* socketWorker;
    thread* socketThread;
private:
    // 开启 Socket 线程
    void StartSocket();
};
```

代码 6-5 中的 StartSocket 是用于初始化网络功能的方法，具体实现如代码 6-6 所示。与开启 Worker 线程相似，StartSocket 首先会新建 SocketWorker 对象，再调用 Init 进行初始化，然后创建线程。最后，在开启 Sunnet 系统的 Start 方法中调用 StartSocket，如代码 6-7 所示。

代码 6-6　src/Sunnet.cpp 中新增的内容

```
// 开启 Socket 线程
void Sunnet::StartSocket() {
    // 创建线程对象
    socketWorker = new SocketWorker();
    // 初始化
```

```
    socketWorker->Init();
    // 创建线程
    socketThread = new thread(*socketWorker);
}
```

代码 6-7　src/Sunnet.cpp 中修改的内容

```
// 开启系统
void Sunnet::Start() {
    ......
    // 开启 Socket 线程
    StartSocket();
}
```

这样，当系统启动时，Sunnet 就会创建网络线程和工作线程。若对启动流程存在疑问，请参考图 6-10 进行理解。

在图 6-10 中，Start 方法会完成系统的初始化，包括锁的初始化和开启各种线程等。无论是工作线程还是网络线程，它们的主体都是一个循环；主线程完成初始化后会进入等待状态。

编译并运行代码 6-7，将能看到如图 6-11 所示的输出界面，白色字体代表与网络模块有关的输出。程序会先打印出"SocketWorker Init"，然后循环打印"SocketWorker working"，网络线程与工作线程并行运转。

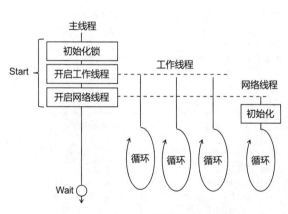

图 6-10　Sunnet 系统的启动流程

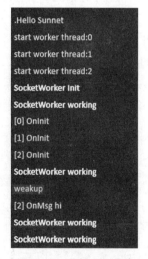

图 6-11　程序运行结果

6.1.5　自定义连接类

本节将完成最后一项准备工作，即自定义连接类。服务端框架通常会进一步封装套接字，以保存一些自定义的套接字状态。自定义连接类的实现如代码 6-8 所示，先新建文件 Conn.h，再编写连接类。

代码 6-8 include/Conn.h

```cpp
#pragma once
using namespace std;

class Conn {
public:
    enum TYPE {                // 消息类型
        LISTEN = 1,
        CLIENT = 2,
    };

    uint8_t type;
    int fd;
    uint32_t serviceId;
};
```

Conn 类与套接字一一对应（如图 6-12 所示），它只有 3 个属性。其中，fd 是对应套接字的描述符；type 代表套接字类型，这里的类型有两种，一种是监听套接字（LISTEN），另一种是普通套接字（CLIENT），每个普通套接字对应于一个客户端。serviceId 代表与套接字 fd 关联的服务。

引入 Conn 类的目的在于套接字结构是由操作系统管理的，开发者无法直接为它添加属性，引入 Conn 类相当于给套接字添加一层封装，让开发者可以自由添加属性。

在 Sunnet 的设计中，一个套接字会关联一个服务。假设图 6-13 中的服务 1 是个网关，由它开启 8001 端口的监听，那么，网络线程会把 Socket3 的事件转发给服务 1。Conn 类的 serviceId 属性会记录套接字所关联的服务。图中 conn 对象的 fd 属性对应于 Socket3，serviceId 属性对应于服务 1，如果有客户端连接 Socket3（假设监听端口为 8001），那么管理 conn 对象的网络线程就会监听到这个事件，并发送 SOCKET_ACCEPT 类型的消息通知服务 1。

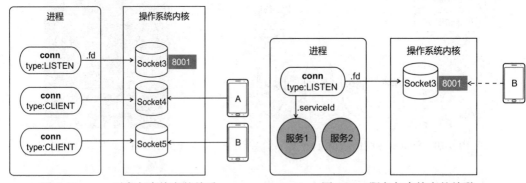

图 6-12　conn 对象与套接字的关系　　　　图 6-13　服务与套接字的关联

Sunnet 系统负责管理所有的连接对象和服务。如图 6-14 所示，Sunnet 系统共分为两大部分，左侧负责处理网络请求，右侧负责实现 Actor 调度，网络线程的任务就是将这两部分关联起来。

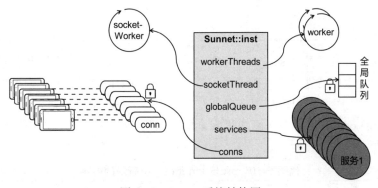

图 6-14　Sunnet 系统结构图

想要实现管理功能，可为 Sunnet 类添加 unordered_map（哈希表）类型的列表 conns，它将以套接字描述符为键，利用智能指针引用 conn 对象，见代码 6-9 和图 6-15。

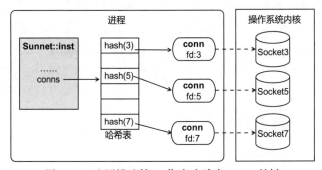

图 6-15　选用描述符 fd 作为哈希表 conns 的键

为 了 管 理 列 表 conns， 还 需 要 定 义 新 增（AddConn）、 查 找（GetConn） 和 删 除（RemoveConn）连接对象的方法。在 AddConn 方法中，参数 fd 代表新增连接的套接字描述符，id 代表它关联的服务 id，type 代表它的类型（监听 / 普通）；GetConn 和 RemoveConn的参数 fd 则代表要操作对象的键。

代码 6-9　include/Sunnet.h 中新增的内容

```
......
#include "Conn.h"

class Sunnet {
public:
    // 增删查 Conn
    int AddConn(int fd, uint32_t id, Conn::TYPE type);
    shared_ptr<Conn> GetConn(int fd);
    bool RemoveConn(int fd);
private:
    //Conn 列表
    unordered_map<uint32_t, shared_ptr<Conn>> conns;
    pthread_rwlock_t connsLock;    // 读写锁
```

```
    ......
};
```

与服务列表一样（关于 services，请回顾 5.5 节），可能会有多个线程同时访问列表 conns。而连接列表的特性是"多读少写"，只有在客户端连接和断开时才会改变列表 conns（如图 6-16 所示），因此使用读写锁来保证线程安全是一种更高效的方法。代码 6-9 中定义的读写锁 connsLock 就是用来保障线程安全的。这里所有的锁都必须初始化后才能使用，如代码 6-10 所示。

代码 6-10　src/Sunnet.cpp 中新增的内容

```cpp
#include <assert.h>

// 开启系统
void Sunnet::Start() {
    ......
    assert(pthread_rwlock_init(&connsLock, NULL)==0);
}
```

代码 6-11 展示了新建连接的方法，它与代码 5-28 "新建服务"相似，都要尽可能地减小临界区（如图 6-17 所示）。新建连接首先是新建 conn 对象，再对它的属性赋值，然后插入 conns 列表中。

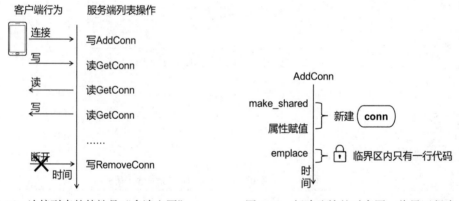

图 6-16　连接列表的特性是"多读少写"　　　图 6-17　新建连接的时序图，临界区很小

代码 6-11　src/Sunnet.cpp 中新增的内容

```cpp
// 添加连接
int Sunnet::AddConn(int fd, uint32_t id, Conn::TYPE type) {
    auto conn = make_shared<Conn>();
    conn->fd = fd;
    conn->serviceId = id;
    conn->type = type;
    pthread_rwlock_wrlock(&connsLock);
    {
        conns.emplace(fd, conn);
```

```
    }
    pthread_rwlock_unlock(&connsLock);
    return fd;
}
```

代码 6-12 展示了查找连接的方法，它与代码 5-29 "查找服务" 相似。查找连接时，如果找到描述符 fd 对应的连接对象，则会返回对象的智能指针；如果对象不存在，则返回 NULL。

代码 6-12　src/Sunnet.cpp 中新增的内容

```
// 通过 id 查找连接
shared_ptr<Conn> Sunnet::GetConn(int fd) {
    shared_ptr<Conn> conn = NULL;
    pthread_rwlock_rdlock(&connsLock);
    {
        unordered_map<uint32_t, shared_ptr<Conn>>::iterator iter = conns.find (fd);
        if (iter != conns.end()){
            conn = iter->second;
        }
    }
    pthread_rwlock_unlock(&connsLock);
    return conn;
}
```

代码 6-13 展示了删除连接的方法，它与代码 5-30 "删除服务" 相似。两者唯一的区别是，在删除连接时，RemoveConn 会返回一个布尔值，如果操作成功则返回 true，如果操作失败（对象不存在），则返回 false。

代码 6-13　src/Sunnet.cpp 中新增的内容

```
// 删除连接
bool Sunnet::RemoveConn(int fd) {
    int result;
    pthread_rwlock_wrlock(&connsLock);
    {
        result = conns.erase(fd);
    }
    pthread_rwlock_unlock(&connsLock);
    return result == 1;
}
```

至此，准备工作全部完成！大家可以在 main.cpp 中添加一些测试代码，以验证连接对象的增、删、查功能。

6.2　半小时搞懂 Epoll 的用法

经过 6.1 节做的准备工作，我们已经对网络连接了然于心。1.2.3 节仅用十余行 Node.js 代码就搭建起一台简单服务器；2.4 节借助 Skynet，也仅用十余行代码就完成了 Echo 程序。

能用这么少量的代码完成功能，是因为 Node.js 和 Skynet 都很好地封装了操作系统的网络功能。图 6-18 展示了一种网络事件模型，在此模型中，当客户端连接时调用的是 OnConnect 方法，当客户端发来数据时调用的是 OnData 方法。

事件模型的实现并不简单，如果深究底层，则会发现它依赖于操作系统提供的多路复用功能。"多路复用"这一概念来自电信领域，通俗地讲，是指用一条电缆传递多路信号。在服务端领域，"多路复用"是指使程序能够同时处理多个客户端连接的技术，其中又以 Epoll 最为流行。

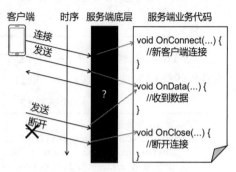

图 6-18 网络事件模型

回顾图 6-2，Sunnet 网络模块就是要实现一个事件模型，它的地位相当于图 6-18 中的"服务端底层"，如图 6-19 所示，当网络线程检测到事件时，会向服务发送消息。具体来说就是，网络线程检测客户端连接，如果发生"有新连接""有数据"等事件，则发送 6.1.2 节所定义的消息，以通知服务。

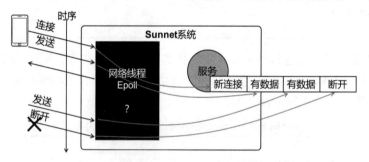

图 6-19 Sunnet 网络线程就是一个事件模型

6.2.1 从轮询说起

轮询是一种最简单的多路复用机制，以接收数据为例，指的是网络线程循环不断地、非阻塞地读取数据，若有数据则进行处理，若没有数据则跳过。在图 6-20 中，网络线程就在循环不断地尝试读取所有连接它的客户端。

每种方法都有其适用的场景，轮询适用于大部分客户端都在高频率发消息的场合。

对于游戏服务端来说，轮询的效率很低。一个游戏服务端通常连接着成百上千的客户端，而某一时刻可能只有少数客户端在发消息，对于单个客户端，服务端读不到数据的概率较大，因此会造成CPU 算力的浪费。如图 6-21 所示，服务端连接着

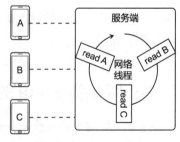

图 6-20 轮询示意图

13 台客户端，在某一时刻，只有 2 台客户端（图中标注为"发"的手机）在发送消息，有效读取的概率只有 2/13（图中深色背景的"read"）

好在 Linux 系统提供了 Epoll 和 Select 等方法可以提高效率，具体做法是让线程阻塞，当有任何一个客户端发来消息时，再唤醒线程，并告知线程是哪些客户端发来的消息。本节将介绍如何使用 Epoll，并为 Sunnet 添加相关的功能。如图 6-22 所示，Epoll 和 Select 方法都包含了一个等待方法（图中的 wait），执行该方法后，线程会阻塞，直到有客户端发来数据。假设有两个客户端（图 6-22 中标注为"发"的手机）发来数据，操作系统会唤醒线程，并通过某种方法（比如，wait 的返回值和参数）告诉应用程序已收到消息的套接字描述符。就这样，程序可以有效读取特定客户端发送的消息（图 6-22 中只有两个"read"且都是有效读取），而无须像图 6-21 那样，做很多无用功（即无效读取）。

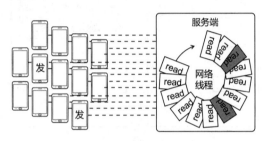

图 6-21　游戏场景下的轮询示意图

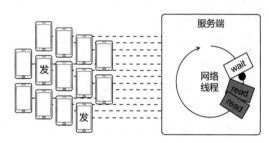

图 6-22　Epoll 和 Select 的示意图

6.2.2　创建 epoll 对象

使用 Epoll 的第一步当然是创建一个 epoll 对象，在代码 6-14 中，首先会在网络线程（SocketWorker）中定义 int 类型的 epollFd，用于保存 epoll 对象的描述符。代码 6-14 展示了 SocketWorker 的全貌，大家可以先依样写入 AddEvent 等方法，后面用到这些方法时会进行详细解释。另外，要想正常使用 Epoll 功能，程序需要包含头文件 sys/epoll.h。

代码 6-14　include/SocketWorker.h

```cpp
#pragma once
using namespace std;
#include <sys/epoll.h>
#include <memory>
#include "Conn.h"

class SocketWorker {
private:
    //epoll 描述符
    int epollFd;
public:
    void Init();        // 初始化
    void operator()();  // 线程函数
public:
```

```
        void AddEvent(int fd);
        void RemoveEvent(int fd);
        void ModifyEvent(int fd, bool epollOut);
    private:
        void OnEvent(epoll_event ev);
        void OnAccept(shared_ptr<Conn> conn);
        void OnRW(shared_ptr<Conn> conn, bool r, bool w);
    };
```

epoll_create 是创建 epoll 对象的方法，就如 Socket 对象一样，epoll 对象也是由操作系统管理的（如图 6-23 所示），用户可以使用系统提供的 API 来操作它。如果创建成功，则 epoll_create 返回 epoll 对象的描述符；如果创建失败，则返回 −1。

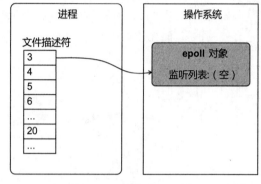

图 6-23　创建 epoll 对象

如代码 6-15 所示，我们在网络线程初始化时会调用 epoll_create 方法，这样，Sunnet 系统启动时，就会创建 epoll 对象。epoll_create 方法带有一个参数，自 Linux 2.6.8 之后（2004 年发布），该参数已不再具有实际意义，填写一个大于 0 的数即可。在这里，大家可以编译并运行程序，把 epollFd 的值打印出来，以确保代码的正确性。

代码 6-15　src/SocketWorker.cpp 中新增的内容

```
#include <assert.h>

// 初始化
void SocketWorker::Init() {
    cout << "SocketWorker Init" << endl;
    // 创建 epoll 对象
    epollFd = epoll_create(1024); // 返回值：非负数表示成功创建的 epoll 对象的描述符，-1
        表示创建失败
    assert(epollFd > 0);
}
```

6.2.3　直观理解监听列表

epoll 对象管理着一个监听列表，用户可以通过系统提供的 API 添加、修改、删除监听列表的内容。如图 6-24 所示，epoll 对象监听了两个套接字，其描述符分别是 5 和 6。监听列表里若有任何一个元素发生事件（如收到数据、可写、发生错误等），操作系统就会通知进程。

SocketWorker 的 AddEvent、RemoveEvent 和 ModifyEvent 三个函数的功能分别对应于

新增、删除和修改 epoll 对象监听列表的方法，它们是系统提供的 API——epoll_ctl 的封装。AddEvent 的实现如代码 6-16 所示，其中，参数 fd 代表要监听的套接字描述符。

代码 6-16　src/SocketWorker.cpp 中新增的内容

```cpp
#include <string.h>

// 注意跨线程调用
void SocketWorker::AddEvent(int fd) {
    cout << "AddEvent fd " << fd << endl;
    // 添加到 epoll 对象
    struct epoll_event ev;
    ev.events = EPOLLIN | EPOLLET;
    ev.data.fd = fd;
    if (epoll_ctl(epollFd, EPOLL_CTL_ADD, fd, &ev) == -1) {
        cout << "AddEvent epoll_ctl Fail:" << strerror(errno) << endl;
    }
}
```

epoll_ctl 是修改 epoll 对象监听列表的方法，因为参数很复杂，直接使用很不方便，所以我们定义了 AddEvent、RemoveEvent 和 ModifyEvent 三个方法。epoll_ctl 的第 1 个参数代表要操作的 epoll 对象；第 2 个参数代表要执行的操作，可能的取值有：EPOLL_CTL_ADD（新增）、EPOLL_CTL_MOD（修改）、EPOLL_CTL_DEL（删除）等，第 3 个参数代表要操作的文件描述符（Socket）。如果调用成功，则 epoll_ctl 返回 0，否则返回 -1。epoll_ctl 的第 4 个参数比较复杂，稍后会专门进行介绍。

图 6-25 展示了在图 6-24 的基础上调用 AddEvent(20) 后发生的变化，即把描述符为 20 的套接字添加到监听列表中。

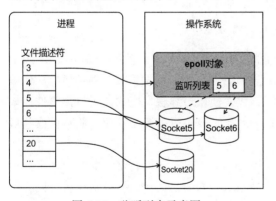

图 6-24　监听列表示意图

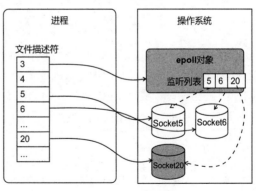

图 6-25　新增描述符

将 epoll_ctl 的第 2 个参数改为 EPOLL_CTL_DEL 即代表删除，RemoveEvent 的实现如代码 6-17 所示。在图 6-25 的基础上调用 RemoveEvent(20) 后，程序会回到图 6-24 所示的状态。

代码 6-17 src/SocketWorker.cpp 中新增的内容

```
// 跨线程调用
void SocketWorker::RemoveEvent(int fd) {
    cout << "RemoveEvent fd " << fd << endl;
    epoll_ctl(epollFd, EPOLL_CTL_DEL, fd, NULL);
}
```

可能有人会觉得 Epoll 很难用好,产生这种想法的一个很重要的原因是没能彻底理解 epoll_ctl。就如同 TCP 的设计一样,协议设计之初所关注的是功能的灵活性,而不太考虑易用性。epoll_ctl 虽然只有 4 个参数,却包含了 6 个选项,如图 6-26 所示。

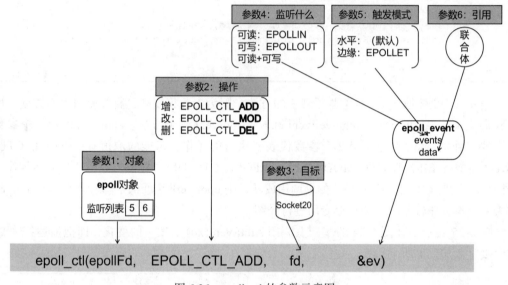

图 6-26 epoll_ctl 的参数示意图

epoll_ctl 的第 4 个参数是一个 epoll_event 类型的结构体,它分为 events 和 data 两部分,主要用于控制监听的行为。events 又包含"监听什么"和"触发模式"两种属性。代码 6-16 将 events 设置成"EPOLLIN | EPOLLET",代表使用边缘触发模式监听可读事件;如果设置成"EPOLLIN | EPOLLOUT | EPOLLET",则代表使用边缘触发模式监听可读和可写事件。

代码 6-18 展示了修改监听事件的方法 ModifyEvent,参数 fd 代表要改变的套接字描述符,参数 epollOut 代表是否监听它的写事件。如果 epollOut 为真,则 epoll 对象将会同时监听可读(EPOLLIN)和可写(EPOLLOUT)事件,否则就只监听可读事件。

代码 6-18 src/SocketWorker.cpp 中新增的内容

```
// 跨线程调用
void SocketWorker::ModifyEvent(int fd, bool epollOut) {
    cout << "ModifyEvent fd " << fd << " " << epollOut << endl;
    struct epoll_event ev;
```

```
        ev.data.fd = fd;

        if(epollOut){
            ev.events = EPOLLIN | EPOLLET | EPOLLOUT;
        }
        else
        {
            ev.events = EPOLLIN | EPOLLET ;
        }
        epoll_ctl(epollFd, EPOLL_CTL_MOD, fd, &ev);
    }
```

在 events 部分添加"EPOLLET",代表使用边缘触发模式;若不添加,则代表使用默认的水平触发模式;Sunnet 系统使用的是边缘触发模式,6.2.6 节会详细解释两种触发模式的不同。

epoll_event 的 data 部分可由用户自由传递,语句"ev.data.fd = fd"的功能是保存套接字的描述符。接下来,我们先学习一些更重要的知识,再回过头看"data 的作用"。

6.2.4　最重要的步骤:等待

epoll_wait 是 Epoll 多路复用最重要的 API。如果 epoll 对象所监听的元素暂无事件,那么线程会阻塞,直到某一事件发生;如果 epoll 对象所监听的文件有事件发生,那么 epoll_wait 将立即返回。如图 6-27 所示,假设 epoll 对象监听着两个套接字的读事件,且它们的读缓冲区都有数据(图中的"a"和"go"),这时调用 epoll_wait,它会立即返回,走标记为"有"的分支,返回值为 2(该返回值表示事件的数量)。

如果两个套接字的数据全部读取完毕,那么操作系统将会调用 epoll_wait 阻塞线程,如图 6-28 所示。当没有事件发生时,epoll_wait 就会进入休眠状态。

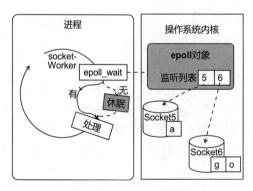
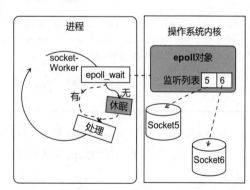

图 6-27　epoll_wait 示意图　　　　图 6-28　epoll_wait 休眠示意图

当客户端发送数据时,操作系统会唤醒线程。如图 6-29 所示,5 号 Socket 对应的客户端发送了数据"dog",epoll_wait 会返回 1。当事件发生时,系统会唤醒线程。

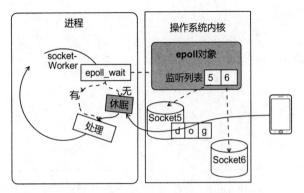

图 6-29   epoll_wait 唤醒示意图

Sunnet 网络线程的任务，归根到底就是循环调用 epoll_wait 方法。如代码 6-19 所示，在 SocketWorker 的线程循环里，调用 epoll_wait 方法，当 epoll_wait 返回时，说明有事件发生，然后在 for 循环中处理这些事件。返回值 eventCount 代表事件的个数，OnEvent 是处理单个事件的方法，后续会进一步填充它。

代码 6-19   src/SocketWorker.cpp 中修改的内容

```cpp
void SocketWorker::OnEvent(epoll_event ev) {
    cout << "OnEvent" << endl;
}

void SocketWorker::operator()() {
    while(true) {
        //阻塞等待
        const int EVENT_SIZE = 64;
        struct epoll_event events[EVENT_SIZE];
        int eventCount = epoll_wait(epollFd , events, EVENT_SIZE, -1);
        //取得事件
        for (int i=0; i<eventCount; i++) {
            epoll_event ev = events[i]; // 当前要处理的事件
            OnEvent(ev);
        }
    }
}
```

与 epoll_ctl 一样，epoll_wait 的参数也比较复杂，图 6-30 直观地展示了其参数的含义。

epoll_wait 的第 1 个参数 epollFd 代表要关联的 epoll 对象结构，与 epoll_ctl 的第 1 个参数一样。

epoll_wait 的第 2 个参数用于指定一个 epoll_event 类型的数组，第 3 个参数用于指定该数组的长度。代码 6-19 定义了一个长度为 64 的数组 events，并传递给 epoll_wait 的第 2 个和第 3 个参数。如果有事件发生，那么 epoll_wait 会将事件的内容存放到第 2 个参数指定的数组中，供后续获取。在图 6-30 中，会向 epoll_wait 传入长度为 4 的 epoll_event 数组，如果 epoll_wait 检测到有两个事件发生（对应于图 6-27），那么它会填充 events 数组的前两个元素，并返回 2。第 3 个参数保证了 epoll_wait 不会填充大于数组长度的元素，如果同时有 5 个事件发生，那么 epoll_wait 最多会返回 4，下次调用时再返回第 5 个事件。

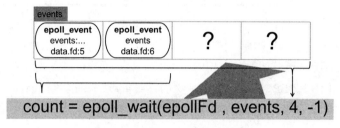

图 6-30　epoll_wait 参数示意图

epoll_wait 的第 4 个参数是超时时间，-1 代表 epoll_wait 会陷入等待，直到有事件发生。

在代码 6-19 中，我们把 epoll_event 类型的对象作为参数传递给 OnEvent 方法。epoll_event 对象包含两个属性（请回顾图 6-26），第 1 个属性 events 代表所发生的事件类型，可能是可读事件（EPOLLIN）、可写事件（EPOLLOUT）或发送错误（EPOLLERR）等，第 2 个属性 data 可由用户自由传递，它的结构是一个联合体，如代码 6-20 所示，在 epoll_ctl 中，我们使用其中的 int 类型（fd）保存文件描述符，以便在 epoll_wait 返回后，系统能够知道是哪个套接字发送了事件。

代码 6-20　epoll_data 结构体

```
union epoll_data {
    void      *ptr;
    int       fd;
    uint32_t  u32;
    uint64_t  u64;
}
```

此时的 Sunnet 半成品已经可以通过编译了，大家可以先尝试下，在编译通过后再学习下面的内容。

尽管 epoll_ctl 只添加了对可读（EPOLLIN）和可写（EPOLLOUT）事件的监听，但 epoll 对象还会默认监听错误事件。epoll_wait 填充的结构体，可能还会包含很多事件，常见的事件如表 6-1 所示。

表 6-1　epoll_wait 输出的事件

事　件	说　　明
EPOLLET	表示对应的文件描述符有事件发生
EPOLLIN	表示对应的文件描述符可以读
EPOLLOUT	表示对应的文件描述符可以写
EPOLLERR	表示对应的文件描述符发生了错误

（续）

事　　件	说　　明
EPOLLPRI	表示对应的文件描述符有紧急的数据可读
EPOLLHUP	表示对应的文件描述符被挂断

虽然类型很多，但事件之间存在重叠，如果文件可读，那么 events 会设置为（EPOLLIN | EPOLLET），其中的"|"表示"或运算"，代表两种事件的组合。当发生错误时，epoll_wait 会填充（已监听事件 | EPOLLERR）（参考图 6-31）。总而言之，大多数错误类型会伴随 EPOLLIN 或 EPOLLET 出现，我们只需重点关注这两种事件即可。需要特别注意的是，当收到 EPOLLIN 或 EPOLLOUT 时，既有可能代表的是可读或可写，也有可能代表发生了错误。

可读	可写	发生错误	同时可读可写
☑EPOLLET	☑EPOLLET	☑EPOLLET	☑EPOLLET
☑EPOLLIN	EPOLLIN	☑EPOLLIN	☑EPOLLIN
EPOLLOUT	☑EPOLLOUT	☑EPOLLOUT	☑EPOLLOUT
EPOLLERR	EPOLLERR	☑EPOLLERR	EPOLLERR

图 6-31　监听（EPOLLET|EPOLLIN|EPOLLOUT）时套接字事件对应的 epoll 事件

假如一个套接字同时发生了多种事件，比如同时可读可写，那么 epoll 对象只会填充一个结构，并在 events 中组合多种事件。

6.2.5　监听对象的生命周期

epoll_ctl 将可读事件和可写事件分开，是出于性能的考量，因为监听的事件越少，性能就会越高。一般情况下，只需要关注可读事件即可，只有在"消息发送失败"后，才需要关注可写事件。所以在代码 6-16 中添加监听元素时，只监听了可读事件。

对于一个客户端连接，服务端会不停地更改要监听的事件，以求达到最高性能，图 6-32 展示了高性能服务端的一般处理方法。客户端连接后，服务端会把对应的套接字添加到 epoll 对象监听列表中，用以监听可读事件（图 6-32 中的阶段①）；之后客户端发送消息，epoll 对象会发出通知。

套接字的写操作，是指把数据写入套接字的发送缓冲区。此后，操作系统会完成重传、确认等功能。对于上层应用，只要把数据写到缓冲区，就会返回成功，由于写缓冲区一般都很大，因此大概率都能成功发送。但如果写缓冲区将满，则程序只能将部分数据（非阻塞模式下）写到缓冲区，这会导致发送内容不完整。如果发现发送不完整，就要监听写事件（图 6-32 中的阶段②），一旦写缓冲区有空余，epoll 对象就会发出通知，让用户重发尚未发出的那一部分数据。在重发成功后，可以只监听读事件（图 6-32 中的阶段③），以提高效率。

最后，在客户端断开连接后，服务端也要删除对应的套接字事件（图 6-32 中的阶段④）。

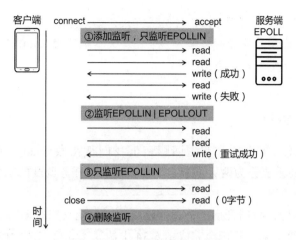

图 6-32　监听事件随时间变化

6.2.6　水平触发和边缘触发

epoll 对象支持水平触发和边缘触发两种模式（Sunnet 系统默认使用边缘触发模式），两者的区别是：使用水平触发模式时，如果没有一次性完成读写操作，那么下次调用 epoll_wait 时，操作系统还会发出通知；如果使用边缘触发模式，那么操作系统只会通知一次。

如图 6-33 所示，服务端监听了 Socket20 的可读事件，并调用 epoll_wait 进入等待状态。某一时刻，客户端发送了"welove"6 个字符，服务端程序被唤醒，但只读取了前 3 个字符，Socket20 的读缓冲区还剩有"ove"3 个字符未读取。如果使用水平触发模式，那么下次调用 epoll_wait 时，它会立即返回，并告知 Socket20 有可读事件；如果使用边缘触发模式，那么程序将进入休眠状态，当客户端再次发送数据，如发送"lpy"，Socket20 的缓冲区就变成了"ovelpy"。新数据到达时，无论使用的是水平触发模式还是边缘触发模式，epoll 对象都会唤醒服务端。

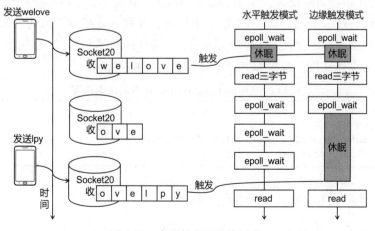

图 6-33　水平触发和边缘触发

💡 **知识拓展**：本节主要讲解了 Epoll 的使用方法，如果大家想要更深入地了解 Epoll 的底层实现，欢迎参考笔者的文章《如果这篇文章说不清 Epoll 的本质，那就过来掐死我吧！》，网上很容易搜索到。

6.3 打开监听端口

继续开发 Sunnet 系统之前，首先回顾一下我们正在做什么，以及将要做什么。如图 6-34 所示，Sunnet 系统分为两大部分，一部分是处理任务调度的工作线程，另一部分是分发网络事件的网络线程。

在前几节的实践中，我们开启了一条网络线程，并让它拥有多路复用功能（图 6-34 中的①②两个阶段）。接下来，我们会完成图 6-34 中的③④⑤这三个阶段。在阶段③中，"指令"会编写操作网络线程的一些功能，比如，开启网络监听、关闭连接等。阶段④会完成"事件分发"功能，当套接字可读或可写时，网络线程会向服务发送消息。阶段⑤将介绍读写数据、关闭连接的一些注意事项。

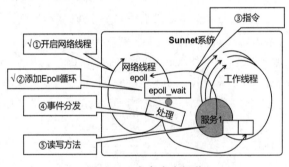

图 6-34　本章内容概览

现在我们开始完成阶段③，在 Sunnet.h 中添加如代码 6-21 所示的两个方法。Listen 是用于开启监听的方法，一般会在网关服务中使用，参数 port 代表要监听的端口，serviceId 代表所关联的服务 id，当监听端口接收新连接时，网络线程会通知所关联的服务。CloseConn 代表关闭连接，参数 fd 用于指定要关闭的套接字。

代码 6-21　include/Sunnet.h 中新增的内容

```
public:
    // 网络连接操作接口
    int Listen(uint32_t port, uint32_t serviceId);
    void CloseConn(uint32_t fd);
```

6.3.1　三个 API：socket、bind 和 listen

开启监听需要经历 socket（创建 socket 结构）、bind（绑定端口）、listen（开启监听）三个步骤，每个步骤对应于一个 API（如图 6-35 所示），若要配合 epoll，则还需将监听套接字添加到 epoll 结构中。

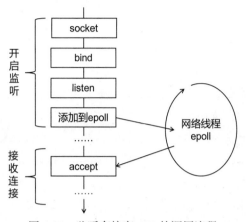

图 6-35 监听套接字 API 的调用流程

若要将监听应用到 Sunnet 系统上，则还需要增加"设置非阻塞"和"添加到管理结构"这两个步骤。具体操作如代码 6-22 所示，虽然代码段看上去有点长，但结构很清晰。

代码 6-22 src/Sunnet.cpp 中新增的内容

```cpp
#include <unistd.h>
#include <fcntl.h>
#include <sys/socket.h>
#include <netinet/in.h>
#include <arpa/inet.h>


int Sunnet::Listen(uint32_t port, uint32_t serviceId) {
    // 步骤1: 创建socket
    int listenFd = socket(AF_INET, SOCK_STREAM, 0);
    if(listenFd <= 0){
        cout << "listen error, listenFd <= 0" << endl;
        return -1;
    }
    // 步骤2: 设置为非阻塞
    fcntl(listenFd, F_SETFL, O_NONBLOCK);
    // 步骤3: bind
    struct sockaddr_in addr;    // 创建地址结构
    addr.sin_family = AF_INET;
    addr.sin_port = htons(port);
    addr.sin_addr.s_addr = htonl(INADDR_ANY);
    int r = bind(listenFd, (struct sockaddr*)&addr, sizeof(addr));
    if( r == -1){
        cout << "listen error, bind fail" << endl;
        return -1;
    }
    // 步骤4: listen
    r = listen(listenFd, 64);
```

```
    if(r < 0){
        return -1;
    }
    // 步骤 5：添加到管理结构
    AddConn(listenFd, serviceId, Conn::TYPE::LISTEN);
    // 步骤 6：epoll 事件，跨线程
    socketWorker->AddEvent(listenFd);
    return listenFd;
}
```

代码 6-22 的要点说明具体如下。

1）先调用 socket 函数创建 Socket 结构体（步骤 1），然后将 Socket 设置为非阻塞模式（步骤 2）。套接字默认是阻塞模式，在调用 read、write 等 API 时，如果读缓冲区没有数据，那么 read 方法会阻塞直到缓冲区有数据；如果写缓冲区容量不够，那么 write 方法也会阻塞，直到空出足够的空间。设置成非阻塞模式后，如果缓冲区没有数据，那么 read 方法会返回错误（即返回 −1），并且设置 errno 为 EAGAIN；如果写缓冲区容量不够，那么 write 方法会返回已写入的字节数，而不会阻塞并等待全部写完。

2）由于一些历史原因，代表监听地址的 sockaddr_in 结构较为复杂（步骤 3），大家只需要记住 INADDR_ANY 代表接收任意连接即可；port 代表要监听的端口，通过 htons 做格式转换后可为 addr.sin_port 赋值。

3）listen 的第 2 个参数代表"未完成队列的大小"，由于 TCP 三次握手需要时间，这个数值代表可以容纳的同时正在进行三次握手的连接数，将其设置成 64 足够应对大部分情况（步骤 4）。

4）创建 Socket 后，程序还调用了 AddConn（请回顾 6.1.5 节），它的功能是创建一个 conn 对象，并添加到 Sunnet 的 conns 列表中；又调用了 AddEvent 添加 epoll 事件。图 6-36 展示了这些调用的目的，程序既保证了 Sunnet 的 conns 列表与 Socket 是一一对应的，又保证了所有连接都能添加到 epoll 对象的监听列表中。同样，后续的删除连接也意味着需要同时删除 conn 对象、Socket 结构和取消 epoll 对象的监听。

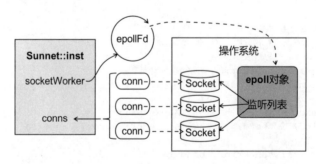

图 6-36 conn 对象、Socket、epoll 对象监听的对应关系

6.3.2 如何保障线程安全

服务是处理业务逻辑的地方，用户会在服务的回调方法中调用 Listen 等方法，这就意味着这些方法将在工作线程中执行。图 6-37 展示了网关服务的一种编写方法，在服务初始化方法中开启监听，当有新消息时，网络线程会通知服务；当客户端断开时，就由该服务调用 CloseConn（6.3.3 节将介绍该函数的具体实现）关闭连接。

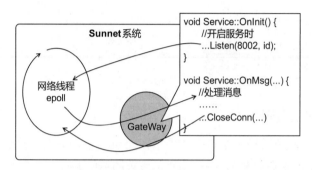

图 6-37　在服务初始化方法中开启监听的编写方法

由于可能会有多个线程同时读写 conns 列表，因此必须保障它的线程安全，6.1.5 节已经给 conns 列表加了锁。除此之外，多个线程还可能会同时操作 epoll 对象的监听列表，操作系统会保证 epoll_wait、epoll_ctl 等 API 的线程安全。除了 conns 列表和 epoll 对象，Listen 方法未使用任何会发生改变的全局变量，因此它是线程安全的。

如果不依赖 epoll_wait、epoll_ctl 等 API 的线程安全性，则可以建立一条消息队列，让工作线程向队列中写入消息，再由网络线程不断读取它。Skynet 使用管道作为工作线程与网络线程的通信中介（如图 6-38 所示），以保障线程安全。

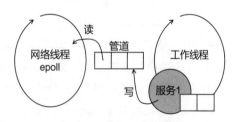

图 6-38　Skynet 使用管道作为消息队列

假定用户能够保证不会出现多个服务同时操作一个套接字的情况，这样便能保证不会出现多个线程同时操作一个套接字的问题。只要服务端结构合理，很容易就能得到保证，就像第 3 章介绍的网关服务一样，特定端口的连接全都由一个网关负责读写。

6.3.3 关闭连接

与代码 6-22 相反，代码 6-23 展示了关闭连接的方法 CloseConn，该方法将实现如下三件事情。

1）删除 conn 对象。

2）关闭套接字。

3）删除 epoll 对象对套接字的监听。

代码 6-23   src/Sunnet.cpp 中新增的内容

```cpp
void Sunnet::CloseConn(uint32_t fd) {
    // 删除 conn 对象
    bool succ = RemoveConn(fd);
    // 关闭套接字
    close(fd);
    // 删除 epoll 对象对套接字的监听（跨线程）
    if(succ) {
        socketWorker->RemoveEvent(fd);
    }
}
```

根据 6.3.2 节的分析，我们可以得知 CloseConn 也是线程安全的。

6.3.4   测试：感知新连接

写了这么多代码，先运行一遍看看效果！在 main.cpp 中编写一个临时测试方法（代码 6-24），开启 8001 端口监听，然后等待 15 秒，再关闭监听套接字。

代码 6-24   src/main.cpp

```cpp
#include <unistd.h>

int TestSocketCtrl() {
    int fd = Sunnet::inst->Listen(8001, 1);
    usleep(15*100000);
    Sunnet::inst->CloseConn(fd);
}
```

调用测试方法，编译并运行服务端。

打开客户端发起连接（命令行：telnet 127.0.0.1 8001），服务端将呈现如图 6-39 所示的输出结果。

服务端运行到 Listen 时，添加了一个 epoll 对象监听，打印出 "AddEvent fd 4"；在客户端连接时，会触发 epoll 事件，打印出 "OnEvent"；在调用 CloseConn 关闭时，会移除 epoll 监听，打印出 "RemoveEvent fd 4"。

图 6-39   代码 6-24 的运行结果

6.4   网络事件分发

网络线程检测到事件发生时，需要进行相应的处理。例如，感应到某个套接字可读时，就要向关联的服务发送消息，通知服务去读取数据。如图 6-40 所示，网络线程检测到 20 号套接字可读，就给服务 2（假设服务 2 与 20 号套接字相关联）发送消息，然后服务 2 调用 read 读取数据。

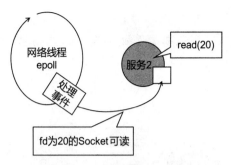

图 6-40　网络线程处理事件

6.4.1　拆分事件

回顾 6.2.4 节，epoll_wait 事件可以分为多种类型。在这里我们定义 OnAccept 和 OnRW 两个方法来处理不同的情形，如代码 6-25 所示，当监听套接字发生可读事件时，进入 OnAccept；当普通套接字发生可读可写事件时，进入 OnRW。

代码 6-25　src/SocketWorker.cpp 中修改的内容

```cpp
// 处理事件
void SocketWorker::OnEvent(epoll_event ev){
    int fd = ev.data.fd;
    auto conn = Sunnet::inst->GetConn(fd);
    if(conn == NULL){
        cout << "OnEvent error, conn == NULL" << endl;
        return;
    }
    // 事件类型
    bool isRead = ev.events & EPOLLIN;
    bool isWrite = ev.events & EPOLLOUT;
    bool isError = ev.events & EPOLLERR;
    // 监听 socket
    if(conn->type == Conn::TYPE::LISTEN){
        if(isRead) {
            OnAccept(conn);
        }
    }
    // 普通 socket
    else {
        if(isRead || isWrite) {
            OnRW(conn, isRead, isWrite);
        }
        if(isError){
            cout << "OnError fd:" << conn->fd << endl;
        }
    }
}
```

图 6-41 展示了代码 6-25 的分支。套接字分为"监听套接字"和"普通套接字"，它们

有着不同的功能；epoll 事件分为"可读""可写"和"发生错误"三种类型，处理方式各不相同。图 6-41 中，格子分成了深色和浅色两大类，深色格子是我们需要关注的部分。浅色格子代表不会发生，或者它们会伴随着其他事件发生（比如"出错"会伴随着"可读"出现），无须特别关注。

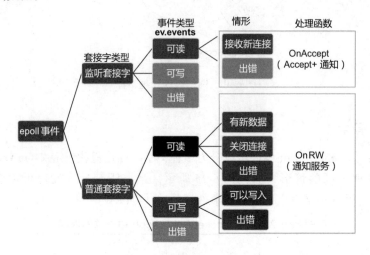

图 6-41 epoll 事件分支图

我们会在"可读"和"可写"事件中关注错误情形，而不必专门关注错误事件，只需要打印一条日志即可。

6.4.2 接收新客户端

回顾 6.3.4 节，在当前的系统中，新客户端连接时，服务端可以捕获到事件发生，但未进行处理。下面编写 OnAccept 方法（见代码 6-26），接收新连接，并通知相关联的服务。

代码 6-26 src/SocketWorker.cpp 中新增的内容

```cpp
#include <Sunnet.h>
#include <fcntl.h>
#include <sys/socket.h>

void SocketWorker::OnAccept(shared_ptr<Conn> conn) {
    cout << "OnAccept fd:" << conn->fd << endl;
    // 步骤 1：accept
    int clientFd = accept(conn->fd, NULL, NULL);
    if (clientFd < 0) {
        cout << "accept error" << endl;
    }
    // 步骤 2：设置非阻塞
    fcntl(clientFd, F_SETFL, O_NONBLOCK);
    // 步骤 3：添加连接对象
    Sunnet::inst->AddConn(clientFd, conn->serviceId, Conn::TYPE::CLIENT);
    // 步骤 4：添加到 epoll 监听列表
```

```
struct epoll_event ev;
ev.events = EPOLLIN | EPOLLET;
ev.data.fd = clientFd;
if (epoll_ctl(epollFd, EPOLL_CTL_ADD, clientFd, &ev) == -1) {
    cout << "OnAccept epoll_ctl Fail:" << strerror(errno) << endl;
}
// 步骤5: 通知服务
auto msg= make_shared<SocketAcceptMsg>();
msg->type = BaseMsg::TYPE::SOCKET_ACCEPT;
msg->listenFd = conn->fd;
msg->clientFd = clientFd;
Sunnet::inst->Send(conn->serviceId, msg);
}
```

虽然代码 6-26 看上去比较长，但它其实只是五个步骤的堆叠，图 6-42 的"接收连接"部分展示了代码 6-26 的部分功能。

当收到客户端连接时（图 6-42 中的阶段②），先调用 accept 接收它（代码 6-26 中的步骤 1），这时操作系统内核会创建一个新的套接字结构，代表该客户端连接，并返回它的文件描述符（代码 6-26 中的 clientFd）。

Sunnet 系统要保证套接字结构、连接对象（conns）和 epoll 对象监听列表的一致性（回顾 6.3.1 节），既然是由操作系统创建套接字，那么对应的 Sunnet 系统就要创建一个 conn 对象（图 6-42 中的阶段③，代码 6-26 中的步骤 3），然后把它添加到 epoll 监听列表中（图 6-42 中的阶段④，代码 6-26 中的步骤 4）。我们认为监听网络的服务会处理它所接收的连接，在 AddConn 方法中，设置新连接对象所关联的服务就是监听套接字所关联的服务。

最后，新建一条 SOCKET_ACCEPT 类型的消息，通知监听套接字所关联的服务（图 6-42 中的阶段⑤，代码 6-26 中的步骤 5）。

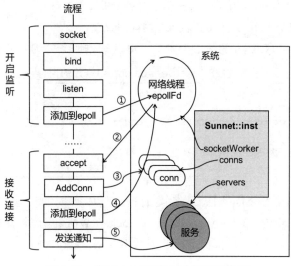

图 6-42　代码 6-26 所实现功能的示意图

6.4.3 传递可读写事件

对于普通套接字的"可读"和"可写"事件（请回顾图 6-41），我们可以创建一条
SOCKET_RW 类型的消息，设置 isRead 和 isWrite 等属性，然后通知对应的服务，具体实
现如代码 6-27 所示。设计上，Sunnet 系统底层只负责读写事件的通知，至于 OnRW 下的五
种情形，则会交给业务层进行处理，具体细节将在 6.4.4 节再做讨论。

代码 6-27　src/SocketWorker.cpp 中新增的内容

```cpp
void SocketWorker::OnRW(shared_ptr<Conn> conn, bool r, bool w) {
    cout << "OnRW fd:" << conn->fd << endl;
    auto msg= make_shared<SocketRWMsg>();
    msg->type = BaseMsg::TYPE::SOCKET_RW;
    msg->fd = conn->fd;
    msg->isRead = r;
    msg->isWrite = w;
    Sunnet::inst->Send(conn->serviceId, msg);
}
```

6.4.4 测试：Echo 程序

至此，我们终于完成了 Sunnet 系统的网络调度功
能。在 C++ 层，Sunnet 拥有与 Skynet 相似的核心功
能。第 2 章中，我们以 Echo 作为学习 Skynet 网络功能
的示例，这里我们也来编写 Sunnet 版的 Echo 程序（如
图 6-43 所示）。

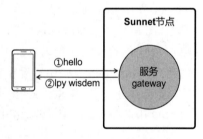

图 6-43　Echo 程序示意图

第一步，编写 Echo 程序首先需要编写一个拥有
Echo 功能的服务，如代码 6-28 所示，修改服务代码，
在创建服务时就开启对 8002 端口的监听，并且将新建
的监听套接字与该服务（Listen 的第 2 个参数，id 代表本服务的编号）关联起来。

代码 6-28　src/Service.cpp 中修改的内容

```cpp
// 创建服务后触发
void Service::OnInit() {
    cout << "[" << id <<"] OnInit"  << endl;
    // 开启监听
    Sunnet::inst->Sunnet::Listen(8002, id);
}
```

在服务的消息回调 OnMsg 中处理各类消息，具体实现如代码 6-29 所示。如图 6-44
所示，目前我们只考虑 SocketAcceptMsg 和 SocketRWMsg 两类消息的处理：当收到
"有新连接"时，只是简单地打印日志；当收到"SocketRWMsg"时，仅考虑"可读"
事件。

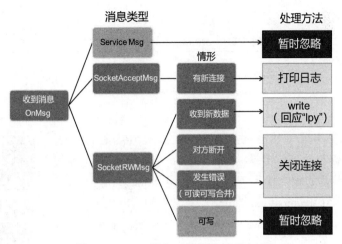

图 6-44　Echo 服务对消息的处理方法

read 方法可以帮助用户区分可读事件下的三种情形。若 read 返回的值大于 0，则代表"收到新数据"；若 read 返回 0，则代表"对方断开"；若 read 返回 -1，则代表"发生错误"。

代码 6-29　src/Service.cpp 中修改的内容

```cpp
#include <unistd.h>
#include <string.h>

// 收到消息时触发
void Service::OnMsg(shared_ptr<BaseMsg> msg) {
    //SOCKET_ACCEPT
    if(msg->type == BaseMsg::TYPE::SOCKET_ACCEPT) {
        auto m = dynamic_pointer_cast<SocketAcceptMsg>(msg);
        cout << "new conn " << m->clientFd << endl;
    }
    //SOCKET_RW
    if(msg->type == BaseMsg::TYPE::SOCKET_RW) {
        auto m = dynamic_pointer_cast<SocketRWMsg>(msg);
        if(m->isRead) {
            char buff[512];
            int len = read(m->fd, &buff, 512);
            if(len > 0) {
                char wirteBuff[3] = {'l','p','y'};
                write(m->fd, &wirteBuff, 3);
            }
            else {
                cout << "close " << m->fd << strerror(errno) <<  endl;
                Sunnet::inst->CloseConn(m->fd);
            }
        }
    }
}
```

第二步，开启刚编写的服务，如代码 6-30 所示，在 main.cpp 中编写一个测试方法

TestEcho，然后调用它。

代码 6-30　src/main.cpp 中新增的内容

```cpp
int TestEcho() {
    auto t = make_shared<string>("gateway");
    uint32_t gateway = Sunnet::inst->NewService(t);
}
```

编译并运行服务端，然后开启客户端（如图 6-45 的 telnet），发送任意消息，都将看到服务端的回应。图 6-45 中的白色字体代表用户输入。连接后，用户输入"hi"，得到服务端的回应"lpy"，用户再输入"who is the most handsome？"，又得到"lpy"的回应。最后用户输入"ctrl+]"和"quit"断开客户端连接。如果关注服务端日志，也能看到对应的输出。

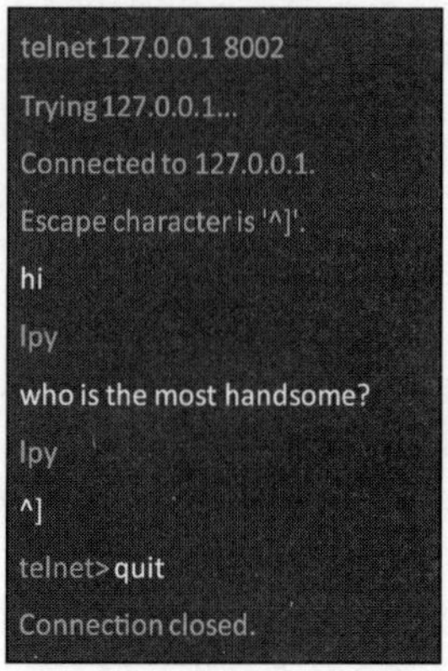

图 6-45　测试 Echo 程序

6.5　如何安全读写数据

操作系统提供的功能偏底层，操作套接字的 read、write、close 等方法时，若非小心使用，则很容易出错。本节将为 Sunnet 服务加一层封装，以方便用户使用。回顾 1.2.3 节，Node.js 提供了"当接收新连接""当收到数据"和"当连接断开"的回调，本节会修改服务的消息处理方法（OnMsg），以提供相似功能。

6.5.1　消息分支

Sunnet 的消息处理方法（OnMsg）需要处理多种类型的消息，任务繁重。我们可以根据不同的消息类型，定义不同的处理方法，使代码结构变得清晰易懂。如代码 6-31 所示，添加 OnServiceMsg、OnAcceptMsg 和 OnRWMsg 三个方法。

代码 6-31　src/Service.cpp 中修改的内容

```cpp
// 收到消息时触发
void Service::OnMsg(shared_ptr<BaseMsg> msg) {
    //SERVICE
    if(msg->type == BaseMsg::TYPE::SERVICE) {
        auto m = dynamic_pointer_cast<ServiceMsg>(msg);
        OnServiceMsg(m);
    }
    //SOCKET_ACCEPT
    else if(msg->type == BaseMsg::TYPE::SOCKET_ACCEPT) {
        auto m = dynamic_pointer_cast<SocketAcceptMsg>(msg);
        OnAcceptMsg(m);
    }
    //SOCKET_RW
```

```
        else if(msg->type == BaseMsg::TYPE::SOCKET_RW) {
            auto m = dynamic_pointer_cast<SocketRWMsg>(msg);
            OnRWMsg(m);
        }
    }
```

图 6-46 用树状图展示了 OnMsg 的分支, 后续还会完善 OnRWMsg 方法, 使其对外提供 OnSocketData、OnSocketWritable 和 OnSocketClose 三个回调。服务会向用户暴露 5 个回调方法, 即图 6-46 中浅色底纹的五个方法。

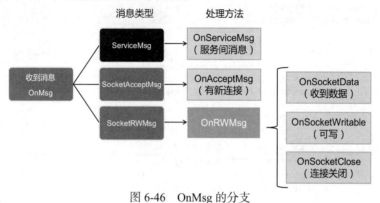

图 6-46 OnMsg 的分支

代码 6-32 展示了新增的所有方法, 需要在 Service.h 中声明它们。

代码 6-32 include/Service.h 中新增的内容

```
private:
    // 消息处理方法
    void OnServiceMsg(shared_ptr<ServiceMsg> msg);
    void OnAcceptMsg(shared_ptr<SocketAcceptMsg> msg);
    void OnRWMsg(shared_ptr<SocketRWMsg> msg);
    void OnSocketData(int fd, const char* buff, int len);
    void OnSocketWritable(int fd);
    void OnSocketClose(int fd);
```

为了让程序能够正常编译, 简单实现 OnServiceMsg 和 OnAcceptMsg, 这里仅打印日志, 如代码 6-33 所示。

代码 6-33 src/Service.cpp 中新增的内容

```
// 收到其他服务发来的消息
void Service::OnServiceMsg(shared_ptr<ServiceMsg> msg) {
    cout << "OnServiceMsg " << endl;
}

// 新连接
void Service::OnAcceptMsg(shared_ptr<SocketAcceptMsg> msg) {
    cout << "OnAcceptMsg " << msg->clientFd << endl;
}
```

6.5.2 可读、可写、关闭

代码 6-34 展示了 OnRWMsg 方法的全貌，别看它只有二十多行，内在却有不少考量。

代码 6-34　src/Service.cpp 中新增的内容

```cpp
// 套接字可读可写
void Service::OnRWMsg(shared_ptr<SocketRWMsg> msg) {
    int fd = msg->fd;
    // 可读
    if(msg->isRead) {
        const int BUFFSIZE = 512;
        char buff[BUFFSIZE];
        int len = 0;
        do {
            len = read(fd, &buff, BUFFSIZE);
            if(len > 0){
                OnSocketData(fd, buff, len);
            }
        } while(len == BUFFSIZE);

        if(len <= 0 && errno != EAGAIN) {
            if(Sunnet::inst->GetConn(fd)) {
                OnSocketClose(fd);
                Sunnet::inst->CloseConn(fd);
            }
        }
    }
    // 可写（注意没有 else）
    if(msg->isWrite) {
        if(Sunnet::inst->GetConn(fd)){
            OnSocketWritable(fd);
        }
    }
}
```

1. 主体分支

按照 msg->isRead/isWrite 和 read 的返回值，代码 6-34 可能包含五种不同的情形，如图 6-47 所示。例如，在 Echo 服务中（请回顾 6.4.4 节），客户端发来消息，对应的是 "情况 3"；客户端关闭，对应的是 "情况 4"。

2. 读缓冲区

代码 6-34 中使用了栈对象 buff[512] 作为读缓冲区，在栈上申请内存速度极快，不必担心效率问题。读取功能的主体代码放在 do {...} while 结构中，这是因为套接字缓冲区的消息可能大于 512 字节，需要多次读取。

如果 read 返回 512，则程序会再次进入循环。这里包含两种可能的情形，一种是套接字的读缓冲区恰好有 512 字节，一次性全部读出；另一种是套接字读缓冲区有很多字符，只读取前 512 字节（read 的第 3 个参数代表最多读取多少字节）。对于第一种情形，即如果恰好有 512 字节，那么在下次循环中，read 会返回 −1，并设置 errno 为 EAGAIN（数据读完），此种情形下，程序不会进入读取失败的分支。对于第二种情形，如果下一次读取的字符较少，那么 while 条件将不成立，因而跳出循环，由于此时 len 的值大于 0，因此程序也不会进入读取失败的分支。只有当 read 返回 0（对端关闭），或者返回非 EAGAIN 的 −1（出错），程序才会进入读取失败的分支。

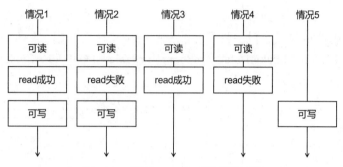

图 6-47　代码 6-34 的五种可能情形

如果客户端一次性发送 2000 字节的数据，那么 OnSocketData 的调用次数将为 4，前 3 次都是带着 512 字节的数据，最后一次则是带着 464 字节的数据。

3. 保证 OnSocketClose 只调用一次

考虑如图 6-48 所示的情景，客户端分别发送了 D1 到 D4 四条指令。正常情况下，网络线程会感应到"可读"事件，然后通知服务。每条消息都会进入图 6-47 中"情况 3"的分支。假如服务端在处理 D2 消息时主动断开连接（例如，检测到作弊行为），那么在处理 D3 和 D4 两条消息时，将会进入图 6-47 中"情况 4"的分支（read 失败，因为已经关闭连接），从而使得"read 失败"下的内容执行了两次。OnSocketClose 由用户编写，如果没有特别注意，那么两次执行很有可能会导致错乱（比如，两次释放同一个对象）。所以代码 6-34 在该分支下，添加了"连接对象是否存在"（if(Sunnet::inst->GetConn(fd))）的判断，以保证 OnSocketClose 只调用一次。

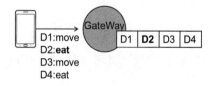

图 6-48　一种异常情景

4. 保证 OnSocketWritable 有效

假如发生了可读可写事件，且用户在 OnSocketData 中关闭了连接（图 6-47 中的"情况 1"），或者发生了读取错误（图 6-47 中的"情况 2"），这些都将导致无法写入。在 OnSocketWritable 前添加"conn 对象是否存在"的判断，可以保证 OnSocketWritable 有效。

5. 效率至上

出于效率至上的考量，只在 OnSocketWritable 和 OnSocketClose 前添加条件判断，而不是在 read 之前做判断。这是因为 GetConn 涉及加锁操作，会产生性能损耗，绝大多数情况下，程序都会进入正常读取的分支，只有在少数情况下才会进入 OnSocketWritable 和 OnSocketClose 分支。

6. 捕获错误

假如用户关闭套接字后调用 write，write 会返回 −1，忽略即可（因为已知要关闭）；但假如对端程序崩溃，服务端无法感知对端的状态，那么 write 会返回成功（因为能够成功将数据写入缓冲区），当对端收到数据时，会回应复位信号（RST），epoll 捕获后，read 会出错（返回 -1）。按照代码 6-34 的设计，程序会进入"read 失败"分支，从而关闭连接。

OnRWMsg 引出了 OnSocketData、OnSocketWritable 和 OnSocketClose 三个方法，如代码 6-35 所示，新版 Echo 程序很简洁。

代码 6-35　src/Service.cpp 中新增的内容

```cpp
// 收到客户端数据
void Service::OnSocketData(int fd, const char* buff, int len) {
    cout << "OnSocketData" << fd << " buff: " << buff << endl;
    //echo
    char wirteBuff[3] = {'l','p','y'};
    write(fd, &wirteBuff, 3);
}

// 套接字可写
void Service::OnSocketWritable(int fd) {
    cout << "OnSocketWritable " << fd << endl;
}

// 关闭连接前
void Service::OnSocketClose(int fd) {
    cout << "OnSocketClose " << fd << endl;
}
```

6.5.3　处理莫名其妙退出的问题

Linux 系统的机制中包含一个"坑"，具体解说如下。

在 TCP 的设计中，发送端向"套接字信息不匹配"的接收端发送数据时，接收端会回应复位信号（RST）。例如，发送端向已销毁套接字的接收端发送数据时，发送端就会收到复位信号。

在 Linux 系统中，对"收到复位（RST）信号的套接字"调用 write 时，操作系统会向进程发送 SIGPIPE 信号，默认处理动作是终止进程。

理论往往较难理解，下面列举一个示例代码来说明。

如代码 6-36 所示，修改 echo 程序，在发送数据后，等待 15 秒，进行第 2 次发送；再等待 1 秒，进行第 3 次发送。

代码 6-36 src/Service.cpp 中修改的内容

```cpp
// 收到客户端数据
void Service::OnSocketData(int fd, const char* buff, int len) {
    cout << "OnSocketData" << fd << " buff: " << buff << endl;
    //echo
    char wirteBuff[3] = {'l','p','y'};
    write(fd, &wirteBuff, 3);
    // 等待 15 秒，继续发送
    usleep(15000000); //15 秒
    char wirteBuff2[3] = {'n','e','t'};
    int r = write(fd, &wirteBuff2, 3);
    cout << "write2 r:" << r << "  " << strerror(errno) <<  endl;
    // 等待 1 秒，继续发送
    usleep(1000000); //1 秒
    char wirteBuff3[2] = {'n','o'};
    r = write(fd, &wirteBuff3,2);
    cout << "write3 r:" << r << "  " << strerror(errno) <<  endl;
}
```

ℹ️ **说明**：按照 Sunnet 系统的设计，不鼓励使用阻塞方法，因为阻塞会对性能产生很大影响，代码 6-36 仅作测试之用。

运行程序，开启客户端，在"等待 15 秒"期间关掉客户端。服务端运行到第 3 次 write 时就会莫名其妙地退出，整个过程如图 6-49 所示。

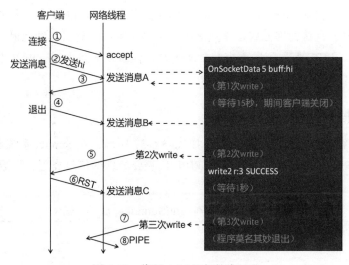

图 6-49 代码 6-36 运行的全过程

下面结合图 6-49 来分析代码 6-36 的运行过程。

1）图 6-49 中，客户端发送"hi"（阶段②），网络线程感知后会向服务发送消息（消息 A），服务会打印出收到的内容（OnSocketData 5 buf:hi），回应后（阶段③），程序进入 15 秒的阻塞期。

2）阻塞期间客户端正常退出，此时客户端会发送退出信号（阶段④）。网络线程感知后，会向服务发送一条消息（消息 B），但由于服务此时正阻塞在消息 A 的处理之中，因此还来不及处理消息 B。

3）阻塞 15 秒之后，服务端再次向客户端发送消息（阶段⑤）。虽然客户端已经发送了关闭信号，但按照四次挥手流程，服务端依然可以发送数据，直到调用 close 关闭套接字。写入操作只是将数据写入到本地的写缓冲区，只要能写进去，write 就会返回成功，所以程序会打印出"write2 r:3 SUCCESS"，代表已成功地把 3 字节数据写入到缓冲区。

4）虽然阶段⑤的 write 返回成功，但当数据到达对端时，由于客户端已关闭，对端的操作系统会回应复位（RST）信号（阶段⑥）。网络线程感知后，会向服务发送消息 C。

代码 6-36 中，服务的消息队列示意图如图 6-50 所示。

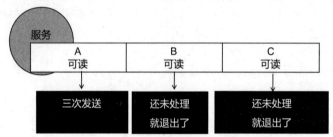

图 6-50　代码 6-36 中服务的消息队列

5）服务端第 3 次 write 时，由于套接字已经失效（收到复位信号），操作系统会向服务端发送 PIPE 信号，默认处理方式是终止进程，于是服务端就莫名其妙地退出了。

调试环境中，PIPE 信号问题不容易暴露出来，但游戏一旦上线，PIPE 信号问题就会成为服务端随时可能挂掉的隐患。

6.5.4　PIPE 信号处理

上述问题的解决方法是忽略该信号，如代码 6-37 所示，在 Sunnet 系统启动时添加一句"signal(SIGPIPE, SIG_IGN);"，参数 SIGPIPE 代表要处理的信号类型，参数 SIG_IGN 代表忽略该信号。

代码 6-37　src/Sunnet.cpp

```cpp
#include <signal.h>

// 开启系统
void Sunnet::Start() {
    cout << "Hello Sunnet" << endl;
    // 忽略 SIGPIPE 信号
    signal(SIGPIPE, SIG_IGN);
    // 锁
    ......
```

添加"signal(SIGPIPE, SIG_IGN);"语句后，第 3 次 write 会返回失败（−1），错误码是"Broken pipe"，程序不会退出。配合 6.5.2 节的消息处理方法，依然能够保证只调用一次 OnSocketClose（如图 6-51 所示），由此可见程序是比较稳健的。

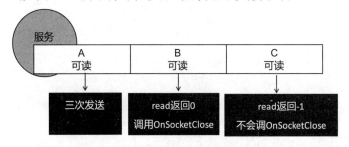

图 6-51　保证只调用一次 OnSocketClose

6.6　写缓冲区满

6.5 节解决的是"安全"问题，排除了"多次释放资源"和"PIPE 信号默认终止进程"等带来的系统崩溃风险；本节将解决"完整性"问题，学习完本节之后，大家便能编写出足够稳健的网络程序了。

6.6.1　实验：发送大数据

套接字写缓冲区容量有限，以至于常常没能完整发送数据。下面做个实验，如代码 6-38 所示，服务端向客户端发送大量数据（4 200 000 字节）。如果客户端能打印出"e"，则说明已接收到全部数据。

代码 6-38　src/Service.cpp 中修改的内容

```
// 收到客户端数据
void Service::OnSocketData(int fd, const char* buff, int len) {
    // 发送大量数据实验
    char* wirteBuff = new char[4200000];
    wirteBuff[4200000-1] = 'e';
    int r = write(fd, wirteBuff, 4200000);
    cout << "write r:" << r <<  " " << strerror(errno) <<  endl;
}
```

显然，测试结果是大量数据并不能全部接收。在笔者的电脑中，返回值 r 为 2 535 296，这就意味着只发送了部分数据；剩余部分因为套接字的写缓冲区太小而没能发送出去（如图 6-52 所示）。

以第 3 章的游戏《球球大作战》的实现为例，服务端持续推送位置协议，若客户端接收速度太慢，那么数据将会积攒在服务端对应套接字的写缓冲区中，导致最终容纳不下新的数据。

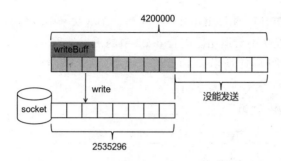

图 6-52　发送太多数据，缓冲区容纳不下

6.6.2　解决方法 1：设置 SNDBUFFORCE

要解决"写缓冲区太小"的问题，最简单直接的方法就是将套接字的缓冲区设置得大一些。如代码 6-39 所示，在接收（accept）客户端套接字后，使用 Linux 提供的 setsockopt 方法，将套接字 clientFd 的写缓冲区（SO_SNDBUFFORCE）设置成一个很大的值，如 4 294 967 295。

Linux 系统会按需分配空间，4 294 967 295 是 32 位无符号 long 型数值的最大值，表示分配 4GB 内存。游戏服务端要承载成百上千的玩家，如果部分玩家占据了 GB 级别的内存空间，那么服务端很可能就会因为内存不足而早早挂掉，所以我们认为在游戏应用中，该值已然足够大了。

代码 6-39　src/SocketWorker.cpp 中修改的内容

```
void SocketWorker::OnAccept(shared_ptr<Conn> conn) {
    ......
    // 步骤 2：设置非阻塞
    fcntl(clientFd, F_SETFL, O_NONBLOCK);
    // 写缓冲区大小
    unsigned long buffSize = 4294967295;
    if(setsockopt(clientFd, SOL_SOCKET, SO_SNDBUFFORCE , &buffSize, sizeof(buffS
        ize)) < 0){
        cout << "OnAccept setsockopt Fail " << strerror(errno) << endl;
    }
    ......
```

注意，使用 setsockopt 设置写缓冲区时，要求进程拥有 CAP_NET_ADMIN（允许执行网络管理任务）权能。默认情况下，root 用户拥有该权能，普通 Linux 用户没有，大家不仅可以使用"cat /proc/[进程 PID]/status"查看进程的权能，还能用 setcap 指令更改进程的权能。

6.6.3　解决方法 2：自写缓冲区

另一种解决方法是自行实现应用层的写缓冲区。在 Sunnet 的设计中，将写缓冲区作为选配模块，不仅有利于简化核心代码，还能为用户提供更大的灵活性。如代码 6-40 所示，配套源码提供的 ConnWriter 模块，用户可以自由选用。

代码 6-40   include/ConnWriter.h 中新增的内容

```cpp
#pragma once
#include <list>
#include <stdint.h>
#include <memory>
using namespace std;

class WriteObject {
public:
    streamsize start;
    streamsize len;
    shared_ptr<char> buff;
};

class ConnWriter {
public:
    int fd;
private:
    // 是否正在关闭
    bool isClosing = false;
    list<shared_ptr<WriteObject>> objs;  // 双向链表
public:
    void EntireWrite(shared_ptr<char> buff, streamsize len);
    void LingerClose(); // 全部发完后再关闭
    void OnWriteable();
};
```

每个套接字都会关联一个 ConnWriter 对象。双向链表 objs 是 ConnWriter 对象中最重要的数据结构，该链表会保存所有尚未发送成功的数据，objs 的结构如图 6-53 所示。

用户用 EntireWrite 发送数据，如果没能完整发送，则 EntireWrite 会把未发送的数据存入 objs 列表，待套

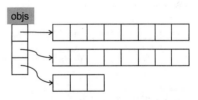

图 6-53　写缓冲区的一般结构

接字可写时再继续发送。objs 列表中保存着 WriteObject 对象，WriteObject 是指那些尚未完整发送的数据，其中，属性 buff 代表某次发送的内容，len 代表某次发送的总字节数，start 代表已经写入套接字写缓冲区的字节数。

> ⓘ **说明**：鉴于叙述重点和篇幅的关系，本书在正文中不会展示 ConnWriter.cpp 的实现，如有需要则请参考本书的配套代码，ConnWriter.cpp 的实现并不复杂，因此比较容易理解。

使用 ConnWriter 模块需要三个步骤，其一是自行管理 ConnWriter 对象，其二是在套接字可写时调用 OnWriteable，其三是用 ConnWriter 提供的 API 替换原始的 write 和 close 方

法。下面以 Echo 服务为例，说明 ConnWriter 的使用方法。

第一步：管理 ConnWriter 对象

在服务中新建 unordered_map 类型的列表 writers，用于存放 ConnWriter 对象，如代码 6-41 所示。

代码 6-41　include/Service.h 中修改的内容

```
// 业务逻辑 (仅用于测试)
unordered_map<int, shared_ptr<ConnWriter>> writers;
```

当"有新连接"或"断开连接"时，分别添加或删除 ConnWriter 对象，使得 ConnWriter 对象与套接字一一对应，如代码 6-42 所示。

代码 6-42　src/Service.cpp 中修改的内容

```
// 新连接
void Service::OnAcceptMsg(shared_ptr<SocketAcceptMsg> msg) {
    cout << "OnAcceptMsg " << msg->clientFd << endl;
    auto w = make_shared<ConnWriter>();
    w->fd = msg->clientFd;
    writers.emplace(msg->clientFd, w);
}

// 关闭连接前
void Service::OnSocketClose(int fd) {
    cout << "OnSocketClose " << fd << endl;
    writers.erase(fd);
}
```

第二步：触发 OnWriteable

在可写事件中触发 ConnWriter 对象的 OnWriteable 方法，具体实现如代码 6-43 所示。

代码 6-43　src/Service.cpp 中修改的内容

```
// 套接字可写
void Service::OnSocketWritable(int fd) {
    cout << "OnSocketWritable " << fd << endl;
    auto w = writers[fd];
    w->OnWriteable();
}
```

第三步：用 EntireWrite 和 LingerClose 替换原始 API

EntireWrite 会尝试按序发送数据，如果能够发送成功，则皆大欢喜；如果没能全部发送，则其会把数据保存起来，待调用 OnWriteable 时，再次尝试发送剩余的数据。LingerClose 是延迟关闭的方法，调用该方法之后，如果 ConnWriter 尚有待发送的数据，则 ConnWriter 会先把数据发送完，最后才关闭连接。代码 6-44 展示了发送完大量数据然后关闭连接的具体实现。

代码 6-44　src/Service.cpp 中修改的内容

```
// 收到客户端数据
void Service::OnSocketData(int fd, const char* buff, int len) {
    cout << "OnSocketData" << fd << " buff: " << buff << endl;
    // 用 ConnWriter 发送大量数据
    char* wirteBuff = new char[4200000];
    wirteBuff[4200000-1] = 'e';
    int r = write(fd, wirteBuff, 4200000);
    cout << "write r:" << r << " " << strerror(errno) << endl;
    auto w = writers[fd];
    w->EntireWrite(shared_ptr<char>(wirteBuff), 4200000);
    w->LingerClose();
}
```

至此，大家应能够编写出足够稳健的网络程序了！目前为止，我们已经完成了 Sunnet 系统的核心部分。

网络游戏可能会用到 TCP、UDP、WebSocket 这几种协议，其中"可靠传输协议"TCP 最为常见，一旦掌握了 TCP 的处理方法，很快就能触类旁通，因此本书以 TCP 为例来讲解网络编程。通过第 5 章和第 6 章的学习，大家也许已经感受到了用 C++ 编写程序的难度较高，为了让 Sunnet 变得更好用，第 7 章将为它嵌入 Lua 脚本语言，加油！

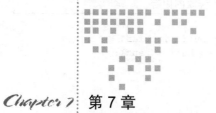

Chapter 7 第 7 章

嵌入 Lua 脚本语言

Lua 是一种轻量小巧的脚本语言，免费开源，简单易学。C/C++ 这类"低级语言"胜在能够直接与操作系统打交道，从而能够最大限度地利用系统资源，但写逻辑不太方便。"C++/Lua"是游戏业界比较常用的一种开发解决方案，用 C++ 做服务端底层，再嵌入 Lua 编写业务逻辑，这种组合能够较好地平衡性能与开发效率。图 7-1 展示了一些较早采用 C++/Lua 方案的游戏，包括《大话西游 2》《魔兽世界》《剑侠情缘网络版 3》《卡布西游》等。

2002	2004	2009	2010
大话西游 Online II	**魔兽世界**	**剑侠情缘 网络版3**	**卡布西游**
（网易）	（暴雪）	（西山居）	（4399）

图 7-1　较早采用 C++/Lua 方案的一些游戏

本章将以 Sunnet 的脚本模块为例，说明在 C++ 程序中嵌入 Lua 脚本语言的方法。

7.1　方案设计

Sunnet 采用 C++/Lua 方案，其中，C++ 负责底层调度，Lua 负责业务逻辑，是 Skynet 的 C++ 复刻版本。

7.1.1 隔离数千个服务

Sunnet 可理解为一套简单的操作系统,可以调度数千个服务。Sunnet 的 Lua 虚拟机和脚本文件如图 7-2 所示,其中,[A] 和 [B] 表示服务的类型。由于各个 Lua 虚拟机相互独立,符合服务的特性,因此每个服务开启一个 Lua 虚拟机,各个服务的 Lua 代码相互隔离。

这里的服务可分为很多类型,同一类型的服务对应于同一份 Lua 脚本。每份脚本都提供了 OnInit、OnServiceMsg 等回调方法,在创建服务时,C++ 底层会调用对应脚本的 OnInit 方法;当收到消息时,C++ 底层会调用 OnServiceMsg 方法。

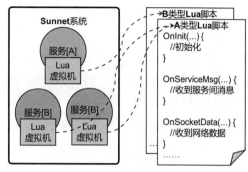

图 7-2　Sunnet 的 Lua 虚拟机和脚本文件示意图

7.1.2 目录结构

要想使用 Lua,首先需要创建目录以存放 Lua 脚本。下面新建两个目录,3rd 和 service (如图 7-3 所示),3rd 用于存放 Lua 等第三方源码,service 用于存放各类型服务的 Lua 脚本。

图 7-3　新建 3rd 和 service 两个目录后的 Sunnet 目录结构

我们规定某类服务的启动脚本位于“service/[服务类型]/init.lua”中,例如,ping 服务的启动脚本位于“service/ping/init.lua”,chat 服务的启动脚本位于“service/chat/init.lua”。

接下来,编写一份主服务(main)测试脚本(如代码 7-1 所示),打印一行文本,以方便后续测试。

代码 7-1　service/main/init.lua

```
print("run lua init.lua")
```

7.1.3 启动流程

与 Skynet 启动流程相似,Sunnet 启动后,会执行主服务脚本“service/main/init.lua”。因为 Sunnet 默认启动主服务,所以主服务脚本“service/main/init.lua”是业务逻辑的入口(如图 7-4 所示)。

为了实现“默认启动主服务”的功能,需要修改 main.cpp,调用“Sunnet::inst->NewService”启动类型为“main”的服务,具体实现如代码 7-2 所示。

代码 7-2　src/main.cpp

```
int main() {
```

```
    new Sunnet();
    Sunnet::inst->Start();
    // 启动 main 服务
    auto t = make_shared<string>("main");
    Sunnet::inst->NewService(t);
    // 等待
    Sunnet::inst->Wait();
    return 0;
}
```

图 7-5 展示了 Sunnet 的启动流程，其中，阶段②和阶段③均由引擎处理，用户只需要关心阶段④及之后的工作即可。

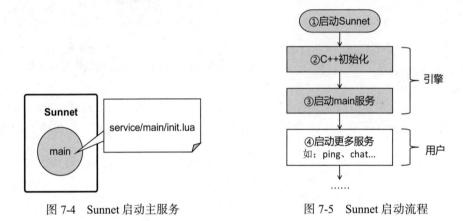

图 7-4　Sunnet 启动主服务　　　　　图 7-5　Sunnet 启动流程

做好了设计和准备，下面就来学习"在 C++ 程序中嵌入 Lua 虚拟机"的方法。

7.2　嵌入 Lua 虚拟机

嵌入 Lua 脚本，首先要引入 Lua 源码，再调用一些 API，设置编译参数。本节将先介绍嵌入 Lua 脚本所需完成的工作，再为每个服务添加虚拟机。

7.2.1　下载、编译源码

Lua 是一个免费开源软件，本书采用目前最新版本 Lua 5.3.5，可以通过 https://www.lua.org/ftp/lua-5.3.5.tar.gz 下载该版本的源码，并解压到刚创建的 3rd 目录中。

具体指令如下：

```
cd 3rd  # 进入 3rd 目录
wget https://www.lua.org/ftp/lua-5.3.5.tar.gz  # 下载 Lua 5.3.5 的源码
tar zxf lua-5.3.5.tar.gz  # 解压刚下载的压缩包
rm -rf lua-5.3.5.tar.gz  # 删除刚下载的压缩包
```

如图 7-6 所示，解压后，3rd 目录会新增文件夹"lua-5.3.5"，Lua 源码存放于 3rd/lua-5.3.5/src 目录下。

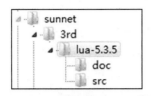

图 7-6　解压 Lua 源码后，3rd 目录的结构

图 7-7 展示了 3rd/lua-5.3.5/src 里的内容，只有 60 多个文件，约 2 万行代码，可见 Lua 很轻量级。

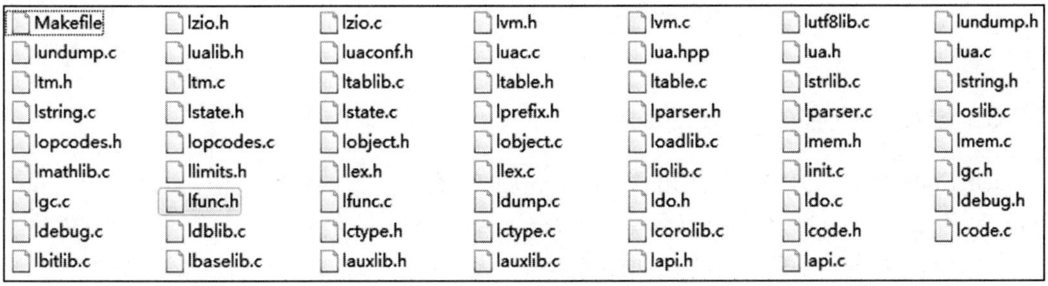

Makefile	lzio.h	lzio.c	lvm.h	lvm.c	lutf8lib.c	lundump.h
lundump.c	lualib.h	luaconf.h	luac.c	lua.hpp	lua.h	lua.c
ltm.h	ltm.c	ltablib.c	ltable.h	ltable.c	lstrlib.c	lstring.h
lstring.c	lstate.h	lstate.c	lprefix.h	lparser.h	lparser.c	loslib.c
lopcodes.h	lopcodes.c	lobject.h	lobject.c	loadlib.c	lmem.h	lmem.c
lmathlib.c	llimits.h	llex.h	llex.c	liolib.c	linit.c	lgc.h
lgc.c	lfunc.h	lfunc.c	ldump.c	ldo.h	ldo.c	ldebug.h
ldebug.c	ldblib.c	lctype.h	lctype.c	lcorolib.c	lcode.h	lcode.c
lbitlib.c	lbaselib.c	lauxlib.h	lauxlib.c	lapi.h	lapi.c	

图 7-7　Lua 源码文件

进入 3rd/lua-5.3.5，执行编译指令"make linux"。编译后，src 目录会产生许多文件，后续会用到其中的 liblua.a 文件。

7.2.2　理解静态库

为了嵌入 Lua，C++ 工程要引用 Lua 源码中的一些头文件（如 lua.h），这些头文件声明了操作虚拟机所需的数据结构和方法，但不包含具体实现。编译 C++ 程序会经历"预处理、编译、优化、汇编、链接"这五个步骤，在实现最后一步"链接"时，编译器要找到 liblua.a，复制所需的实现。

图 7-8 展示了简化版的 Sunnet 代码，这里从 main.cpp 开始，main.cpp 中包含了各种头文件，其中还间接包含 lua.h，但 lua.h 仅包含声明。如果不把 lua.c（相当于 cpp 文件）加入编译，编译器就要寻求第二种方案，即找到 liblua.a，复制具体实现（liblua.a 包含具体实现）。

".a"文件称为静态链接库，其中存储着多个".c"和".cpp"文件编译后的二进制代码。这里扩展说明一下，".o"是目标文件，".a"由多个".o"文件组合而成，".so"是动态链接库。

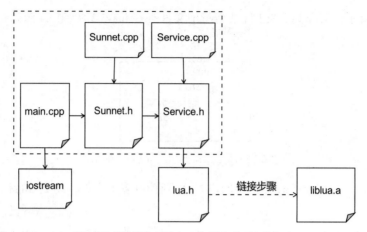

图 7-8 "链接"将 lua.h 和 liblua.a 关联起来

7.2.3 最重要的结构：lua_State

lua_State 是 Lua 提供给宿主语言（C/C++）的一种最重要的数据结构，顾名思义，lua_State 代表 Lua 的运行状态。可以创建多个 lua_State 对象，它们之间相互独立，就像创建了多个独立的虚拟机一样。Lua 提供的各种 API，大多都是围绕着 lua_State 进行操作的，比如，运行某个 Lua 文件，就是让 lua_State 去加载代码，然后执行的过程；调用某个 Lua 方法，就是操作 lua_State 的过程。

Sunnet 的每个服务对应于一个 Lua 虚拟机。在代码 7-3 中，会为服务类添加名为 luaState 的 lua_State 结构指针。由于 Lua 是由 C 语言编写的，因此 Service.h 在包含 Lua 源码中的头文件时，需要把包含（include）语句放在"extern "C""块中，lua.h、lauxlib.h 和 lualib.h 这三个头文件中包含了操作 lua_State 的常用方法。

代码 7-3   include/Service.h

```
extern "C"  {
    #include "lua.h"
    #include "lauxlib.h"
    #include "lualib.h"
}


class Service {
    ......
private:
    //Lua 虚拟机
    lua_State *luaState;
};
```

代码 7-3 仅创建了 lua_State 的结构指针，并未真正创建对象，可用 luaL_newstate 创建

lua_State 对象。表 7-1 列出了创建和销毁 Lua 虚拟机所用到的 API 及功能说明。

表 7-1　创建和销毁 Lua 虚拟机所用到的 API 及功能说明

API	说　　明
luaL_newstate	原型：lua_State *luaL_newstate () 创建 lua_State 对象
luaL_openlibs	原型：void luaL_openlibs (lua_State *L) 开启标准库，调用后虚拟机才能解析 io、string、math 等标准库。Lua 为用户提供了一定的灵活性，如果想要节省内存，那么可以不开启或只开启一部分标准库，而 luaL_openlibs 会指示开启全部标准库
luaL_dofile	原型：int luaL_dofile (lua_State *L, const char *filename) 加载并运行 filename 指定的文件，如果没有错误，则返回 0；如果有错，则返回 1
lua_close	原型：void lua_close (lua_State *L) 销毁 Lua 虚拟机

7.2.4　从创建到销毁

在 Sunnet 中，虚拟机的生命流程贯穿了服务的整个生命周期，即在服务的初始化回调 OnInit 中创建和初始化虚拟机，在退出回调 OnExit 中销毁虚拟机。代码 7-4 所示的是虚拟机的初始化过程。

代码 7-4　scr/Service.cpp

```cpp
// 创建服务后触发
void Service::OnInit() {
    cout << "[" << id <<"] OnInit"  << endl;
    // 新建 Lua 虚拟机
    luaState = luaL_newstate();
    luaL_openlibs(luaState);
    // 执行 Lua 文件
    string filename = "../service/" + *type + "/init.lua";
    int isok = luaL_dofile(luaState, filename.data());
    if(isok == 1){ // 若成功则返回值为 0，若失败则为 1
        cout << "run lua fail:" << lua_tostring(luaState, -1) << endl;
    }
}
```

在代码 7-4 中，先用 luaL_newstate 创建虚拟机（如图 7-9 所示），再进行初始化操作（luaL_openlibs），最后运行位于 "service/[服务类型]/init.lua" 的 Lua 文件。主服务的 Lua 脚本是 "service/main/init.lua"，Sunnet 运行后应该打印出 "run lua init.lua"（请回顾 7.1.2 节的代码 7-1）。

当不再使用 lua_State 对象时，需要调用 lua_close 关闭它，以释放 luaL_newState 申请的内存，具体实现如代码 7-5 所示。

代码 7-5 scr/Service.cpp

```cpp
// 退出服务时触发
void Service::OnExit() {
    cout << "[" << id <<"] OnExit"  << endl;
    // 关闭 Lua 虚拟机
    lua_close(luaState);
}
```

图 7-10 展示了一个 Lua 虚拟机的生命流程，至此，我们已经完成了虚拟机的"创建"和"销毁"两个阶段。

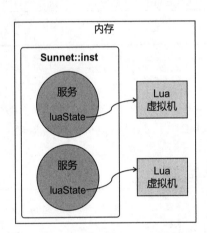

图 7-9 服务的 luaState 指针引用了 Lua 虚拟机（lua_State 对象）

图 7-10 Lua 虚拟机的生命流程

7.2.5 编译指令

若此时编译程序，则会收到" fatal error: lua.h: No such file or directory"的错误提示。正如 7.2.2 节所描述的，程序包含了 lua.h 等文件，还需要用到静态库 liblua.a，但我们尚未告知编译器这些文件的路径。修改 CMakeLists.txt，添加代码 7-6 中所标注的 4 行语句，它们的含义说明具体如下。

1）添加静态库 liblua.a 所在的目录 /3rd/lua-5.3.5/src/，后续调用 target_link_libraries 时，编译器可以从中找到 liblua.a。此句需要放在"指定生成目标文件"之前。

2）添加 Lua 头文件所在的目录 /3rd/lua-5.3.5/src/。

3）添加 liblua.a 静态库。

4）添加 dl 库，liblua.a 会用到。

代码 7-6 CMakeLists.txt

```
# 项目名称、版本号要求、头文件目录、源文件目录等
......
```

```
# 添加库文件路径
link_directories(${cmake_CURRENT_SOURCE_DIR}/3rd/lua-5.3.5/src/)
# 用 C++11 指定生成目标文件、线程库等
......
#Lua 头文件、库
include_directories(./3rd/lua-5.3.5/src)
target_link_libraries(sunnet liblua.a)
target_link_libraries(sunnet dl)
```

修改后，即可编译程序，得到如图 7-11 所示的运行结果，其中，灰色字体代表 C++ 层的输出，白色字体代表 Lua 层的输出。由运行结果可知，程序已成功调用 Lua。

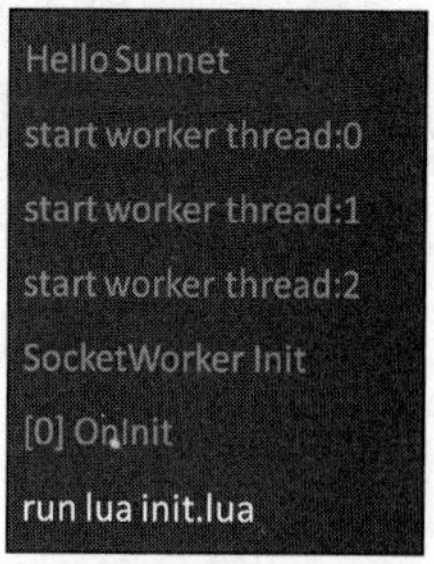

图 7-11　程序运行结果

7.3　C++ 调用 Lua 方法

Sunnet 的 Lua 封装，其实就是两个过程。其一是把服务的回调方法 OnInit、OnExit、OnServiceMsg 等映射到 Lua 脚本上。例如，当服务启动时，会调用 Lua 的 OnInit 方法；当收到消息时，会调用 Lua 的 OnServiceMsg 方法。其二是为 Lua 提供一些功能，比如，发送消息的 Send 方法、开启服务的 NewService 方法。

本节将会实现 OnInit 和 OnExit 这两个方法的封装，并介绍 C++ 调用 Lua 的一般性方法；7.4 节将介绍如何为 Lua 提供新功能。7.3 节和 7.4 节都将按照 "看代码" "解析" "回顾" 的顺序展开。

7.3.1　代码示例

如代码 7-7 所示，先为 main 脚本添加 OnInit 和 OnExit 这两个方法。我们期望程序在主服务启动时打印 "[lua] main OnInit id:0"，退出时打印 "[lua] main OnExit"。

代码 7-7　service/main/init.lua

```lua
print("run lua init.lua")

function OnInit(id)
    print("[lua] main OnInit id:"..id)
end

function OnExit()
    print("[lua] main OnExit")
end
```

为了实现 "C++ 调用 Lua" 的功能，在初始化 Lua 虚拟机之后，需要接连调用 lua_getglobal、lua_pushinteger 和 lua_pcall 这三个方法，如代码 7-8 所示。数行代码即可调用

Lua 脚本的 OnInit 方法，并填充它的第 1 个参数 id。

代码 7-8 src/Service.cpp

```cpp
// 创建服务后触发
void Service::OnInit() {
    cout << "[" << id <<"] OnInit"  << endl;
    // 新建 Lua 虚拟机
    ......
    // 执行 Lua 文件
    ......
    // 调用 Lua 函数
    lua_getglobal(luaState, "OnInit");
    lua_pushinteger(luaState, id);
    isok = lua_pcall(luaState, 1, 0, 0);
    if(isok != 0){ // 若返回值为 0 则代表成功，否则代表失败
        cout << "call lua OnInit fail " <<
                lua_tostring(luaState, -1) << endl;
    }
}
```

编译并运行程序，可以得到如图 7-12 所示的结果，打印出的 "[lua] main OnInit id:0"，说明程序已成功调用初始化方法 OnInit。

7.3.2 涉及 4 个 API

代码 7-8 共涉及 4 个 API，表 7-2 展示了这些 API 的功能，虽然不太好掌握，但可以先熟悉一下，7.3.3 节将详细介绍这些 API 和新概念 "栈"。

图 7-12 程序运行结果

表 7-2 "C++ 调用 Lua 方法"涉及的 API 及功能说明

API	说　明
lua_getglobal	原型：int lua_getglobal (lua_State *L, const char *name) 把 name 指定的全局变量压栈，并返回该值的类型。例如，lua_getglobal(luaState, "OnInit") 就是将 Lua 脚本中的 OnInit 方法压入栈顶。在 Lua 中，所谓把 "方法"压栈，就是把方法的内存地址压栈
lua_pushinteger	原型：void lua_pushinteger (lua_State *L, lua_Integer n) 将整型数 n（代码 7-8 中的 id）压入栈中
lua_pcall	原型：int lua_pcall (lua_State *L, int nargs, int nresults, int msgh); 调用一个 Lua 方法，nargs 代表 Lua 方法的参数个数；nresults 代表 Lua 方法的返回值个数；msgh 用于指示如果调用失败则应该采取什么样的处理方法，填写 0 代表使用默认方式。如果调用成功，则 lua_pcall 返回 0，否则返回非 0 值，并把错误的原因（字符串）压入栈中。 代码 7-7 的 OnInit 方法拥有 1 个参数，0 个返回值，因此可以用 lua_pcall(luaState, 1, 0, 0) 调用它
lua_tostring	原型：const char *lua_tostring (lua_State *L, int index); 把给定索引处的 Lua 值转换为一个 C 字符串。如果 lua_pcall 调用失败，则把错误的原因（字符串）压入栈中，可以用 lua_tostring 取出刚压入的字符串

细心的读者应该已经发现了，表 7-2 中多次提到了"栈"，它是理解 Lua 与 C++ 交互的关键概念，只有做到"脑中有栈"，才能用好它。

7.3.3 直观理解 Lua 栈

下面再回顾一下 lua_State，它最核心的数据结构是一个调用栈（如图 7-13 所示），大部分交互 API 都在操作这个栈。代码 7-8 始终在为 lua_pcall 准备数据，从 nargs、nresults 等参数可以看出，lua_pcall 并不能直接指定要调用的方法和参数，开发者只能按照它的规则，在栈中准备好数据，等待 lua_pcall 读取。

下面就来逐句分析代码 7-8 的运行过程。从 API 的说明可以得知，lua_getglobal 会把方法的地址放入栈顶，调用后的栈结构如图 7-14 所示，假定原先的栈（即图 7-13 所示的栈）有 3 个元素，那么现在变成了 4 个元素。

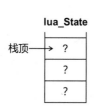

图 7-13 lua_State 的栈结构

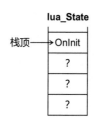

图 7-14 lua_getglobal 的示意图

lua_pushinteger 会把整型数放入栈中，由于主服务的 id 是 0，因此调用后的栈结构如图 7-15 所示。

lua_pcall 会调用 Lua 方法，在调用它之前，必须准备好数据，依次压入所需调用的方法和各个参数，从而使栈成为如图 7-16 所示的结构。

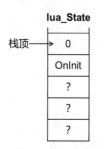

图 7-15 lua_pushinteger 的示意图

图 7-16 调用 lua_pcall 前需要准备的栈结构

代码 7-8 中的栈元素和 Lua 方法的关系如图 7-17 所示，由于 OnInit 只有 1 个参数，所以 lua_pcall 一共会用到两个元素。执行 lua_pcall 后，程序会自动删除先前准备的元素，并将返回值压入栈中。由于 OnInit 没有返回值，因此程序不会压入任何元素，调用后，栈结构会回到如图 7-13 所示的初始状态。

使用交互 API 时，需要时刻记住栈的结构。除了 lua_pushinteger 之外，Lua 还提供了 lua_pushboolean 和 lua_pushlstring 等方法，供开发者将各类型的数据压入栈中，以提供合适的参数。除了 lua_tostring 之外，Lua 还提供了 lua_tointeger 和 lua_tolstring 等方法供开发者获取栈中的元素。

7.3.4 再回顾调用方法

至此，大家应该已经掌握了 C++ 调用 Lua 的方法。现在请尝试一下，在服务退出时，调用 Lua 脚本的 OnExit 方法。

思考分割线，请认真思考后再往下看答案。

答案如代码 7-9 所示，即会在服务的退出回调中调用 Lua 方法。由于没有参数，因此这里仅使用 lua_getglobal 和 lua_pcall 这两个 API。

代码 7-9　src/Service.cpp

```cpp
// 退出服务时触发
void Service::OnExit() {
    cout << "[" << id <<"] OnExit"  << endl;
    // 调用 Lua 函数
    lua_getglobal(luaState, "OnExit");
    int isok = lua_pcall(luaState, 0, 0, 0);
    if(isok != 0){ // 若返回值为 0 则代表成功，否则代表失败
        cout << "call lua OnExit fail " <<
            lua_tostring(luaState, -1) << endl;
    }
    // 关闭 Lua 虚拟机
    lua_close(luaState);
}
```

C++ 与 Lua 是单线程交互，lua_pcall 的执行时间即 Lua 脚本的运行时间，如果 Lua 方法很复杂，那么 lua_pcall 的执行时间可能会很长。图 7-18 所示的是 C++ 与 Lua 的交互时序，其中黑色方块代表 C++ 语句的执行时长。

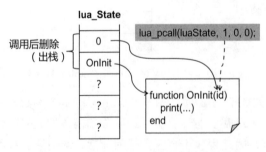

图 7-17　为调用 OnInit 所准备的栈结构

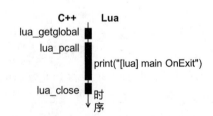

图 7-18　C++ 与 Lua 的交互时序示意图

Lua 拥有很强的与 C/C++ 交互的能力，建议大家通读一遍 Lua 参考手册（https://www.lua.org/manual/5.3/）中的"The Application Program Interface"和"C API"部分，以加深了解。

7.4 Lua 调用 C++ 函数

7.3 节介绍了"C++ 调用 Lua 脚本"的相关知识，本节就来介绍"Lua 调用 C++ 函数"的相关知识。

把 C++ 的一些方法映射到 Lua 中，就能增强 Lua 的功能。例如，可以在 Lua 中调用"sunnet.NewService("ping")"开启 ping 类型的新服务；调用"sunnet.Send(1, 2, "hello")"向 2 号服务发送消息等。

7.4.1 Sunnet 的脚本模块

无论是 Sunnet 还是 Skynet，脚本模块都是一个相对比较独立的模块。我们需要新增 LuaAPI 类，专门用于存放 C++ 提供给 Lua 的方法。

如代码 7-10 所示，LuaAPI.h 声明了 Sunnet 为 Lua 层提供的 6 个方法，分别是 NewService（新建服务）、KillService（删除服务）、Send（发送消息）、Listen（开启网络监听）、CloseConn（关闭网络连接）和 Write（发送网络数据）。提供给 Lua 的方法必须符合固定的格式，即都以 lua_State 对象为参数，并且返回整型数。Register 方法可用于将上述 6 个方法注册到 Lua 虚拟机中，使 Lua 可以调用它们。

代码 7-10 include/LuaAPI.h

```cpp
#pragma once

extern "C" {
    #include "lua.h"
}

using namespace std;

class LuaAPI {
public:
    static void Register(lua_State *luaState);

    static int NewService(lua_State *luaState);
    static int KillService(lua_State *luaState);
    static int Send(lua_State *luaState);

    static int Listen(lua_State *luaState);
    static int CloseConn(lua_State *luaState);
    static int Write(lua_State *luaState);
};
```

7.4.2 写接口

NewService 的实现如代码 7-11 所示，依次会用到 lua_gettop、lua_isstring、lua_pushinteger 和 lua_tolstring 等 API。在这里，大家可以先熟悉一下，再结合 7.4.3 节的内容进一步理解。

代码 7-11   src/LuaAPI.cpp

```cpp
#include "LuaAPI.h"
#include "stdint.h"
#include "Sunnet.h"
#include <unistd.h>
#include <string.h>

// 开启新服务
int LuaAPI::NewService(lua_State *luaState) {
    // 参数个数
    int num = lua_gettop(luaState);// 获取参数的个数
    // 参数1：服务类型
    if(lua_isstring(luaState, 1) == 0){   //1:是 0:不是
        lua_pushinteger(luaState, -1);
        return 1;
    }
    size_t len = 0;
    const char *type = lua_tolstring(luaState, 1, &len);
    char * newstr = new char[len+1]; // 后面加 \0
    newstr[len] = '\0';
    memcpy(newstr, type, len);
    auto t = make_shared<string>(newstr);
    // 处理
    uint32_t id = Sunnet::inst->NewService(t);
    // 返回值
    lua_pushinteger(luaState, id);
    return 1;
}
```

注册之后，就可以在 Lua 中调用类似于 "local pong = sunnet.NewService("ping")" 的语句来新建服务了。

7.4.3 分析 4 个 API

代码 7-11 中出现了几个新的 API，它们的功能说明如表 7-3 所示。

表 7-3   代码 7-11 所涉及的 API 及功能说明

API	说　　明
lua_gettop	原型：int lua_gettop (lua_State *L) 返回栈顶元素的索引，相当于返回栈上的元素个数
lua_isstring	原型：int lua_isstring (lua_State *L, int index) 判断栈中指定位置的元素是否为字符串，如果是字符串或数字（数字总能转换成字符串），则返回 1，否则返回 0

（续）

API	说　明
lua_tolstring	原型：const char *lua_tolstring (lua_State *L, int index, size_t *len) 与表 7-2 中的 lua_tostring 相似，不同的是多了个参数 len，它会把字符串的长度存入 *len 中
lua_pushinteger	原型：void lua_pushinteger (lua_State *L, lua_Integer n) 把值为 n 的整数压栈

当 Lua 调用 C++ 时，被调用的方法会得到一个新的栈，新栈中包含了 Lua 传递给 C++ 的所有参数，而 C++ 方法需要把返回的结果放入栈中，以返回给调用者。C++ 方法有一套固定的编写套路，一般分为"获取参数、处理、返回结果"三个步骤。

如果在 Lua 中调用 sunnet.NewService("ping")，那么参数"ping"会被压入栈中，此时栈中只有一个元素（如图 7-19 所示）。由于 Lua 中的字符串是引用值，因此栈只会记录字符串内存的地址，真正的字符串则由 Lua 虚拟机进行管理。

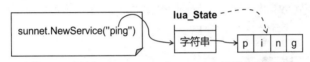

图 7-19　调用 NewService 时 lua_State 栈的初始状态

💡 **知识拓展**：Lua 中有八种基本类型：nil、boolean、number、string、function、userdata、thread 和 table。其中 string（字符串）、table、function、thread、userdata 在 Lua 中称为对象，变量并不真的持有它们的值，只是保存了对这些对象的引用。

lua_gettop 的功能是获取栈的大小，在"Lua 调用 C++"的场景中相当于是获取参数的个数。代码 7-11 中仅仅是获取该值，大家还可以自行加入一些判断，比如，只允许 num 值为 1，否则返回错误。

C++ 代码需要判断调用参数是否正确，"sunnet.NewService("ping")"的参数必须为字符串，如果用户传入 Lua 表，则说明出现了错误，不能再往下执行。

Lua 提供了 lua_isstring、lua_isinteger 等方法来判断栈中元素的类型。栈中元素可以用正数或负数的索引来表示，如图 7-20 所示，正数索引代表从栈底到栈顶的位置，负数索引代表从栈顶到栈底的位置。代码 7-11 中用 lua_isstring(..., -1) 来判断栈顶的第一个元素是否为字符串，如果不是字符串则返回错误值 -1。

服务类的 type 属性会贯穿服务的整个生命周期，而且，Lua 字符串（图 7-21 中的"ping"）是由 Lua 虚拟机管理的。Lua 虚拟机带有垃圾回收机制，当它判断 Lua 代码不再使用某些元素时，会释放掉它们以节省内存。代码 7-11 用 memcpy 将字符串复制了一份，以避免可能发生的冲突。

获取全部参数后（其实就只有 1 个），C++ 调用"Sunnet::inst->NewService(t)"创建服务，再将新服务的 id 压入栈中，此时栈的结构如图 7-21 所示。

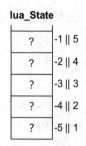

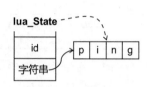

图 7-20　栈中元素的索引　　　　　图 7-21　压入返回值后的栈结构

LuaAPI::NewService 的返回值代表了 Lua 方法"返回值的个数",这里的返回值个数是 1。如果成功创建新服务,Sunnet::inst->NewService 会返回新服务 id,如果创建失败,会返回错误码 −1,我们把 Sunnet::inst->NewService 的返回值压入栈中,作为 Lua 方法 NewService 的返回值。例如,调用" local pong = sunnet.NewService("ping")"后,返回值 pong 就是栈(图 7-21 所示的栈)中的 id。

7.4.4　还需注册函数

准备好 C++ 方法之后,还需要注册它,才能在 Lua 中使用。下面举例说明,先编写如代码 7-12 所示的代码,再在初始化阶段(见代码 7-13)调用它。

代码 7-12　src/LuaAPI.cpp

```cpp
// 注册 Lua 模块
void LuaAPI::Register(lua_State *luaState) {

    static luaL_Reg lualibs[] = {
        { "NewService", NewService },
        //{ "KillService", KillService },
        //{ «Send», Send },

        //{ «Listen», Listen },
        //{ «CloseConn», CloseConn },
        //{ «Write», Write },
        { NULL, NULL }
    };
    luaL_newlib (luaState, lualibs);
    lua_setglobal(luaState, "sunnet");
}
```

代码 7-13　src/Service.cpp

```cpp
#include "LuaAPI.h"

// 创建服务后触发
void Service::OnInit() {
    cout << "[" << id <<"] OnInit"  << endl;
```

```
    // 新建 Lua 虚拟机
    luaState = luaL_newstate();
    luaL_openlibs(luaState);
    // 注册 Sunnet 系统 API
    LuaAPI::Register(luaState);
    // 执行 Lua 文件
    ......
}
```

代码 7-12 中所涉及的 API 及功能说明如表 7-4 所示。

表 7-4　代码 7-12 所涉及的 API 及功能说明

API 或结构	说　明
luaL_Reg	用于注册函数的数组类型。 代码中的 lualibs 是个 luaL_Reg 类型的数组，其中每一项都由两个参数组成，第 1 个参数的类型是字符串，代表 Lua 中方法的名字，第 2 个参数对应于 C++ 方法，代码 7-12 把 C++ 的 NewService 方法对应到了 Lua 的 NewService 方法。数组的最后一个元素必须是 { NULL, NULL }，表示结束
luaL_newlib	原型：void luaL_newlib (lua_State *L, const luaL_Reg l[]) 在栈中创建一张新的表，把数组 l 中的函数注册到表中
lua_setglobal	原型：void lua_setglobal (lua_State *L, const char *name) 将栈顶元素放入全局空间，并重新命名

　　配合 luaL_newlib 和 lua_setglobal 这两个 API，代码 7-12 相当于是在 Lua 中新建了一个名为 sunnet 的全局表，表中包含了 NewService 这个 C++ 方法。至于注释掉的 KillService、Send、Listen 等方法，将在后续章节中再添加进去。

　　至此，我们已经完成了 NewService 方法的封装，下面就来测试它的功能吧！

　　如代码 7-14 所示，在 Lua 主服务中调用 sunnet.NewService("ping")，开启三个 ping 服务。运行后，系统将会拥有 main 和 3 个 ping 服务，如图 7-22 所示。

代码 7-14　service/main/init.lua

```lua
function OnInit(id)
    print("[lua] main OnInit id:"..id)

    local ping1 = sunnet.NewService("ping")
    print("[lua] new service ping1:"..ping1)

    local ping2 = sunnet.NewService("ping")
    print("[lua] new service ping1:"..ping2)

    local pong = sunnet.NewService("ping")
    print("[lua] new service pong:"..pong)

end
```

　　为了进行测试，下面编写如代码 7-15 所示的简易版 ping 服务，仅在启动时打印日志。

代码 7-15　service/ping/init.lua

```
function OnInit(id)
    print("[lua] ping OnInit id:"..id)
end
```

运行 Sunnet，我们将能看到如图 7-23 所示的服务端输出，由输出结果可知，系统已成功开启了 3 个 ping 服务。

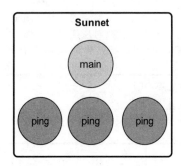

图 7-22　开启的所有服务

图 7-23　程序运行结果

7.4.5　思考题

至此，大家应该已经了解了调用的基本原理，可以自行封装各种方法了。下面请大家尝试封装关闭服务的 KillService 方法。

思考分割线，请认真思考后再往下看答案。

答案如代码 7-16 所示，注意，不要忘了在 LuaAPI::Register 中注册 KillService 方法（参考代码 7-12）。

代码 7-16　src/LuaAPI.cpp

```
int LuaAPI::KillService(lua_State *luaState) {
    // 参数
    int num = lua_gettop(luaState);// 获取参数的个数
    if(lua_isinteger(luaState, 1) == 0) {
        return 0;
    }
    int id = lua_tointeger(luaState, 1);
    // 处理
    Sunnet::inst->KillService(id);
    // 返回值
```

```
                    //（无）
                    return 0;
            }
```

Lua 中可用"sunnet.KillService(id)"关闭服务，参数 id 代表要关停的服务 id，没有返回值，所以 KillService 会读取 1 个整型数的参数，最后返回 0。

7.5 Lua 版的 PingPong

通过前面 4 节的学习，相信大家已经掌握了在宿主语言中嵌入 Lua 脚本的方法。7.5 节和 7.6 节会继续开发 Sunnet，完成消息收发和网络模块的 Lua 接口，制作"乒乓"和"聊天室"两个范例。完成后，Sunnet 将拥有 Skynet 的核心功能。

PingPong 的功能需求与第 2 章的"第一个程序 PingPong"完全一样，即开启几个 ping 服务，让它们互相发消息。

7.5.1 封装两个新接口

Lua 版 PingPong 会用到两个新接口，一个是用于发送消息的 Send 方法，另一个是用于接收消息的 OnServiceMsg 回调方法。我们可以运用 7.2 节和 7.3 节学到的内容来实现这两个方法。

1. Send

Lua 的 Send 方法原型如图 7-24 所示，它包含了 source、to 和 buff 三个参数，source 代表发送方的 id，to 代表接收方的 id（图 7-24 中的圆形代表不同的服务），buff 代表序列化的消息内容。无论发送多少数据，都可以将它们序列化成一串二进制字符，所以 buff 是字符串类型数据。

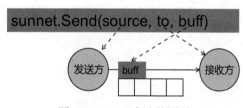

图 7-24 Send 方法的原型

代码 7-17 展示了 Send 方法的具体实现，图 7-25 展示了在 Lua 中调用 sunnet.Send(1, 3, "start") 的堆栈示意图，大家可以对照图片理解代码。栈中共有 3 个元素，对应于 3 个参数，程序依次获取它们。根据 7.4.3 节的分析，Lua 字符串由虚拟机管理，为避免字符串被释放而导致出错，可用 memcpy 复制一份 buff，再用智能指针管理它。

代码 7-17 src/LuaAPI.cpp

```cpp
#include <iostream>

// 发送消息
int LuaAPI::Send(lua_State *luaState) {
    // 参数总数
```

```
int num = lua_gettop(luaState);
if(num != 3) {
    cout << "Send fail, num err" << endl;
    return 0;
}
// 参数 1: 我是谁
if(lua_isinteger(luaState, 1) == 0) {
    cout << "Send fail, arg1 err" << endl;
    return 0;
}
int source = lua_tointeger(luaState, 1);
// 参数 2: 发送给谁
if(lua_isinteger(luaState, 2) == 0) {
    cout << "Send fail, arg2 err" << endl;
    return 0;
}
int toId = lua_tointeger(luaState, 2);
// 参数 3: 发送的内容
if(lua_isstring(luaState, 3) == 0){
    cout << "Send fail, arg3 err" << endl;
    return 0;
}
size_t len = 0;
const char *buff = lua_tolstring(luaState, 3, &len);
char * newstr = new char[len];
memcpy(newstr, buff, len);
// 处理
auto msg= make_shared<ServiceMsg>();
msg->type = BaseMsg::TYPE::SERVICE;
msg->source = source;
msg->buff = shared_ptr<char>(newstr);
msg->size = len;
Sunnet::inst->Send(toId, msg);
// 返回值
// (无)
return 0;
}
```

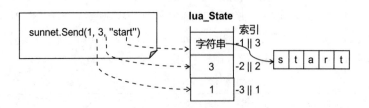

图 7-25　Lua 中调用 Send 的栈示意图

最后，请记得在“注册”方法中添加 Send。

2. OnServiceMsg

服务收到消息后，需要通知 Lua 层。代码 7-18 所示的是在 C++ 的 OnServiceMsg 方法中调用 Lua 的 OnServiceMsg 方法。

代码 7-18　src/Service.cpp

```cpp
// 收到其他服务发来的消息
void Service::OnServiceMsg(shared_ptr<ServiceMsg> msg) {
    //调用 Lua 函数
    lua_getglobal(luaState, "OnServiceMsg");
    lua_pushinteger(luaState, msg->source);
    lua_pushlstring(luaState, msg->buff.get(), msg->size);
    int isok = lua_pcall(luaState, 2, 0, 0);
    if(isok != 0){ // 若返回值为 0 则代表成功，否则代表失败
        cout << "call lua OnServiceMsg fail " << lua_
            tostring(luaState, -1) << endl;
    }
}
```

图 7-26 展示了代码 7-18 所准备的栈结构，分别将回调方法 OnServiceMsg、发送方 source 和消息内容 buff 压入栈。在 Lua 脚本中，只要新增 OnServiceMsg(source, buff) 回调，即可处理服务间的消息。由于 OnServiceMsg 带有两个参数，没有返回值，因此 lua_ pcall 的第 2 个和第 3 个参数分别为 2 和 0。

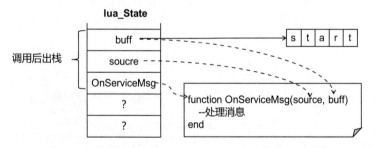

图 7-26　为调用 Lua 的 OnServiceMsg 方法准备的栈结构

7.5.2　Lua 版的 ping 服务

完成了 C++ 接口之后，接下来开始编写 ping 服务的 Lua 代码。ping 服务的脚本文件位于 "service/ping/init.lua"，如代码 7-19 所示。

代码 7-19　service/ping/init.lua

```lua
local serviceId

function OnInit(id)
    print("[lua] ping OnInit id:"..id)
```

```
        serviceId = id
    end

function OnServiceMsg(source, buff)
    print("[lua] ping OnServiceMsg id:"..serviceId)

    if string.len(buff) > 50 then
        sunnet.KillService(serviceId)
        return
    end

    sunnet.Send(serviceId, source, buff.."i")
end

function OnExit()
    print("[lua] ping OnExit")
end
```

代码 7-19 中添加了 OnInit、OnServiceMsg 和 OnExit 三个回调方法，分别会在服务启动时、收到服务间消息时、服务退出时调用。变量 serviceId 指代本服务的 id，将在 OnInit 中赋值。OnServiceMsg 会调用 sunnet.Send，将原消息增加一个字符（在 buff 后面拼接 i）后回应给发送方；而当 ping 服务收到的消息大于 50 个字符时，会调用 sunnet.KillService 退出服务。

这段代码将检验 OnInit、OnServiceMsg 和 OnExit 三个回调方法的调用能否正常进行，以及 sunnet.Send、sunnet.KillService 等 API 能否正常工作。

7.5.3　运行结果

修改主服务，除了开启 3 个 ping 服务之外（请回顾代码 7-14），还要模拟 ping1 和 ping2 分别向 pong 发送一条消息，让 ping 服务开始工作，具体实现如代码 7-20 所示。

代码 7-20　service/main/init.lua

```
function OnInit(id)
    -- 开启 ping1、ping2 和 pong 三个服务
    ......
    sunnet.Send(ping1, pong, "start")
    sunnet.Send(ping2, pong, "start")
end
```

图 7-27 展示了 PingPong 程序的内部状态，一开始，ping1 向 pong 发送 "start"、ping2 向 pong 发送 "start"，pong 分别回应 "starti"，ping1 和 ping2 又回应 "startii"，循环往复，直到 pong 服务收到字符长度大于 50 的消息后自行退出。服务端的输出如图 7-28 所示。

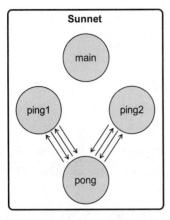

图 7-27　PingPong 程序示意图

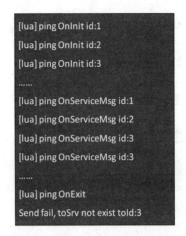

图 7-28　PingPong 程序服务端的输出

7.5.4　参数序列化

Send 方法只能传递一个字符串参数，如果要传递多个参数，就要将多个参数编码成字符串，再在接收方法中解码。代码 7-21 展示了一种用 Lua 原生的 string.unpack 和 string.pack 编解码两个整数型参数的方法：在编码阶段，将 n1 和 n2 编码成字符串 buff；在解码阶段，将 buff 还原成 n1 和 n2 两个数字。

代码 7-21　service/ping/init.lua

```lua
function OnServiceMsg(source, buff)
    local n1 = 0
    local n2 = 0
    -- 解码
    if buff ~= "start" then
        n1, n2 = string.unpack("i4 i4", buff)
    end
    -- 处理
    print("[lua] ping OnServiceMsg n1:"..n1.." n2:"..n2)
    n1 = n1 + 1
    n2 = n2 + 2
    -- 编码
    buff = string.pack("i4 i4", n1, n2)
    sunnet.Send(serviceId, source, buff)
end
```

Skynet 的作者实现了一套 Lua 对象的序列化模块（参考地址：https://github.com/cloudwu/lua-serialize），模块列举了 Lua 的大部分数据类型，并按照一定规则逐个存入 char 数组中。

大家可以尝试在 Lua 层对 Send 和 OnServiceMsg 再做一次封装，让 Sunnet 能够自动编码和解码消息；还可以对服务做一些封装，屏蔽 Send 方法的第 1 个参数。

7.6 Lua 版聊天室

Lua 聊天室的功能需求与第 2 章的"做聊天室，学习多人交互"完全一样，都是开启聊天服务，让多个客户端进行交互。

聊天室范例可用于检验 Sunnet 的网络接口是否正常。

7.6.1 继续封装

为了提供 Lua 网络模块，我们需要封装 Listen（开启监听）、CloseConn（关闭连接）和 Write（发送数据）三个方法，调用 OnAcceptMsg（有新客户端）、OnSocketData（收到网络数据）和 OnSocketClose（连接关闭前）三个 Lua 回调方法。

由于没有涉及新技术，这里仅展示 Write 和 OnSocketData 的写法。大家可以参考随书源码尝试自行编写其他几个接口。

1. Write

图 7-29 展示了 Write 方法的参数和栈结构，第 1 个参数代表 Socket 描述符（图 7-29 中的 fd），第 2 个参数代表要发送的内容（图 7-29 中的 buff）。sunnet.Write 会返回一个整型数，它与原生 write 的返回值相同，−1 代表写入失败，非负数代表写入缓冲区的字节数。

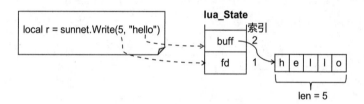

图 7-29 Write 方法的示意图

代码 7-22 展示了 Write 的具体实现，获取参数后需要调用原生的 write。

代码 7-22 src/LuaAPI.cpp

```cpp
// 写套接字
int LuaAPI::Write(lua_State *luaState){
    // 参数个数
    int num = lua_gettop(luaState);
    // 参数 1: fd
    if(lua_isinteger(luaState, 1) == 0) {
        lua_pushinteger(luaState, -1);
        return 1;
    }
    int fd = lua_tointeger(luaState, 1);
    // 参数 2: buff
    if(lua_isstring(luaState, 2) == 0){
        lua_pushinteger(luaState, -1);
        return 1;
    }
```

```
    size_t len = 0;
    const char *buff = lua_tolstring(luaState, 2, &len);
    // 处理
    int r = write(fd, buff, len);
    // 返回值
    lua_pushinteger(luaState, r);
    return 1;
}
```

2. OnSocketData

服务收到来自网络的数据后，需要通知 Lua 层。如代码 7-23 所示，在 C++ 的 On-SocketData 方法中调用 Lua 的 OnSocketData 方法。

代码 7-23　src/Service.cpp

```
// 收到客户端数据
void Service::OnSocketData(int fd, const char* buff, int len) {
    // 调用 Lua 函数
    lua_getglobal(luaState, "OnSocketData");
    lua_pushinteger(luaState, fd);
    lua_pushlstring(luaState, buff, len);
    int isok = lua_pcall(luaState, 2, 0, 0);
    if(isok != 0){ // 若返回值为 0 则代表成功，否则代表失败 .
        cout << "call lua OnSocketData fail " << lua_
            tostring(luaState, -1) << endl;
    }
}
```

如图 7-30 所示，Lua 的 OnSocketData 带有两个参数，第 1 个参数代表消息来源，其指向套接字描述符，第 2 个参数代表消息内容。

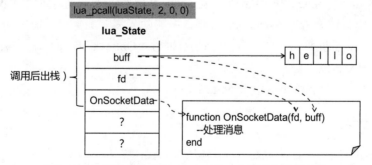

图 7-30　为调用 Lua 的 OnSocketData 方法准备的栈结构

在封装完 Listen（开启监听）、CloseConn（关闭连接）、OnAcceptMsg（有新客户端）和 OnSocketClose（连接关闭前）四个方法之后，便可以进行下一步的操作了。

7.6.2 Lua 版的聊天服务

完成了 C++ 接口之后，接下来开始编写聊天（chat）服务的 Lua 代码。chat 服务的脚本文件位于"service/chat/init.lua"，如代码 7-24 所示。

代码 7-24 service/chat/init.lua

```lua
local serviceId
local conns = {}

function OnInit(id)
    serviceId = id
    print("[lua] chat OnInit id:"..id)
    sunnet.Listen(8002, id)
end

function OnAcceptMsg(listenfd, clientfd)
    print("[lua] chat OnAcceptMsg "..clientfd)
    conns[clientfd] = true
end

function OnSocketData(fd, buff)
    print("[lua] chat OnSocketData "..fd)
    for fd, _ in pairs(conns) do
        sunnet.Write(fd, buff)
    end
end

function OnSocketClose(fd)
    print("[lua] chat OnSocketClose "..fd)
    conns[fd] = nil
end
```

代码 7-24 中添加了 OnInit、OnAcceptMsg、OnSocketData 和 OnSocketClose 四个回调方法，分别会在服务启动、有新连接、收到网络数据、连接断开时调用。变量 serviceId 指代本服务的 id，将在 OnInit 中赋值；表 conns 会保存所有已连接的套接字描述符，在 OnAcceptMsg 中新增元素，在 OnSocketClose 中删除元素。服务启动时（OnInit），程序会调用 sunnet.Listen 监听 8002 端口；收到网络数据时（OnSocketData），程序会遍历 conns 列表，向各个客户端转发数据。

聊天服务可用于检验网络 API 能否正常工作。

7.6.3 运行结果

修改主服务，使其开启聊天服务，具体实现如代码 7-25 所示。

代码 7-25 service/main/init.lua

```lua
function OnInit(id)
    sunnet.NewService("chat")
end
```

图 7-31 展示了聊天程序的内部状态。逻辑上，客户端与聊天服务相连接，由聊天服务转发消息。大家可以用 Telnet 连接 8002 端口，向服务端发送数据，以测试程序。

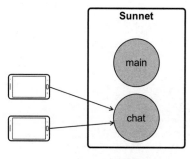

图 7-31　聊天程序示意图

7.6.4　拓展说明

本章抛砖引玉，介绍了 C++ 和 Lua 交互的基础知识。鉴于篇幅，下面这些内容还需要大家自行查找相关资料进行学习。

1）用户数据（userdata）的处理。

2）协程的处理。

3）闭包的处理。

在本章的基础上，大家还需要通读 Lua 参考手册，手册中的内容比较简单易学。

服务端脚本并不局限于 Lua，大家还可以尝试用相似的方法，将 Lua 换成 Python、JavaScript、C# 等语言，甚至还可以自行编写一套简易编译器。

第二部分"入木三分"以仿写 Skynet 为主线，介绍了 C++ 并发编程、网络编程、嵌入脚本三方面的底层知识。希望大家能够"知其然，知其所以然"，有朝一日开发属于自己的服务端引擎。在接下来的章节中，我们将面对实际项目中可能存在的难题，逐个击破。

第三部分 *Part 3*

各 个 击 破

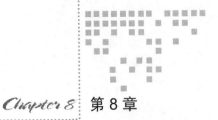

第8章

同步算法

"同步"是网络游戏的核心课题。图 8-1 所示的是多人射击游戏《绝地求生》的示意图，每局战斗会有 100 名玩家参与，每个角色的位置、动作和属性都要同步给战场中的其他玩家。射击类游戏对同步的要求很高，因为稍有网络延迟，玩家就会难以瞄准目标，或者莫名其妙被打死。然而，网络通信不可避免会存在延迟和抖动的问题，如果没能处理好，就会极大地影响玩家的游戏体验。

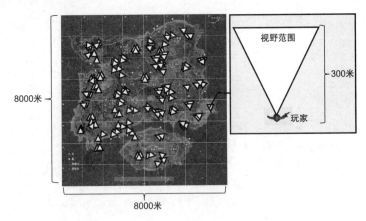

图 8-1　射击游戏《绝地求生》的示意图

不同类型的游戏对同步算法有着不同的权衡策略。射击游戏对精确度（如判定是否爆头）的要求很高，每局的玩家数量很多（如《绝地求生》每局有 100 名玩家参战），但好在同屏角色数量较少。而即时战略游戏（也称策略游戏）同屏的单位数量虽然很多（图 8-2 中一屏有数百个单位），但好在每局游戏的玩家数不多。

图 8-2　策略游戏示意图

本章将探讨常见的游戏同步算法，并分析它们的适用场景。

8.1　同步难题

本节将以射击游戏为例，说明为什么同步是网络游戏的一大难题。

8.1.1　一种移动方法

第 1 章介绍的《让角色走起来》和第 3 章介绍的《球球大作战》都用到了"指令 -> 状态"的同步方法。假设射击游戏也使用同样的方法，那么请思考一下，在图 8-3 所示的场景中，当玩家 A 按下方向键移动角色时会发生什么？客户端 A 会先向服务端发送操作指令（往哪个方向移动）（阶段①），然后服务端会计算角色 A 的新位置，再广播给所有玩家（阶段②）。

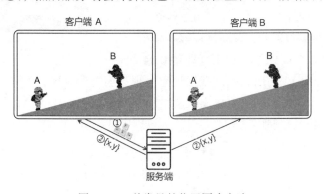

图 8-3　一种常见的位置同步方法

代码 8-1 是"指令 -> 状态"方案的服务端代码（请回顾 3.13.7 节），其中，players 用于保存战场中的所有角色，角色的属性 x 和 y 代表它的位置坐标，speedx 和 speedy 代表它的移动方向。服务端每隔 0.2 秒调用一次 move_update，该方法会计算角色的新坐标，然后广播移动协议。

代码 8-1　服务端的移动逻辑（Lua）

```lua
-- 收到客户端移动指令
function on_shift_msg(player, msg)
    player.speedx = msg.x  --msg.x和msg.y代表摇杆坐标（移动方向）
    player.speedy = msg.y
end

-- 每隔 0.2 秒调用一次
function move_update()
    for i, v in pairs(players) do
        v.x = v.x + v.speedx * 0.2
        v.y = v.y + v.speedy * 0.2
        if v.speedx ~= 0 or v.speedy ~= 0 then
            local msg = {"move", v.playerid, v.x, v.y}
            broadcast(msg)
        end
    end
end
```

8.1.2　瞬移、顿挫、打不中

本节我们来分析 8.1.1 节同步方法可能产生的问题。

1. 顿挫

代码 8-1 中，服务端每隔 0.2 秒计算一次位置，并将新坐标广播给客户端。客户端收到移动协议后，如果简单粗暴地直接设置角色坐标，玩家会有明显的顿挫感。举例来说，玩家将会看到如图 8-4 所示的场景，一开始角色处于位置 A，过了 0.2 秒突然变到位置 B，又突然变到位置 C，移动过程很不顺畅。

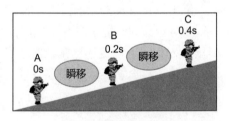

图 8-4　瞬移示例

如果将同步频率提高到 24 帧 / 秒（即每 0.04 秒调用一次 move_update），利用人眼的残影现象，理论上会让顿挫感消除，直觉上就像播放电影画面一样。然而，提高同步频率不仅会给服务端带来性能压力，而且无法达到预期效果，8.1.3 节将会分析具体原因。

2. 打不中

网络质量的差异，会使得同一时刻各玩家看到的画面不同。在图 8-5 所示的例子中，角色 A 向左移动，角色 B 向右移动。由于客户端 A 的网络延迟较低，因此它能较早收到最新的移动协议，在玩家 A 的眼中，角色 A 刚好瞄准角色 B，于是开枪射击；但在玩家 B 的眼中，自己并未被瞄准。

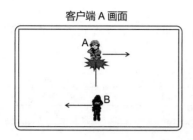 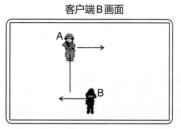

客户端 A 画面　　　　　　　　　　客户端 B 画面

图 8-5　各玩家看到的画面不同的示例

无论如何判定，总有玩家会感到不满意。如果判定为"打中"，那么玩家 B 会感到奇怪，觉得自己莫名其妙中了一枪；如果判定为"没打中"，那么玩家 A 就会很生气。

8.1.3　抖动和延迟

"顿挫""打不中"这些问题都可以归结于网络的延迟和抖动，就算服务端的性能再好，设置很高的同步频率，也无法解决该问题。

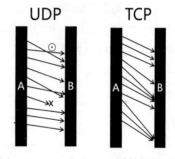

如图 8-6 所示，A 端依次向 B 端发送数据。若使用 UDP，则有些数据会无法传达（图中用 X 标记的数据），有些数据会顺序错乱（图中用 ⊙ 标记的数据）；TCP 解决了不可靠和无序的问题（UDP 和 TCP 两种协议的对比见表 8-1），但与 UDP 一样的是，TCP 也不可避免地存在延迟，而且无论发送频率多平稳，接收频率也会很不稳定，比如，A 端按固定间隔发送数据，但 B 端相邻的箭头有些相隔很近、有些则很远，我们把这种不稳定的现象称为抖动。

图 8-6　UDP 和 TCP 两种协议的对比

表 8-1　UDP 和 TCP 两种协议的对比

特　　性	协　　议	
	UDP	TCP
不可靠（数据可能丢失）	√	×
无序	√	×
延迟	√	√
抖动	√	√

不同类型的游戏对延迟的要求也有所不同。根据经验，对于大型多人在线角色扮演游戏（Massively Multiplayer Online Role-Playing Game，MMORPG），玩家能容忍 0.1 秒左右的延迟；对于多人在线战术竞技（Multiplayer Online Battle Arena，MOBA）类游戏，玩家

对延迟的容忍度通常很低。图 8-7 所示的是一种角色扮演类游戏的技能同步方案。客户端 A 发起技能，经由服务端判定，收到回应后播放技能动画。如果延迟时间过长，玩家就会感到不适。

表 8-2 展示了一些网络延迟时间的测试值，可供大家分析同步问题时参考，一般可以认为玩家的延迟在几十毫秒左右。

表 8-2　网络延迟测试值

网　　络	延迟（毫秒）
局域网（同机房服务器）	0.2
局域网（不同机房服务器）	1
公网（连接广东服务器）	30
公网（连接中国香港服务器）	50
公网（连接新疆服务器）	70
公网（连接英国服务器）	200

"抖动"会限制数据同步的频率。如图 8-8 所示，双端使用 TCP 进行通信，服务端平稳地向客户端发送移动协议，但由于网络质量不佳，客户端收到协议的时序并不稳定。协议 1 和协议 2 之间、协议 2 和协议 3 之间都有较大的间隔，但协议 3 到协议 7 几乎是同时到达。如果客户端直接设置角色位置，那么收到协议 3 之后，玩家会觉得角色突然被拉扯到了较远的地方，看似发了 7 条协议，实际上只有 3 条的效果。所以，提高同步频率，并不能解决顿挫感问题。

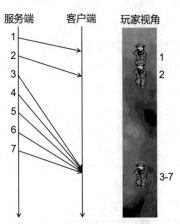

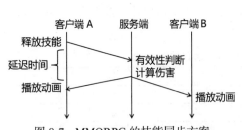

图 8-7　MMORPG 的技能同步方案　　　　图 8-8　网络抖动限制数据同步的频率

如图 8-9 所示，网络抖动会影响数据的接收频率，使游戏的同步效果变差，其中，纵坐标代表相邻两次收到数据的时间差，横坐标代表游戏进程。让服务端以 30 帧 / 秒的速率（0.03 秒一次）向客户端发送数据，测量客户端两次接收的时间差（图 8-10 中的 t1 到 t6）。如果没有抖动，那么客户端接收数据的时间差应该恒定在 0.03 秒。实测值很分散，最坏的情况达到了 0.4 秒，若按平均值 0.1 秒来计算，虽然发送频率为 30 帧 / 秒，但实际接收频率只有 10 帧 / 秒。

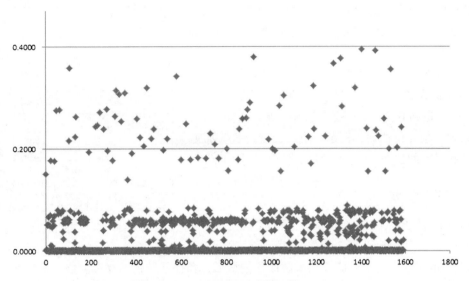

图 8-9　网络质量较差时，接收间隔的实测值

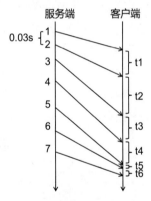

图 8-10　网络抖动实验示意图

8.2　客户端障眼法

就像魔术虽然是假的，却能给观众带来欢乐一样，尽管网络延迟不可避免，但是在客户端实施点障眼法，玩家就能收获良好的游戏体验。

8.2.1　插值算法

客户端收到移动协议后，不会直接设置角色坐标，而是让角色慢慢往目标点移动。如图 8-11 所示，服务端在 0 秒、0.2 秒、0.4 秒时分别发送了 3 条移动协议，告知角色在 A、B、

C 三个点。当客户端收到 B 点协议时，不直接设置位置，而是让角色慢慢走向 B 点；收到 C 点协议时，再慢慢走向 C 点。使用插值算法，就算是以 0.2 秒一次的低频率同步，玩家也能有较好的游戏体验。

作为障眼法的代价，插值算法比"直接设置位置"存在更大的误差。在图 8-11 所示的场景中，客户端第 0.4 秒才走到 B 点，0.6 秒才走到 C 点，增加了 0.2 秒的延迟。但无论如何，比起"直接设置位置"那种玩家体验极差的游戏，0.2 秒的延迟是值得付出的。

图 8-11 客户端插值算法示意图

8.2.2 缓存队列

单纯的插值算法还不能解决顿挫问题。回顾图 8-8，其中第 3 条到第 7 条协议几乎同时到达，图 8-12 展示了仅仅使用插值算法来做优化的情形，顿挫问题依然存在。假设插值算法增加了 0.2 秒的延迟，即收到移动协议后，让角色花 0.2 秒的时间从当前位置移动到新位置。那么角色从 A 点走到 B 点（很短的距离）花费的时间为 0.2 秒，从 B 点走到 C 点（较长的距离）花费的时间也是 0.2 秒，移动速度发生突变，故而会影响玩家体验。

客户端可以通过缓存队列来缓解速度跳变的问题。如图 8-13 所示，收到移动协议后，不立即进行处理，而是把协议数据存在队列中，再用固定的频率（比如，每隔 0.2 秒）取出，结合插值算法移动角色。"缓存队列"相当于是在客户端加一层缓存来缓解网络抖动的问题，这样做能够有效提高玩家的游戏体验。

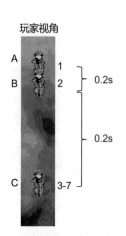

图 8-12 单纯优化插值算法的情形

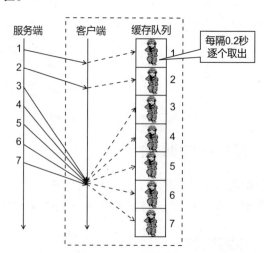

图 8-13 客户端通过缓存队列解决速度跳变问题

客户端还可以动态调整取出的速率，当队列里积累了较多数据时，可以稍微加快，当队列中的数据很少时，可以稍微减缓，从而可以更好地抵抗网络抖动。但比起单纯使用插值算法，缓存队列付出的代价是误差更大。

结合插值算法和缓存队列，单靠客户端的优化就能够解决大部分同步问题。对于误差敏感的游戏类型（如射击），还可以通过"主动方优先"的策略来提高玩家的游戏体验。

8.2.3　主动方优先

插值算法、缓存队列会加大不同玩家所见画面的差异。回顾图 8-5 可知，客户端画面差异越大，"打不中""莫名其妙被打死"的问题就越有可能发生。

对于这种问题，一般会采取三种应对策略，具体如图 8-14 所示。

第 1 种：不管客户端的误差，一切以服务端的计算为准。例如第 3 章的《球球大作战》，不论玩家看到怎样的画面，小球吃到哪个食物、碰到哪个敌人都由服务端裁决。这是一种最权威也是最难实现的方案，因为该方案要求服务端具备完全的运算能力。

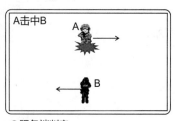

①服务端判定
②攻击方（A）发送"击中"协议
③被攻击方（B）发送"受伤"协议

图 8-14　"A 击中 B"的三种同步方式

第 2 种：信任主动方。客户端 A 发送"我击中了 B"的协议，只要不是偏差太大（例如，角色 A 和 B 隔得太远），服务端就认定 A 真的击中了 B。这种方式会提高玩家 A 的游戏体验，但玩家 B 可能会感到"莫名其妙被打死"。

第 3 种：信任被动方。客户端 B 发送"我被 A 击中"的协议。这种方式会提高玩家 B 的游戏体验，但玩家 A 可能会感到"明明瞄准了却打不中"。

有时因为项目期限和开发难度的限制，很多游戏的服务端并不具备完全的运算能力。《球球大作战》的位置、碰撞能由服务端进行运算，是因为游戏很简单，计算量不大，但如果游戏很复杂，那么开发难度就会很大。有些项目会让客户端发送位置坐标，服务端只做转发，这样能减少很多工作量。如果服务端不具备运算能力，那么我们通常会选择第 2 种方案。这是因为"主动方"玩家更具活力，更有价值，要优先照顾他们的感受。"被动方"说不定正处于挂机状态，可能并不在游戏屏幕前。

总而言之，虽然误差不可避免，但可以通过"主动方优先"的策略来进行应对，提高重要玩家的游戏体验。

8.3　各类同步方案及适用场景

8.1 节演示了由服务端执行运算的同步方案，对服务端开发而言，这是最复杂的方案。大家也许听说过"状态同步""帧同步"等概念，它们都属于同步方案。本节将盘点所有的同步方案，分析它们的适用场景。

8.3.1 三种同步方案

根据服务端的输入输出内容，同步方案可以分为三大类，即"指令 -> 指令""指令 -> 状态"和"状态 -> 状态"，游戏中可能会采用其中的一种或几种方案的组合。服务端既可能接收"指令"或"状态"的输入，也可能输出"指令"或"状态"，如图 8-15 所示。

图 8-15　同步方案示意图

第 3 章的《球球大作战》中，服务端的输入是客户端发来的摇杆方向（即角色移动方向），输出是球的位置坐标，这种情况属于"指令 -> 状态"同步；又比如一些射击游戏，客户端直接发送角色的位置坐标，服务端只进行转发，这种情况属于"状态 -> 状态"同步。表 8-3 列出了三种同步方案及其特性。

表 8-3　三种同步方案

方　　案	客户端运算能力	服务端运算能力
状态 -> 状态	√客户端运算，服务端转发 优点：即时表现，玩家体验好 缺点：容易作弊	+ 校验能力
指令 -> 状态	+ 先行表现	√服务端运算 优点：有效杜绝作弊 缺点：服务端负载压力大
指令 -> 指令	√帧同步 优点：可以同步大量角色 缺点：容易错乱	+ 校验能力

表 8-3 用"√"标记运算端，用"＋"标记优化端。例如，"状态 -> 状态"方案中，如果客户端要算出角色的新位置，那么它必须拥有物理引擎和逻辑运算功能（所以标记为"√"），服务端只需要转发协议即可。但是，在"状态 -> 状态"同步方案中，若玩家对客户端做手脚，则很容易作弊。如果服务端也拥有一定的运算能力，那么它可以通过做一些校验来减少作弊行为，但这不是必须的（所以标记为"＋"）。

再以《球球大作战》的"指令 -> 状态"为例，由于所有的逻辑运算都在服务端，因此可以有效杜绝玩家作弊。但是，如果玩家按下"前进"按键后，要等 0.2 秒才能看到效果

（假设服务端的运算频率是每秒 5 次），那么玩家将感到游戏体验不佳。"先行表现"也是一种常见的优化方法，在玩家按下"前进"的同时，客户端就会让球向前移动，若稍后服务端发来的新位置与"先行移动"到的位置接近，就不管它，如果相差太远，就再做调整。

帧同步是一种"指令 -> 指令"同步方案，客户端发送"向前走"之类的指令，服务端只做转发，后续章节会有详细讨论。

8.3.2 适用场景

不同的同步方案适用于不同的游戏，如表 8-4 所示。

表 8-4 不同游戏适用的同步方案

游戏类型	最适用的方案	原因
射击 (FPS)	状态 -> 状态	对实时性要求高，玩家打出一枪后期待马上看到效果，用客户端运算的方案，能给玩家即时反馈。由于同一个场景的玩家可能有很多，因此不适合采用帧同步的方案
即时战略 (RTS)	指令 -> 指令 （帧同步）	需要同步大量单位，如果使用状态同步，则意味着需要同步大量数据，而"指令 -> 指令"只需要同步小部分的操作指令
竞技 (MOBA)	指令 -> 指令 （帧同步）	对公平性要求较高（请回顾图 8-5 所示的场景），即对误差的要求较高。从原理上看，帧同步可以保证多个客户端的误差较小
角色扮演 (MMORPG)	指令 -> 状态	同一个场景中的角色较多，不适合帧同步。如果需要较好地防止作弊，且开发时间充裕，则最好选用"指令 -> 状态"的方案
开房间休闲类 （如《球球大作战》）	指令 -> 状态 或 指令 -> 指令 （帧同步）	若对实时性要求较低，但对防作弊的要求较高，则适合使用"指令 -> 状态"的同步方案。若需要同步大量单位（比如，在《球球大作战》的基础上加个食物随机飘动的需求），则适合使用帧同步的方案

虽说每种游戏都有其最适用的同步方案，但有时候出于开发难度、人员配置、服务端硬件水平等多方面的考量，会进行诸多权衡。例如，项目组客户端团队能力强，而服务端能力较弱，那么选用"状态 -> 状态"或"指令 -> 指令"的方案，能把工作量放到客户端；相反，如果服务端团队能力强，那么"指令 -> 状态"的方案能够减少客户端的工作量。

有时，我们需要结合多种同步方案，例如，某些角色扮演类游戏（ARPG）使用"状态 -> 状态"的方案同步角色的位置，使用"指令 -> 状态"的方案同步技能，使服务端具备一定的反作弊能力，同时又能平衡工作量，因为客户端引擎大多集成了物理模块和寻路模块，容易实现角色移动的功能，服务端实现起来则相对比较困难。

下面，我们就来分析几款知名游戏的同步方案。

8.3.3 案例：《天涯明月刀》

《天涯明月刀》是一款动作角色扮演类游戏，场景部分采用"状态 -> 状态"的同步方案，辅之以服务端强校验（如图 8-16 所示）。

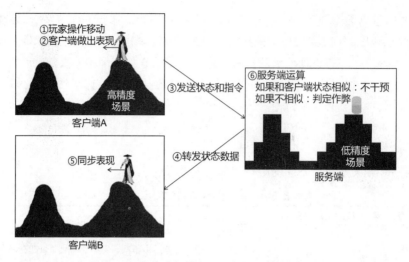

图 8-16　游戏《天涯明月刀》位置同步示意图

不采用完全的"指令 -> 状态"方案，是因为《天涯明月刀》的场景结构、技能触发规则都很复杂，如果完全由服务端运算，则负载太高，所以服务端通过采用低精度的地图数据和较低的运算频率来降低负载。虽然服务端的运算结果不是很精确，但它足以应对作弊行为。"服务端同步运算"也意味着较高的开发成本，为了在服务端处理 3D 大地图，开发团队花费了很多精力。

8.3.4　案例：《王者荣耀》

竞技游戏《王者荣耀》采用了"指令 -> 指令"（帧同步）同步方案，一方面是为了保证游戏的公平性，需要选用误差较小的方案；另一方面是需要同步的单位较多，算上小兵，一屏可能会有数十个单位（如图 8-17 所示）。

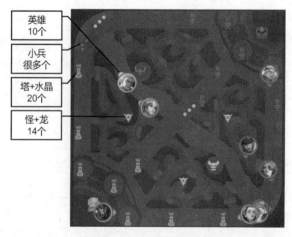

图 8-17　游戏《王者荣耀》同步单位示意图

《王者荣耀》选用帧同步也是经过了诸多因素的权衡，无论是"指令 -> 状态"，还是《天涯明月刀》那样的服务端强校验，都会有较多的服务端开发工作。而《王者荣耀》开发初期工期很紧，选用"指令 -> 指令"的同步方案，可以有效减少服务端的工作量，客户端除了底层的"帧同步"模块之外，其他业务逻辑就像做单机游戏一样，较为简便。另外，"帧同步"也较容易实现战场回放的功能，只用把一场战斗的所有指令存储起来，逐一播放即可。

帧同步对网络质量的要求很高，为降低延迟，《王者荣耀》所采用的协议是自研的可靠UDP，关于可靠UDP，将在8.6节详细介绍。

8.3.5 案例：《绝地求生大逃杀》

包括《绝地求生大逃杀》（游戏截图见图8-1）在内的射击游戏大多采用"状态 -> 状态"同步的方案。射击游戏对即时反馈的要求很高，如果采用"指令 -> 状态"的方式，那么数据经由服务端运算再传回，就会导致较高的延迟，从而影响玩家的游戏体验。此外，射击游戏对物理碰撞精度的要求较高，需要精准判断子弹是否打到敌人、子弹是否被掩体挡住等问题，出于性能考虑，服务端会采用较低精度的地图（如《天涯明月刀》），因此这类游戏需要依赖客户端的运算能力。

帧同步方案不适用于这类游戏，因为地图很大，客户端难以完整计算整张地图的逻辑。使用"状态 -> 状态"同步，客户端只需要关注玩家周围的事务即可，计算量较小。

依赖客户端运算的游戏一般很难防止外挂作弊，图8-18展示了一种飞天外挂，人物可以很不自然地在天上飞。

图 8-18 射击游戏的飞天外挂示意图

8.4 帧同步

《王者荣耀》使用"指令 -> 指令"同步方案，把计算量交给客户端。然而，不同客户端的硬件配置、网络环境是不同的，对于相同的指令，很难保证不同的客户端能有完全一样的计算结果。举例来说，同样执行"向前走"的指令，运算能力强的客户端可能会让角色走得更远。"帧同步"是一种综合技术，在"指令 -> 指令"方案的基础上，增加了一些用于确保不同客户端能有相同运算结果的机制，再配合客户端的障眼法（8.2 节）、可靠 UDP（8.6 节）等技术，为玩家提供良好的游戏体验。

本节，我们将从服务端的角度，探讨帧同步技术。

8.4.1　帧同步究竟是什么

想象一下，假如要开发一款多人象棋游戏（如图 8-19 所示），一种可行的实现方法是，玩家操作一步之后，客户端 A 把"炮 2 平 5"这样的操作指令发送到服务端，服务端只做转发，客户端 B 收到后也走一步"炮 2 平 5"。由于每局游戏开始时，初始棋盘都是一样的，每一回合的操作指令也一样，因此两个客户端能够保持同样的棋盘状态。

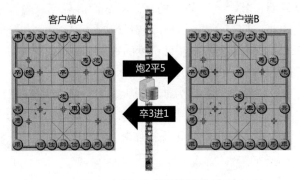

图 8-19　多人象棋游戏

如果把象棋每回合的时间缩短，再让多名玩家可以同时操作，那么游戏看起来就是连续运行的。如图 8-20 所示，玩家 A 按下"向右"按钮，玩家 B 按下"向左"按钮，客户端将这些指令发送给服务端（图中的①代表玩家 A 发送的指令，②代表玩家 B 发送的指令）。每一回合，服务端都会收集指令，然后将它们组合广播出去（图中的③和④代表服务端广播的内容，③和④都包含了①和②的全部信息）。客户端收到后分别执行，将角色 A 右移一格，再将角色 B 左移一格，两个客户端的画面保持一致。

我们把一个回合称为一轮，图 8-20 中每一轮的时间都是 0.1 秒。客户端虽然每 0.1 秒才同步一次数据，但我们可以做一些障眼法来提高游戏体验（8.2 节）。比如，把每一轮分成 4 个表现帧，当客户端收到"以 10 米 / 轮的速度，向左移动 1 轮"的指令时，它会转换成"以 2.5 米 / 帧的速度，向左移动 4 帧"，这种转换可以让玩家感觉像是在连续地移动。

帧同步方案的实现需要克服两大难点，具体说明如下。

其一，从客户端的角度看，各客户端的硬件配置和软件环境不同，要保证"同样的输入"能有"同样的输出"，需要自行实现客户端的循环（如 Unity 中的 Update）机制，规范好逻辑写法。现成的寻路、物理碰撞模块，大多不能保证在不同的硬件条件下能产生同样的运算结果，只能自己重写。举例来说，同样是"移动 0.1 米"，由于浮点数精度不同，有些机器会用 0.0999999999999979 表示 0.1，有些则会用 0.0999755859375 表示。一次次的误差积累，时间一久，不同客户端的画面可能就会出现很大的差异。

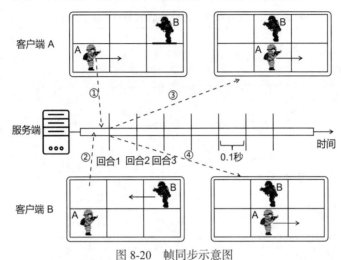

图 8-20　帧同步示意图

其二，帧同步对网络质量的要求很高，在图 8-20 中，每回合 0.1 秒，意味着如果延迟高于 100 毫秒，那基本上就没法玩了。100 毫秒是"最大值"，这就要求大部分时间的延迟要低于 50 毫秒（关于部分网络延迟的测试值请回顾表 8-2），这将是一个很大的挑战。

8.4.2　代码范例

有了理论基础，还要结合代码才能深刻理解。

在图 8-20 中，客户端通过①②两条协议传达玩家的操作指令。比起每次操作都发送一条协议，定时收集、合并指令可以减少通信量，客户端可以收集玩家一段时间内（如 0.1 秒）的所有操作，再一次性发给服务端，这种处理方式效率更高。代码 8-2 展示了①②两条协议的具体内容，其中，turn 代表这是第几轮的操作，服务端会进行判定，摒弃过期的指令；ops 代表操作指令，由于客户端收集的是一段时间内的所有操作，因此 ops 是个数组。

代码 8-2　客户端发给服务端的操作指令（Lua 表）

```lua
local msg = {
    _cmd  = "client_sync",    -- 协议名
    turn = 3,                 -- 轮（回合数）
    ops = {                   -- 操作指令
        [1] = {"move",0,1},   -- 向 (0,1) 方向移动
        [2] = {"skill",1001}  -- 释放 1001 号技能
    }
}
```

服务端收集所有客户端的操作之后，将广播"各玩家在第 N 轮的操作指令"的协议（图 8-20 中的③④），具体内容如代码 8-3 所示。其中，turn 代表这是第几轮的操作；players 是玩家列表，用于存放各玩家的操作指令，例如，玩家 101 包含 move 和 skill 两项操作（对应于代码 8-2），玩家 103 只有 move 一项操作。

代码 8-3　服务端发给客户端的操作指令（Lua 表）

```lua
local msg = {
    _cmd   = "server_sync",       -- 协议名
    turn = 4,                     -- 轮（回合数）
    -- 各玩家的操作指令
    players = {
        [1] = {                   -- 玩家 101 的指令
            playerid = 101,
            ops = {
                [1] = {"move",0,1},
                [2] = {"skill",1001}
            }
        },
        [2] = {                   -- 玩家 103 的指令
            playerid = 103,
            ops = {
                [1] = {"move",1,1}
            }
        }
    }
}
```

服务端要管理很多场战斗。假设服务端采用的是图 8-21 所示的架构，每场战斗对应于一个战斗服务，由战斗服务（下文称之为"战斗服"）来实现帧同步功能。每场战斗都会开启新的战斗服，图 8-21 中忽略了一些辅助服务，如 agent 管理、登录服务等。

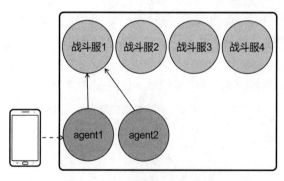

图 8-21　一种游戏服务端架构

战斗服需要保存代码 8-4 所示的几个数据。myturn 代表服务端当前的轮（回合数），ops 用于保存整场战斗的操作指令，players 是玩家列表，用于记录参与战斗的玩家。

代码 8-4　战斗服全局数据（Lua）

```lua
local myturn = 0           -- 轮
local ops = {}             -- 客户端的所有操作
local players = {}         -- 玩家（角色）列表
```

收到玩家的操作协议（形如代码 8-2）之后，战斗服先把它存入 ops 表，如代码 8-5 所示。考虑到客户端可能出错，比如，发送了错误的轮数，对此，代码 8-5 进行了一些判断，保证一旦存入玩家某一轮的操作，就不再变更。

代码 8-5　战斗服消息处理（Lua）

```lua
-- 处理客户端协议
function msg_client_sync(playerid, msg)
    -- 丢弃错误帧
    if myturn ~= msg.turn then
        return
    end
--
    local next = myturn + 1 -- 下一帧
    ops[next] = ops[next] or {}
    -- 已经存入，不再变更
    if ops[next][playerid] then
        return
    end
    -- 插入
    ops[next][playerid] = msg.ops
end
```

ops 是战斗服最重要的数据结构（如图 8-22 所示），它保存着从战斗开始以来各轮各玩家的操作指令，代码 8-5 所实现的是向该结构中添加数据。在图 8-22 中，假设战场中有 101、102 和 103 共 3 名玩家，第 1 轮中，玩家 101 没有操作，玩家 102 移动，玩家 103 释放技能；第 4 轮中，玩家 101 移动和释放技能，玩家 102 没有操作，玩家 103 移动。

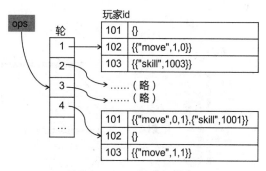

图 8-22　ops 的数据结构

只有战斗服保存了整场战斗的操作指令，才能实现战场回放、断线重连等功能。若要实现战场回放，则只需在战斗结束后，保存 ops 表，在需要回放时模拟发送协议即可；若要实现断线重连功能，则需要把断线期间的所有指令都发给断线的客户端，让它还原状态。

保存了客户端协议之后，还要把协议适时广播出去。战斗服需要开启定时器，每间隔一段时间，判断是否收集了全部玩家的操作，如果收集完整，则广播协议（形如代码 8-3）。为配合"收集全部操作之后才进入下一轮"的策略，就算玩家没有操作，客户端也要定时发送如代码 8-2 所示的协议，只是 ops 表为空。具体实现如代码 8-6 所示。

代码 8-6 战斗服定时逻辑（Lua）

```lua
-- 每隔 0.1 秒调用一次 on_turn
function on_turn()
    local next_turn = myturn+1    -- 下一轮
    local next_op = ops[next]     -- 取指令
    local count = #next_op        -- 计算收集到的指令数

    if count >= player_count then  --player_count 代表战场玩家总数
        myturn = next              -- 进入下一轮
        smsg = tomsg(next_op)      -- 生成消息，具体实现略
        broadcast(smsg)            -- 广播消息，具体实现略
    end
end
```

代码 8-6 的实现称为"严格帧同步"，对应于图 8-23，如果某一客户端运行得很慢，那么其他客户端就要等待它。图 8-23 中，sX（s1、s2、s3）代表服务端广播的协议；cX（c1、c2）代表客户端发送的协议；ctX（client_turn）代表某客户端当前的轮数，stX（server_turn）代表服务端当前的轮数。opX（operation）代表客户端收集某一轮操作的时段。战斗开始时，服务端广播 s1，各客户端进入初始状态。经过 op1 的收集，客户端发送操作指令 c1，由于各客户端的运行速度和网速不同，因此服务端需要等待最慢客户端的数据，然后广播 s2。由于客户端 A 运行速度较快，在收到 s2 之前已经完成了第 1 轮的逻辑，因此它只能等待（或者在客户端实施些障眼法来提高游戏体验，但本质不变），客户端 B 运行速度慢，在进入 ct2 之前就收到了 s2，客户端 B 可以将指令缓存起来，待 ct1 完成后再执行 s2 的指令。

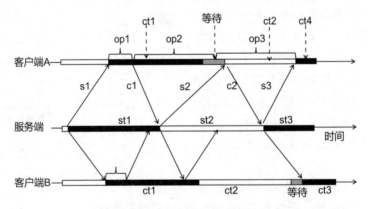

图 8-23 严格帧同步时序图

图 8-24 展示了一种更夸张的情形，两客户端的性能差距很大，客户端 A 的运算速度极快，客户端 B 极慢，执行 1 轮逻辑，客户端 B 是客户端 A 的 4 倍时长（比较 ct1 的长度）。在严格帧同步的机制下，服务端只有集齐所有玩家操作才会进入下一轮，运行快的客户端 A 只能等待。就是因为"严格"，所以客户端间的误差不会超过一轮。

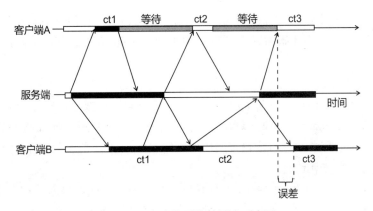

图 8-24　夸张的严格帧同步时序图

严格帧同步适用于网络环境很稳定且延迟较短的场景，例如，局域网对战类游戏（如图 8-25 所示）。如果做公网游戏，则还需做点优化（8.4.4 节将详细介绍）。

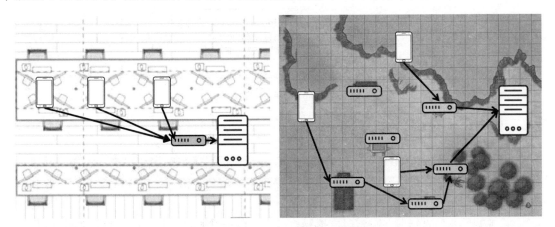

图 8-25　局域网（左）与公网（右）对比

8.4.3　确定性计算

本节在介绍适用于公网的"乐观帧同步"之前，我们先解答 8.4.1 节提出的一个难题。各客户端软硬件环境不同，通过服务端控制进度（即轮数）可以解决运行速度差异的问题，但还是会存在几种可能的差异，具体如下。

（1）浮点数精度

不同系统可能会使用不同的位数表示浮点数，精度不同。一种简单粗暴的方法是，不使用浮点数，全部转为整数单位。例如，"角色以 0.1 米 / 秒的速度移动 0.3 秒"，可以转换成"角色以 10 厘米 / 毫秒的速度移动 300 毫秒"，从而避免浮点数的运算。

（2）随机数

游戏经常会用到随机数，例如"技能'斩龙诀'有 30% 的概率打出两倍伤害"，如果客户端各自随机，那么结果也会有所不同。一种解决办法是，各客户端都使用同一套伪随机算法，具体做法是在战斗开始时，由服务端同步同一个随机种子，然后基于相同的规则生成随机数。

（3）遍历的顺序

如果使用诸如"for (int i = 0; i < 100; i++)"的语句遍历数组，则可以确定数组的遍历顺序，但如果使用 foreach 语句遍历数组，则不能完全保证顺序，foreach 只能保证把每个元素都遍历一遍。如果游戏逻辑依赖于遍历的顺序，foreach 可能会导致不同的计算结果。

（4）多线程、异步和协程

由于多线程、异步和协程的调度并不由开发者控制，因此如果游戏逻辑中使用了这些技术，需要特别关注不同时间执行线程、异步和协程的代码是否会导致不同的运算结果。

帧同步的原理具体如图 8-26 所示。

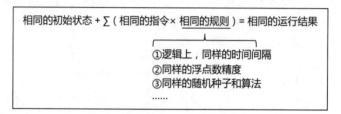

相同的初始状态 + ∑ (相同的指令 × 相同的规则) = 相同的运行结果

①逻辑上，同样的时间间隔
②同样的浮点数精度
③同样的随机种子和算法
……

图 8-26　帧同步的公式

8.4.4　乐观帧同步

"严格帧同步"看似完美，它让快的客户端等待慢的，客户端误差很小。但如果网络环境不好，快的客户端就会频繁等待，玩家的游戏体验就会很糟糕。公网环境下，一般会采取"定时不等待"的策略，即"乐观帧同步"。

"乐观帧同步"是指服务端定时广播操作指令，以推进游戏进程，而不必等待慢客户端。"乐观帧同步"的广播策略比"严格帧同步"简单许多，如代码 8-7 所示。

代码 8-7　乐观帧同步，战斗服定时逻辑（Lua）

```lua
-- 每隔 0.1 秒调用一次
function on_fixed_trun()
    myturn = myturn+1
    next_op = next_op[myturn]
    smsg = tomsg(frame)
    broadcast(smsg)
end
```

如图 8-27 所示，客户端 A 比客户端 B 快，当服务端走完一轮（st1）时，只收到客户端 A 的指令（c1），服务端不等待客户端 2 的 c1，直接广播 s2。

不过，乐观帧同步所采取的收集策略更为复杂，图 8-27 中，服务端在第 2 轮（st2）才收到客户端 A 的 c2 和客户端 B 的 c1，服务端会在 s3 中合并它们，作为第三轮的操作指令。在第 3 轮（st3），服务端收到客户端 B 的 c2 和 c3 两条协议，服务端会将它们合并在一起，与客户端 A 的 c3 组成 s4。代码 8-8 展示了收集策略的具体实现。

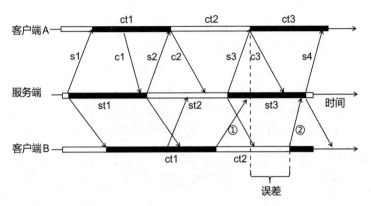

图 8-27　乐观帧同步的时序图

代码 8-8　乐观帧同步，战斗服消息处理（Lua）

```lua
-- 收到客户端协议时
function msg_client_sync(playerid, msg)
    local next = myturn+1
    -- 太旧的不要
    if msg.turn < myturn-5  then
        return
    end
    -- 防止同一玩家同一轮的操作被覆盖
    -- 用 recv 记录已收到哪个玩家哪一轮的协议
    recv[msg.turn] = recv[msg.turn] or {}
    if recv[msg.turn][playerid] then
        return
    end
    recv[msg.turn][playerid] = true
    -- 插入
    ops = frames[next][playerid]
    ops = append(ops, msg.ops) -- 把 msg.ops 插入 ops 中，具体实现略
end
```

再回看图 8-27，客户端 B 的 c1 指令要等到第 3 轮才执行（客户端 A 的 c1 指令在第 2 轮执行），c2 也要等到第 4 轮才执行，玩家 B 按下按钮要等待较长时间才能看到反应。乐观帧同步确实是以牺牲慢玩家的游戏体验为代价，以保证整体的正常运行。

无论采用哪种策略，帧同步都要保证处于同一轮的客户端具有同样的状态，但由于快的客户端不再等待慢的，因此客户端之间可能会有轮数的差异，进而导致游戏画面存在差异。可以设定最大允许的轮数差异，如果某客户端比别人慢 20 轮，实在太慢无药可救，那也只能把它踢出游戏。

8.5 AOI 算法

说完帧同步，我们再来探讨一种常用的算法 AOI（Area of Interest，感兴趣区域）。射击游戏《绝地求生大逃杀》、角色扮演游戏《天涯明月刀》的场景都很大，且每个场景通常都会拥有大量角色，由于需要同步的消息量通常会很大，因此服务端要承受巨大的广播压力。以第 3 章的《球球大作战》为例，如果战场中有 50 名玩家，每人每秒更新 5 次位置，那么服务端每秒要发送 50×50×5=12 500 条位置协议，压力很大。另一例子是如图 8-28 所示的传奇类游戏，一个场景放置了几百上千的怪物，如果这些怪物的信息要一次性同步给玩家，服务端的性能压力非常大。AOI 算法可以有效地缓解该问题。

图 8-28　传奇类游戏《原始传奇》截图

8.5.1　感兴趣区域

AOI 算法可翻译成"感兴趣区域"算法，它基于角色扮演（MMORPG）、射击（FPS）类游戏"角色仅关心周边事务"的事实。在角色扮演游戏中，玩家只能与附近的 NPC 和其他玩家进行交互；射击游戏也是如此，只能攻击较近的敌人，至于距离太远的，玩家根本看不到他们。

如果只同步角色附近区域内的事务，就能有效减少广播量。如图 8-29 所示，角色 A、B...N 在同一个场景。由于客户端屏幕分辨率的限制，在同一屏中，玩家 A 只能看到 A、B 和 E 三个角色，玩家 K 只能看到 K 和 H 两个角色。给定一个比玩家视野稍大的范围，只向他广播该范围内的事件，这个范围称为"感兴趣区域"。

图 8-29 中，圆形区域 A 和 K 分别是角色 A 和 K 的感兴趣区域。角色 A 只关心周边的 E、B 和 G 的事务，角色 K 只关心周边的 H、C 和 D 事务。相对的，假如角色 A 移动一步，服务端只需要把消息广播给 E、B 和 G 即可，从而减少广播量。

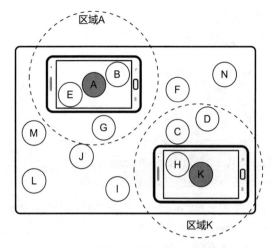

图 8-29 "感兴趣区域"示意图

8.5.2 实体模型

要使用 AOI 算法，需要规划好场景的抽象。玩家、NPC、怪物都能在场景中走动，而且只能与附近的元素进行交互。所有这些"场景中的元素"都有一些共同的功能，为了统一处理，实体模型的类结构会把角色、NPC、怪物都作为"实体"的派生类（如图 8-30 所示）。

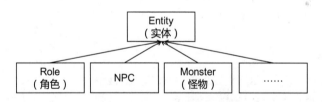

图 8-30 实体模型的类结构图

代码 8-9 展示了实体类的具体内容，它至少包含 id、x 和 y 三个属性。id 是实体的唯一标识，x 和 y 是实体的位置坐标。实体至少包含 moveto 和 get_sight 两个方法，调用 moveto 可以把实体移动到新的位置，调用 get_sight 可以获取实体感兴趣区域内的其他实体。例如，在图 8-29 中，调用实体 K 的 get_sight，将会得到 C、D 和 H。做好实体抽象后，服务端只需要把角色状态广播给 get_sight 获取到的玩家即可，从而极大地减少了广播量。

代码 8-9 实体类（Lua）

```
function entity()
    local e = {
        -- 属性
        id = 101,
        x = 120,
        y = 180,
```

```
        -- 方法
        moveto = function(x,y) ...
        get_sight = function() ...
        -- 回调
        on_enter_sight function(id) ...
        on_leave_sight function(id) ...
    }
    return e
end
```

实体类还可以包含 on_enter_sight 和 on_leave_sight
两个回调，当有实体进入或走出感兴趣范围时，就会分
别调用 on_enter_sight 或 on_leave_sight 方法。例如，在
图 8-31 中，若 F 向左移动进入 A 的感兴趣区域，实体
类就会调用 A 的 on_enter_sight 方法。当调用 on_enter_
sight 方法时，服务端就会通知客户端执行加载模型资源
的操作，相反，当调用 on_leave_sight 方法时，服务端
就会通知客户端执行卸载资源的操作，以节省内存。

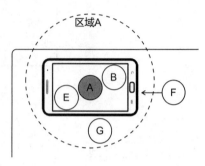

图 8-31　F 进入 A 的感兴趣区域

做好抽象后，根据具体的实现方式，这些方法和回
调可能会有不同的运行效率，但不会影响上层的游戏逻辑。AOI 的具体实现方法有很多种，
其中最简单粗暴的方法是，调用 get_sight 时，遍历场景中所有的实体，只返回距离较近的
实体，但显然这种做法效率较低。"九宫格"是一种业内常用的、效率较高的算法，下面就
来讲解九宫格法的具体实现。

8.5.3　九宫格法

九宫格法是一种常用的 AOI 算法，能通过较低的计算复杂度寻找角色周围的实体。如
图 8-32 所示，先把游戏场景划分成一个个的小格子，格子尺寸依照客户端一屏能看到的范
围而定，使一屏最多能够看到 4 个格子，其中，深色方块代表客户端的感兴趣区域。每个
格子拥有横竖两个方向的索引，第一个格子是 (0,0)，第二个格子是 (0,1)，以此类推。

场景的数据结构具体如代码 8-10 所示，可以通过"space.ceils[i][j]"找到其中的某个
格子，每个格子都保存了其区域内的实体 id。例如，在图 8-32 中，101 和 102 这两个实体
在 s(0,0) 的范围内，那么 space.ceils[0][0] 等于 {101,102}。

代码 8-10　场景的数据结构（Lua）

```
space = {
    -- 格子
    ceils = {
        [0] = {
            [0] = {101,102},
            [1] = {},
            ......
```

```
            [7] = {},
        },
        [1] = {
            [0] = {},
            ......
            [7] = {},
        },
        ......
    }
}
```

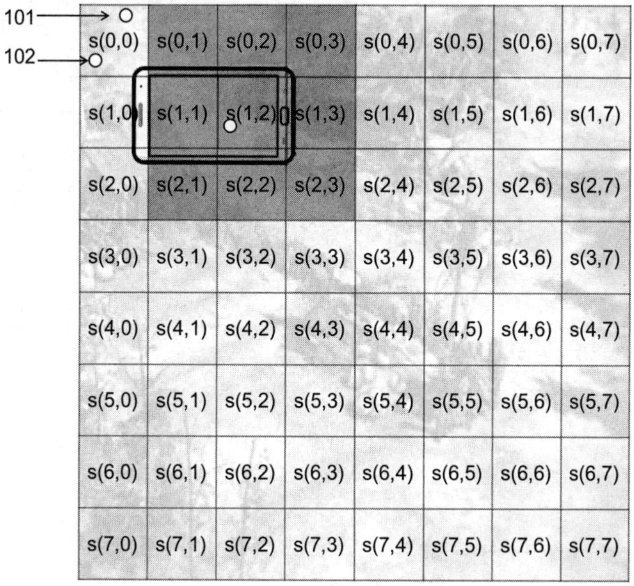

图 8-32　九宫格示意图

可以把角色周围的 9 个格子当作它的感兴趣区域，在图 8-32 中，客户端角色位于 s(1,2) 格子内，那么 s(0,1)、s(0,2) 等（图 8-32 中的灰色区域）就是它的感兴趣区域，查找 9 次 space.ceils 即可获取它感兴趣的实体，运行效率是 O(1)。为了保证 space.ceils 中实体数据的正确性，在角色移动时，需要同时维护 space.ceils 表，开销也不大。

由于角色的位置具有连续性，因此可以认为它移动前后要么是在同一个格子中，要么就是在周围的 8 个格子中（如图 8-33 所示），总共有 9 种情况，因此称为 "九宫格"。

如果移动前后角色在同一个格子中，则无需进行特殊处理。如果角色向右跨过格子（如图 8-34 所示），则需要给左边三个格子（s(2,4)、s(3,4)、s(4,4)）的实体发 "离开" 的通知（回调），再给右边三个格子（s(2,7)、s(3,7)、s(4,7)）的实体发 "进入" 的通知。

代码 8-11 展示了九宫格算法中角色移动的具体实现。代码 8-11 中，on_enter 和 on_leave 方法分别代表调用格子里所有实体的 on_enter_sight 和 on_leave_sight 方法；add 和 remove 方法分别代表从格子中添加和删除实体。维护好格子数据之后，程序还会向新位置周围的 9 个格子广播移动协议（broadcast_move）。由于跨过格子的另外 7 种情形与 "情况 2：向右走" 的实现相似，因此代码 8-11 中省略了这 7 种情形的具体实现。

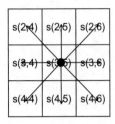

图 8-33 角色移动 "九宫格"

s(2,3)	s(2,4)	s(2,5)	s(2,6)	s(2,7)
s(3,3)	s(3,4)	s(3,5)	s(3,6)	s(3,7)
s(4,3)	s(4,4)	s(4,5)	s(4,6)	s(4,7)

图 8-34 向右跨过格子的情形

代码 8-11 九宫格算法（Lua）

```lua
function moveto(x, y)
    local ceils = space.ceils
    -- 新坐标所在的格子
    local new_cx, new_cy = get_ceil_idx(x, y)
    -- 旧坐标所在的格子
    local old_cx, old_cy = get_ceil_idx(self.x, self.y)
    -- 保证连续地移动
    if math.abs(new_cx - old_cx) > 1 or math.abs(new_cy - old_cy) then
        return
    end
    -- 移动
    self.x = x
    self.y = y

    --9 种情况
    --    情况 1：还在原来的格子
    if new_cx == old_cx and new_cy == old_cy then
        -- 无须处理
    end
    --    情况 2：向右走
    if new_cx == old_cx+1 and new_cy == old_cy then
        on_leave(self.id, ceils[old_cx-1][old_cy-1])
        on_leave(self.id, ceils[old_cx-1][old_cy])
        on_leave(self.id, ceils[old_cx-1][old_cy+1])
        remove(self.id, ceils[old_cx][old_cy])

        on_enter(self.id, ceils[old_cx+2][old_cy-1])
        on_enter(self.id, ceils[old_cx+2][old_cy])
        on_enter(self.id, ceils[old_cx+2][old_cy+1])
        add(self.id, ceils[new_cx][new_cy])
    end
    …… 更多情况略
    -- 向周围 9 个格子广播移动协议
    broadcast_move(self.id, ceils[new_cx][new_cy])
    broadcast_move(self.id, ceils[new_cx+1][new_cy])
    ……
end
```

对于场景很大、角色很多的游戏，使用 AOI 算法不仅能够减少广播量，还能用它减少物理碰撞的计算量。以第 3 章的《球球大作战》为例，小球只会与周边的球发生碰撞、只能吃到周边的食物，若使用 AOI 算法，则只需要检测小球是否与感兴趣区域内的实体发生碰撞即可。

8.6 可靠 UDP

无论采用哪种同步方案，无论是否使用 AOI 算法，网络延迟总是越低越好。特别是"帧同步"，它要求网络延迟能稳定在 50 毫秒以内（请回顾 8.4.1 节的分析），而 TCP 即使禁用 Nagle 算法也很难达到这个要求。

8.6.1 三角制约

通信领域的三角制约关系（如图 8-35 所示），是指无论使用何种方法，通信的"低延迟""低带宽""可靠性"不可三者兼得。TCP 和 UDP 位于三角制约的两个角，拥有不同的特性。

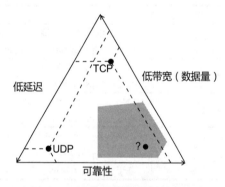

图 8-35 网络通信的三角制约关系

TCP 牺牲了"低延迟"以满足有序性和可靠性；UDP 的延迟很低，但不可靠。图 8-36 中，白色圆圈代表发送的数据，黑色圆圈代表接收的数据，圆圈间隔代表时间差。假设 A 端在同一时间发送了三份一字节数据，UDP 直接发送它们，而不管它们是否能够正常到达对端；TCP 则会先发送一字节，等收到 B 端的确认信号之后再发送下一字节（假设滑动窗口设置为 1），如果在指定时间内没有收到确认信号，则说明数据可能已丢失，需要重传。可以明显看到，TCP 的延迟要高于 UDP，由于增加了确认信号，带宽也会随之增加。

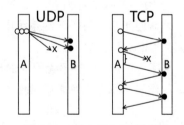

图 8-36 UDP 和 TCP 示意图

在通信运营商"提速降费"的大背景下，一场游戏花费的流量是 5MB 还是 10MB 已经变得不太重要了，"低带宽"成为一个可以权衡的因素，"低延迟""可靠""高带宽"的通信协议（图 8-35 中"?"所在的区域）更加符合游戏的需求。较普遍的做法是在 UDP 的基础上，新增一些可靠性的机制。例如，用 UDP 将每一份数据发送 3 次（如图 8-37 所示），就算某份数据未能到达，也还有另外的备份，虽然牺牲了带宽，但降低了数据丢失的概率。还可以在此基础上增加确认重传机制，实现低延迟的可靠 UDP。

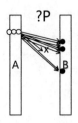

图 8-37 一种简单粗暴的传输协议

8.6.2 几种现成方案

实际项目中，大多会使用一些现成的第三方可靠 UDP 方案，表 8-5 中列举了部分常用方案。

表 8-5 现成的可靠 UDP 方案

方　案	说明
KCP	该协议以比 TCP 多浪费 10%~20% 的带宽为代价，换取平均延迟降低 30%~40% 详见：https://github.com/skywind3000/kcp
QUIC	由谷歌推出的可靠 UDP 详见：https://www.chromium.org/quic
ENet	ENet 是一个相对轻量、简单可靠的 UDP 通信库 详见：http://enet.bespin.org/
RakNet	RakNet 是一个基于 UDP 的网络库，起初是为游戏开发而设计的 详见：http://www.raknet.com/
UDT	基于 UDP 的可靠网络协议

如果大家觉得很难分析各种方案的适用场景，那么可直接在 UDP 的基础上使用 KCP。KCP 已用于多款商业游戏，证明它是行之有效的。原始算法由 C++ 编写，只有两个源文件，非常便于集成到服务端系统中。另外，Github 上也有好几款该协议的 C# 实现，非常便于嵌入 Unity 引擎中。

回顾 1.6 节，在近乎无限大的地图上，玩家要控制多支队伍，在任何地点，与其他玩家的队伍作战。学完本章之后，你是否能为这样的游戏设计一套技术方案呢？

第 9 章　Chapter 9

热　更　新

　　运营期的游戏必须保证能够提供稳定的服务，然而手游的开发节奏很快，难免要修复 Bug，或者线上调整数值。如果每次修改都要重启服务端，把全部玩家踢下线，那么这无疑会加速用户流失，影响营收。图 9-1 所示是重启服务器时，玩家被强制下线时看到的提示，严重影响玩家体验。

图 9-1　为修复服务端 Bug 强制玩家下线

　　游戏《阴阳师》的攻击伤害值一般在几百到几万之间，2018 年 8 月 27 日，该游戏出现"涂壁"的技能 Bug，玩家可以打出异常高的伤害值，伤害值高达几千万，影响了游戏体验。好在借助服务端的热更新机制，开发团队迅速而又悄无声息地修复了该问题，从而避免了 Bug 的扩散。

　　然而，当问起怎样才能实现热更新时，网上常能找到这样的回答："热更新是结构设计问题，需要做好架构解耦。""谁说只有脚本语言能热更新的？ C 语言写的 Nginx 就能做到。""做成微服务就行了。"可是，到底怎样做才是解耦？怎样才能微服务化？它们又有哪些限制呢？

　　本章将以热更新技术的演进为线索，分析各种热更新技术的原理和适用范围。在分析通用热更新技术之前，让我们先从 Skynet 的热更新说起。

9.1　Skynet 热更新

　　Skynet 的业务层由 Lua 语言编写，可以使用常规的 Lua 热更新方法（9.4 节将有详细介绍），除此之外，Skynet 的 Actor 架构还提供了利用"独立虚拟机"作为"服务"级别热更新的能力，以及"注入补丁"的热更新方案。

9.1.1　业务范例

　　热更新技术往往与具体的游戏业务相关联，只有充分理解业务才能选取合适的热更新方案。为了说明 Skynet 的热更新方法，我们先搭建一个简化版的游戏服务端，再基于这套服务端来分析不同的热更新方案适用的场合。

1. 简化版游戏服务端

　　如图 9-2 所示，简化版的游戏服务端包含主服务和多个代理服务。主服务（hmain）充
当网关（gateway），转发网络数据；每个代理
服务（hagent）对应于一个客户端，处理游戏业
务。游戏定义了工作（work）协议，可以让玩家
打工赚钱。具体流程如下：①客户端连接服务
端，服务端创建该客户端对应的代理服务，并
初始化角色数据；②客户端向网关发送工作
协议；③网关将协议转发给对应的代理服务；
④代理服务为角色增加金币，并将该角色拥有的
金币数发回给网关，网关再将金币数发回给对应
的客户端。

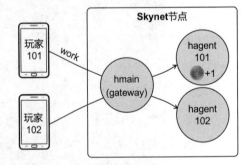

图 9-2　范例程序的服务端结构

ℹ️ **说 明：**图 9-2 中的 hmain 和 hagent 均使用了前缀 h，h 代表 hotfix，用于区分 Skynet 自带的服务。

2. 网关代码

　　网关（hmain）的实现如代码 9-1 所示，它启动时会监听 8888 端口；当客户端发起连接

时，网关会新建代理服务；当网关收到客户端发来的网络数据时，它就会向客户端对应的代理服务发送一条"onMsg"消息，消息内容即客户端发来的数据；待代理服务返回数据之后，网关再将数据转发给客户端。

代码 9-1　skynet/examples/hmain.lua

```lua
local skynet = require "skynet"
local socket = require "skynet.socket"

-- 收到新连接时
function connect(fd, addr)
    -- 新连接
    skynet.error("new connnetion "..fd)
    local id = skynet.newservice("hagent", fd)
    socket.start(fd)
    -- 接收数据
    while true do
        local data = socket.read(fd) -- 忽略连接断开的情形
        local ret = skynet.call(id, "lua", "onMsg", data)
        socket.write(fd, ret)
    end
end

skynet.start(function()
    -- 调试控制台
    skynet.newservice("debug_console",8000)
    -- 开启监听
    skynet.error("listen 0.0.0.0:8888")
    local listenfd = socket.listen("0.0.0.0", 8888)
    socket.start(listenfd, connect)
end)
```

3. 代理服务代码

代理服务的实现如代码 9-2 所示，初始的金币（coin）数为 0，在收到客户端的工作协议（work）后，金币数加 1，然后会把金币数返回给网关。

代码 9-2　skynet/examples/hagent.lua

```lua
local skynet = require "skynet"

local coin = 0

function onMsg(data)
    skynet.error("agent recv "..data)
    -- 消息处理
    if data == "work\r\n" then
        coin = coin + 1
        return coin.."\r\n"
    end

    return "err cmd\r\n"
```

```
    end

skynet.start(function()
    skynet.dispatch("lua", function(session, source, cmd, ...)
        if cmd == "onMsg" then
            local ret = onMsg(...)
            skynet.retpack(ret)
        end
    end)
end)
```

ℹ **说明：** 如果大家对代码 9-1 和代码 9-2 存在疑问，请回顾第 2 章。

4. 运行结果

运行服务端后，连入客户端，我们将能看到如图 9-3 所示的输出，其中，白色字体代表用户输入的内容。第 1 次输入"work"会得到金币数 1，第 2 次输入会得到 2……

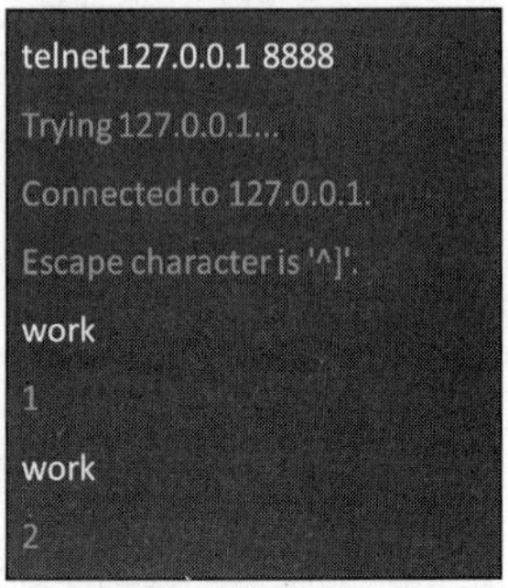

5. 热更新需求

现在，策划人员觉得每次增加 1 个金币太少了，希望在不停服务的情况下改成 2 个金币。这个范例虽然简单，但也算功能俱全，足以演示 Skynet 的热更新功能。

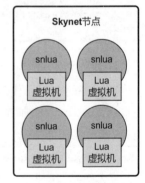

图 9-3 范例程序的客户端输出

9.1.2 利用独立虚拟机热更新

1. 来自架构的潜力

"热更新"与服务端的架构设计息息相关，Skynet 实现了 Actor 模型，还为每个 Lua 服务开启了独立的虚拟机（如图 9-4 所示，可回顾 7.1.1 节），这种架构为 Skynet 提供了一些热更新能力。

我们可以这样理解：开启新服务时，虚拟机需要重新加载 Lua 代码，所以只要先修改 Lua 代码，再重启（或新建）服务，新开的服务就会基于新代码运行，实现热更新。

图 9-4 Skynet 为每个 Lua 服务
开启独立虚拟机

2. 清除代码缓存

不过，直接修改 Lua 代码并不能起作用，这是因为 Skynet 使用了修改版的 Lua 虚拟机，它会缓存代码。所以在修改 Lua 代码之后，要先登录调试控制台（debug_console）执行清除缓存的指令（clearcache），如图 9-5 所示。

💡 **知识拓展：** Skynet 调试控制台的 clearcache 指令虽然称为"清缓存"，但它并不是真的执行"清理"操作，而是额外加载一份代码，所以频繁执行 clearcache 会加大内存开销。

3. 完成热更新需求

每个客户端对应于一个代理服务，每个代理服务的存活时间是客户端从连接到断开的时间。对于一些休闲类手游，玩家每次游玩的时间不会很长，可以让已在线的玩家按照旧的规则玩（每次增加 1 金币），同时让新上线的玩家按照新的规则玩（每次增加 2 金币）。

热更新范例程序，仅需执行如下两步操作。

1）修改代码，将代码 9-2 中的"coin = coin + 1"改成"coin = coin + 2"。

2）登录调试控制台，执行 clearcache 指令。

热更新之后，旧客户端依然只增加 1 金币，但新连接的客户端会增加 2 金币（如图 9-6 所示）。

图 9-5　登录调试控制台，执行 clearcache 指令

图 9-6　新的代理服务执行新代码

4. 适用场景

Skynet 独立虚拟机热更新的方式适合在"一个客户端对应一个代理服务"的架构下热更新代理服务，以及在"开房间型"游戏中热更新战斗服务。

图 9-7 所示的是一种典型的 Actor 服务端架构，与第 3 章的游戏《球球大作战》的服务端结构基本相同，每个客户端对应于一个代理服务，每场战斗对应于一个战斗服务（battle）。图中灰色底纹的服务即表示可以通过此方式热更新的服务；白色底纹的网关（gateway）、登录服务（login）、匹配服务（match）是"固定"的服务，难以通过此方式进行热更新。

图 9-8 所示的是《Unity3D 网络游戏实战（第 2 版）》范例游戏《铁流的轮印》，玩家可以创

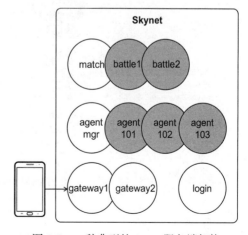

图 9-7　一种典型的 Actor 服务端架构

建房间或加入一个已有的房间进行比赛。

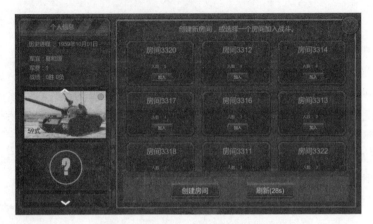

图 9-8 "开房间"类型的玩法示意图

虽然旧客户端执行的依然是旧代码，但重新登录就能运行新的版本；虽然旧的比赛执行的依然是旧代码，但新开的比赛就能运行新的版本。由于每个客户端的登录时长有限、每场战斗的持续时间也有限，程序最终会趋向于运行新版本。

9.1.3 注入补丁

1. 注入补丁热更方案

Skynet 还提供了一种称为 inject（可翻译为"注入"）的热更新方案，如图 9-9 所示，写一份补丁文件，把它注入某个服务，就可以单独修复这个服务的 Bug。

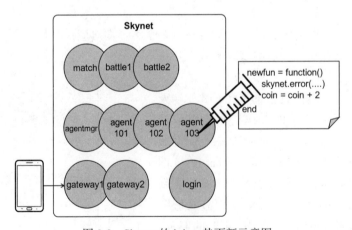

图 9-9 Skynet 的 inject 热更新示意图

2. 编写补丁文件

虽然 Skynet 提供了"注入"的热更新方案，却没有给予足够的支持，补丁文件的写法颇具技巧性。代码 9-3 展示了用于替换代码 9-2 中 onMsg 方法的补丁文件 hinject.lua。

代码 9-3　skynet/examples/hinject.lua

```lua
local oldfun = _P.lua._ENV.onMsg
_P.lua._ENV.onMsg = function(data)
    local _, skynet = debug.getupvalue(oldfun, 1)
    local _, coin = debug.getupvalue(oldfun, 2)

    skynet.error("agent recv "..data)
    -- 消息处理
    if data == "work\r\n" then
        coin = coin + 2
        debug.setupvalue(oldfun, 2, coin)
        return coin.."\r\n"
    end

    return "err cmd\r\n"
end
```

代码 9-3 中，"_P" 是 Skynet 提供的变量，用于获取旧代码的内容，"_P.lua._ENV.onMsg" 即原先的 onMsg 方法，重新为它赋值，即可换成新的方法。因为新、旧方法的运行环境不同，新方法不能直接读取 skynet、coin 等外部变量，所以这里还要依靠一些小技巧，代码 9-3 是通过 Lua 的调试模块（debug）来获取外部值的。

图 9-10 是代码 9-3 的简化示意图，将 hagent.lua 中的 onMsg 替换为 hinject 中的 newfun，newfun 中的 skynet、coin 依然引用旧代码。其中，newfun 代表代码 9-3 中的 _P.lua._ENV.onMsg。

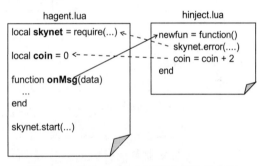

图 9-10　通过 Lua 的调试模块获取外部值

3. 完成热更新需求

写完补丁文件，在调试控制台输入 inject a examples/hinject.lua 即可完成热更新。其中，"a" 是代理服务的 id，可从服务端的输出日志中获取；"examples/hinject.lua" 是补丁文件的路径。

4. 适用场景

"注入"热更新方案适合于需要紧急修复 Bug 的情况。补丁文件的写法比较诡异，容易出错，需要在开发环境中做严密测试；Lua 调试模块（debug）的运行效率较低，还会破坏语言封装的整体性，因此若不是危急情况则尽量不要使用；Skynet 只提供了针对某个服务的注入功能，若要热更某类服务（如图 9-7 中的全部代理服务或战斗服务），则还需自行实现。

除了 Skynet 提供的这两种热更新方案之外，Skynet 还适用于普通的 Lua 脚本热更新方案，关于这一点，9.4 节将有详细讨论。相信通过 Skynet，大家会对热更新技术有个初步了解，现在让我们回过头来，揭示热更新技术的来龙去脉。

9.2 切换进程

早期的语言并不支持热更新，所以我们只能从"系统架构"的角度出发，通过多个进程配合，来实现热更新。游戏服务端是 Web 服务端的特例，互联网诞生至今，Web 开发者一直都在不停地探索服务端的热更新技术，力争做到 7×24 小时不间断提供服务。所以，要想理解游戏服务端热更新，就得先理解 Web 服务端的热更新。

9.2.1 从冷更新说起

以图 9-11 所示的 Web 场景为例，浏览器访问服务端的进程 1，进程 1 返回"Welcome"。进程 1 的消息处理方法如代码 9-4 所示。

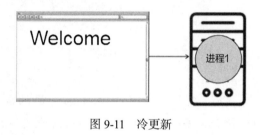

图 9-11　冷更新

代码 9-4　服务端伪代码

```
// 消息处理方法
function OnRequest(fd, data){
    Send(fd, "Welcome");
    Close(fd);
}
```

现在需要更改网页内容，将"Welcome"改为"Hello"，该怎么做呢？ Web 的请求（HTTP）大多是无状态的，不要求服务器检索上下文。最简单的方法就是修改代码后重启进程 1。重启进程对业务的影响如图 9-12 所示，图中黑色长线代表客户端请求，线的长度代表该请求的处理时间。跨过"重启期间"的连接会被粗暴断开，但大部分请求都不会受到影响。我们可以认为，只要连接处理时间足够短、重启时间也足够短，客户端的请求就会不受影响，能够实现无缝更新（即热更新，尽管实际上不可能实现）。

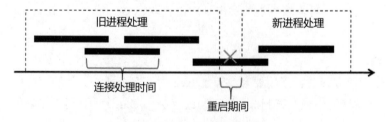

图 9-12　重启进程实现冷更新

实现重启进程热更新还要满足一个前提，即进程必须是无状态的。在代码 9-4 中，程序并不依赖于任何外部变量，我们认为它是无状态的。代码 9-5 展示了一种有状态的程序，OnRequest 依赖于外部变量 count。可想而知，重启进程后，count 将被清零，服务端无法回到原来的状态。若不得不依赖于状态值，则在关闭进程之前，程序要将状态值先保存起来，在重启后重新加载，才能实现无缝更新。

代码 9-5　有状态的请求伪代码

```
int count = 100;

// 消息处理方法
function OnRequest(fd, data){
    count = count + 1;
    send(fd, "Welcome " + count );
    close(fd);
}
```

至此，我们可以认为，只要实现了进程级别的无状态（或在重启时恢复状态），除了跨过"重启期间"的连接会受到影响这个问题之外，我们还可以通过重启进程的方式实现热更新。

9.2.2 《跳一跳》游戏案例

与《王者荣耀》《天涯明月刀》这类强交互游戏不同的是，休闲、模拟经营类游戏（如图 9-13 所示的《飞机大战》游戏）往往是弱交互的，可以采用类似 Web 服务端的架构。具体来说，客户端采用短连接与服务端交互，当一局游戏结束时，发送"游戏结束"的请求会将分数告诉服务端；当玩家打开排行榜界面时，发送"排行榜"的请求会获取分数排行。

服务端处理每一条请求的流程如图 9-14 所示，先判断玩家是否登录（即图中的"鉴权"），再从数据库加载玩家数据，进行一些处理之后再保存回去。

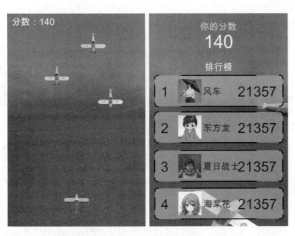

图 9-13　小游戏《飞机大战》示意图

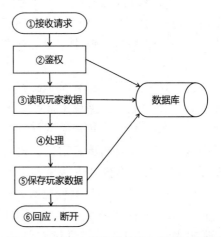

图 9-14　无状态服务器的消息处理流程图

由于进程把状态值写入数据库，因此可以认为服务端并不依赖内存的状态值。要想更新游戏功能，只需要重启服务端即可，除了"跨过重启期间的连接会受到影响"的问题之外，相当于实现了热更新。

9.2.3 优雅的进程切换

如果游戏在线人数很多，那么跨过"旧进程关闭"的请求数就不容忽略了，这种情况需要采用一种较为优雅的进程切换方式。图 9-15 展示了优雅进程切换的时序图，在热更新期间，新、旧进程会同时运行，旧进程处理旧的请求，等处理完全部的旧请求之后再退出，而新进程则负责处理新的请求。这种方式便能解决"跨过重启期间的连接会受影响"的问题。

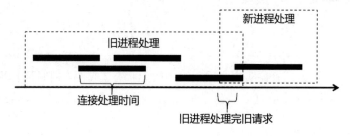

图 9-15　优雅的进程切换时序图

9.2.4 fork 和 exec

fork 和 exec 是类 Unix 系统提供的两个函数。调用 fork 函数的进程可以复刻自己，创建另外一个与自己一模一样的进程，而且是从调用 fork 函数处开始执行；而 exec 函数则提供了一个在进程中启动另一个程序执行的方法。这两个函数可用于实现优雅的进程切换。

fork 和 exec 函数有一个很重要的特性，即可以让复刻后的进程和新开启的进程继承原进程的文件描述符。该特性使优雅进程切换成为可能。

图 9-16 说明了用 fork 和 exec 函数实现优雅进程切换的流程，进程 1 是一个服务端程序，监听 8001 端口，客户端 A 正在与服务端进行交互。当需要热更新时，让进程 1 调用 fork 函数，系统将会复刻一个与进程 1 一模一样的进程 2，两个进程共同监听 8001 端口。让进程 2 调用 exec 函数运行新版本的程序，新版本程序进程 3 继承了原有的监听端口。此时，可以让进程 1 停止接收新连接。客户端 A 可以继续与进程 1 进行交互，而新的连接会

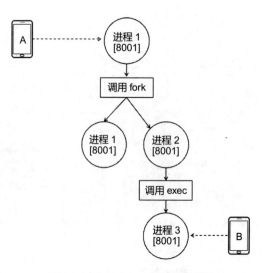

图 9-16　fork 和 exec 函数示意图

与进程 3 交互。待到进程 1 处理完客户端 A 的请求之后，再让它退出，系统仅剩下进程 3。如此便实现了优雅的进程切换。由于进程 3 和进程 1 都监听 8001 端口，因此客户端无需做任何改变。

本章我们重点关注热更新的技术脉络，关于 fork 和 exec 的具体用法，大家很容易就能找到相关的学习资料自行拓展学习。下面就来看一个实际案例——Nginx 的热更新过程。

> **说明：** 本节所述的 exec 函数指代 execl、execlp、execle、execv、execvp 等一些列函数，它们功能大同小异，只是所需参数略有不同，此处简称为 exec 函数。

9.2.5 Nginx 的热更新方法

Nginx 是一款由 C 语言编写的 Web 服务器，具有很高的知名度。它是一个多进程架构的程序，如图 9-17 所示，Nginx 会开启一个 master 进程和若干个 worker 进程（图中开启了 1 个），其中，master 进程负责监听（图中监听了 80 端口）新连接，当客户端成功连接后，master 会把该连接交给某个 worker 处理。Nginx 支持热更新。

Nginx 采用进程切换的热更新方式，如图 9-18 所示，在用户输入热更新指令后，Nginx 内部会调用 fork 和 exec 函数，开启一组新版本进程，旧连接由旧进程负责处理、新连接由新进程负责处理。在旧进程处理完旧连接之后，用户可以输入指令让它退出。

图 9-17　Nginx 的多进程架构　　　　图 9-18　热更新过程中的 Nginx

图 9-19 是从 Linux 命令行观察 Nginx 热更新时的输出，热更新之前，Nginx 拥有 master 和 worker 两个进程，当输入热更新指令 "kill -USR2 127" 之后，Nginx 将拥有 4 个进程。

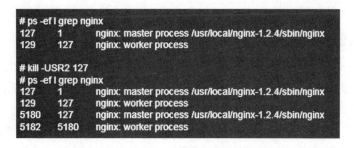

```
# ps -ef | grep nginx
127      1              nginx: master process /usr/local/nginx-1.2.4/sbin/nginx
129      127            nginx: worker process

# kill -USR2 127
# ps -ef | grep nginx
127      1              nginx: master process /usr/local/nginx-1.2.4/sbin/nginx
129      127            nginx: worker process
5180     127            nginx: master process /usr/local/nginx-1.2.4/sbin/nginx
5182     5180           nginx: worker process
```

图 9-19　在 Linux 命令行中观察 Nginx 的热更新过程

9.2.6 利用网关实现热更新

除了使用 fork 和 exec 函数，利用网关也能够实现优雅的进程切换。如图 9-20 所示的是一种带有网关的服务端架构，客户端与网关相连，网关再将消息转发给逻辑进程（图中的 game1）。

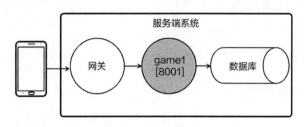

图 9-20　带网关的服务端架构

如图 9-21 所示，需要热更新时，开启一个新版本的逻辑进程（图中的 game2），让网关把旧连接的请求转发给 game1（图中的①）、把新连接的请求转发给 game2（图中的②）。待所有旧连接都处理完毕，再关闭 game1。

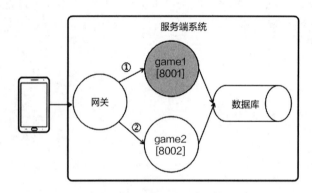

图 9-21　利用网关实现热更新

由于引入了网关，因此在切换进程的过程中，客户端的连接不会中断，从而实现了热更新。

9.2.7 数据与逻辑分离

无论是使用 fork 和 exec 函数、还是使用网关实现的热更新，都需要借助多个进程的配合，进程切换热更新是一种架构级别的方法；而且需要做到进程级别的无状态，或者能够在重启时恢复整个进程的状态。

要想在重启时恢复整个进程的状态，就要做到进程级别的"数据与逻辑分离"。"数据与逻辑分离"意味着数据集中于某几处，更容易完整地收集和保存。下面以代码 9-6 所示的游戏逻辑进程为例，它的"数据"只有玩家列表 players（用于存放在线玩家的属性），单独列在代码段的前面。只要在热更新前保存 players 列表（代码中的 SaveToDB），重启进程时恢复它（代码中的 LoadFromDB），就有可能实现热更新。

代码 9-6　保存和恢复 players 列表

```cpp
unordered_map<int, Player*> players;

// 进程开启时调用
void onStart(Mode mode){
    if(mode == MODE.HOTFIX){
        players = LoadFromDB();
    }
}

// 进程退出时调用
void onExit(){
    if(mode == MODE.HOTFIX){
        SaveToDB(players);
    }
}
```

9.2.8　微服务

回顾前几节的分析，我们会发现进程切换热更新有个特点：旧连接由旧进程负责处理，新连接由新进程负责处理。这意味着进程切换热更新更适合于短连接的应用，这是因为旧连接很快就会断开，服务端很快就能够全部演化到新版本。短连接适用于非频繁交互的休闲类游戏（请回顾 9.2.2 节的分析），不适用于强交互类的游戏，但它依然可以作为强交互游戏架构的一部分。

图 9-22 所示的是一款策略游戏（SLG）的服务端架构，游戏只有一张大地图，每位玩家占据一个角落发展自己的军团，且随时会与其他玩家发生战斗。鉴于玩家之间具有强交互性，服务端用一个进程（场景服务器）处理地图逻辑。玩家控制军队行进，需要采用 A* 寻路算法，但 A* 寻路算法的计算量较大，为了保证性能，该算法不宜放在场景服务器中计算。于是，开发者把寻路功能做成无状态的微服务，场景服务器向寻路服务器请求"从 {100,200} 走到 {300,400} 的路径"，寻路服务器回应路径点。

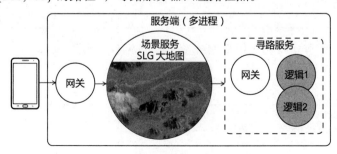

图 9-22　一款策略游戏的服务端架构

寻路服务是一个无状态的服务，它可以拆分成微服务的形式，而微服务的请求一般是短连接，可以使用切换进程的热更新方式。

9.3 动态库

进程切换不仅需要多个进程相互配合，还要实现进程级别的无状态（或能完全保存和恢复状态，下面的表述不再说明），灵活性很差。如果靠单个进程就能实现热更新，那么程序在开发时就能够灵活很多。使用动态库就能实现单进程的热更新，而且只需要达到"库"级别的无状态。

如图 9-23 所示，动态库热更新的方式是指把程序的某些变量和方法编写到外部的动态库文件（.so）中，在程序运行时再动态地加载它们。这种方式可用于热更新动态库中的内容，只需要把动态库替换掉即可。

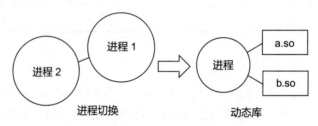

图 9-23　进程切换和动态库的对比

9.3.1 模拟案例

本节将构造一个模拟案例，来说明 C 语言的动态库热更新方法。假设有如代码 9-7 所示的玩家类，包含金币（coin）等一些属性，当玩家发送"工作"协议时，金币数会增加。

代码 9-7　player.h

```
struct Player {
    int x;
    int y;
    int coin;
};
```

代码 9-8 所示的程序可用于模拟服务端，服务端不停地循环，玩家一直在工作（work方法）赚钱（coin 属性）。

代码 9-8　main.c

```
#include <stdio.h>
#include <unistd.h>
#include "player.h"

void work(struct Player *player)
```

```
{
    player->coin = player->coin + 1;
}

void main() {
    struct Player player = {0,0,0};
    while(1) {
        work(&player);
        printf("player x:%d y:%d coin:%d\n",
                player.x, player.y, player.coin);
        sleep(1);
    }
}
```

用"gcc -o main main.c"编译程序，运行后将能看到如图 9-24 所示的结果，每次调用 work 方法，玩家金币加 1。

接下来我们重构该程序，使它支持热更新，能在运行时调整工作报酬。

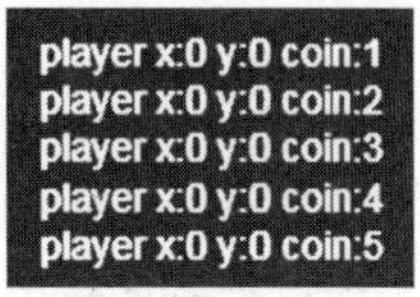

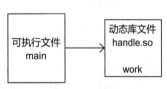

```
player x:0 y:0 coin:1
player x:0 y:0 coin:2
player x:0 y:0 coin:3
player x:0 y:0 coin:4
player x:0 y:0 coin:5
```

图 9-24　程序运行结果

9.3.2　实现动态库热更新

1. 程序设计

借用动态库实现热更新，需要把程序分成"固定的"和"可变的"两部分，根据 9.3.1 节的需求，可把所有的方法（如代码 9-8 中的 work）都视为可变的。如图 9-25 所示，把"可变的"部分编译成动态库 handle.so，再让主程序（main）从动态库中获取其中的方法。热更新时，只需要替换动态库文件，让主程序重新加载即可。

图 9-25　动态库热更新示意图

2. 动态库的代码实现

首先，编写如代码 9-9 所示的动态库源码。我们把代码 9-8 中的 work 方法单独抽出来，放到动态库中。

代码 9-9　handle.c

```
#include "player.h"

void work(struct Player *player)
{
    player->coin = player->coin + 1;
}
```

我们把 player.h、handle.c、main.c 放在同一目录下，这样编译器就能搜寻到 handle.c 所引用的头文件 player.h。"gcc -shared -o handle.so handle.c"用于编译动态库文件，其中，参数"-shared"代表要生成的目标文件类型是动态库，"-o"代表要生成的文件名。

如图 9-26 所示，动态库和可执行文件是分开编译的，它们都会复制一份玩家类的声明。

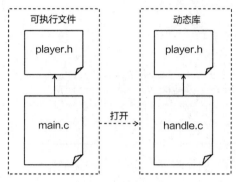

图 9-26 文件引用结构

编译器会生成名为 handle.so 的文件，供下一步使用。

3. 可执行文件的代码实现

代码 9-10 是可执行文件的代码，与代码 9-8 相比，加上底纹的代码是需要特别注意的地方，具体要点说明如下。

1）代码 9-10 中包含了头文件 dlfcn.h，该文件声明了处理动态库的方法 dlopen、dlsym、dlclose。

2）dlopen 的功能是打开一个动态库；dlsym 的功能是从动态库中获取某个方法的地址指针；dlclose 的功能是关闭动态库。

3）代码 9-10 中，"void (*work)(struct Player *player)"是一个名为 work 的函数指针，它可以指向返回值类型为 void 类型、带有一个"struct Player"类型参数的函数。

4）work_wrap 方法的功能是从动态库 handle.so 中获取 work 方法的地址，并把它赋值给函数指针，再调用该方法。如此一来，在代码 9-10 中调用 work_wrap 就像在代码 9-8 中调用 work 方法一样。

代码 9-10 main.c

```
#include <stdio.h>
#include <dlfcn.h>
#include "player.h"

int work_wrap(struct Player *player){
    void (*work)(struct Player *player);
    void* handle = dlopen("./handle.so",
                          RTLD_LAZY);
    work = dlsym(handle, "work");
    n = work(player);
    dlclose(handle);
    return n;
```

```
}

void main() {
    struct Player player = {0,0,0};
    while(1) {
        work_wrap(&player);
        printf("player x:%d y:%d coin:%d\n",
                player.x, player.y, player.coin);
        sleep(1);
    }
}
```

使用"gcc -o main main.c -ldl"编译程序。因为用到了动态链接库，所以在编译时，需要添加参数"-ldl"，编译器才能够找到dlopen、dlsym、dlclose这几个方法的具体实现。编译后得到可执行文件main。

4. 测试热更新功能

如图9-27所示，运行主程序，修改work方法，从每次增加1个金币修改为增加2个金币，然后重新编译动态库。主程序不停循环，每次循环都会重新加载动态库，动态库更新后立即生效。图中前3行每次金币加1，后两行每次金币加2。

图9-27 程序运行结果

💡 **知识拓展**：用"直接编译覆盖"或"先删除旧文件再改名"的方式替换动态库是一种比较安全的做法。这种处理方式与Linux文件系统的实现有关，在程序运行期间，如果用cp（复制）命令覆盖旧文件，则旧文件的一些信息会暂时保留，这可能会导致程序崩溃。

9.3.3 动态库的限制

动态库热更新不仅难度大，而且还很危险。

动态库热更新要求开发者在项目前期就做好规划，编码过程中需要时刻保持动态库的无状态。对于代码9-10，我们只能热更新work方法的实现，而无法更改它的参数和返回值类型，无法新增或删除方法，更无法修改player结构体的数据结构。

更换动态库的热更新方式会给项目的版本管理带来不小的挑战。下面以代码9-10为例进行说明，动态库和主程序都包含了同样的头文件player.h，假如在编译新的动态库之前，有同事不小心把代码9-7的玩家类更改成了代码9-11所示的样子，颠倒了变量的顺序，那么程序运行后将会出现如图9-28所示的诡异结果。由于主程序和动态库包含了不同的玩家类，因此热更新后，金币数并没有按照预期的从3增加到5，而是让玩家的x坐标发生

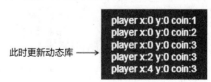

图9-28 诡异的程序运行结果

改变。这是因为编译器会记录变量的偏移位置，而不是标识符，动态库把原先的 x 值当作了coin。

代码 9-11　player.h

```
struct Player {
    int coin;
    int x;
    int y;
};
```

错误地替换动态库可能会使程序崩溃，或者产生不可预估的结果。在实际项目中，务必要小心谨慎。手机游戏的开发节奏很快，动态库方案往往只用在对性能要求高（难以使用脚本语言），且容易抽象出统一接口的模块中。

9.3.4　动态库在游戏中的应用

如图 9-29 所示，在实际游戏项目开发中，所有的内存数据都可以放到主程序中，大部分处理方法可以放到动态库中，这些方法列举如下。

1）库函数，比如，数学计算的函数、处理字符串的函数等，这些函数一般是无状态的。

2）消息处理方法，用于处理客户端或其他进程发来消息的方法，这部分一般是服务端逻辑的重点所在，迭代较快，容易出现 Bug，热更新的需求较多。

3）模块处理方法，可以把游戏服务端的代码分成多个模块，比如，商城模块、竞技场模块等，每个模块只用于处理单一的游戏功能。这些模块都将分成数据和方法两大部分，其中的数据部分由主程序引用，而方法部分则封装成动态库。

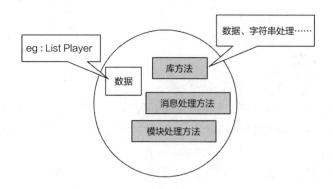

图 9-29　动态库在游戏中的应用场景

9.3.5　多线程与版本管理

代码 9-10 是一种运行效率很低的写法，因为每次调用 work_wrap 时，程序都要重新加载动态库和查找 work 方法。实际开发中，我们会将函数指针保存起来，只在需要热更新时才重新加载，如代码 9-12 所示。

代码 9-12　main.c

```c
#include <stdio.h>
#include <dlfcn.h>
#include "player.h"

void* handle
int (*work)(struct Player *player);

// 需要热更新时调用
int reload(){
    // 为 work 函数指针赋值，具体代码略
}

void main() {
    struct Player player = {0,0,0};
    while(1) {
        work(&player);
        sleep(1);
    }
}
```

现在请思考一下图 9-30 中的问题，如果是代码 9-12 的单线程程序，则很容易就能找到热更新的时机（左图），找到调用方法的间隔即可。但对于多线程程序（右图），很可能会有不同的线程在不停地执行库方法，没有间隔，那么应该何时触发热更新呢？

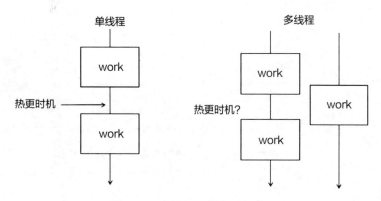

图 9-30　多线程下的热更新时机

另外，如果某位开发者又定义了一个函数指针，用代码 9-12 中的 work 指针为它赋值，则很有可能会导致程序崩溃。如图 9-31 所示，函数指针 work 引用了新动态库的函数，函数指针 fun 引用了已销毁的旧动态库函数地址，由于旧 handle.so 已被销毁，因此使用 fun 指针可能导致程序崩溃或其他难以预料的后果。

要解决上述两个问题就得做好动态库的版本管理，一种策略是不销毁任何旧的动态库，

或者在确保旧动态库不可能再被调用时才销毁它，这样做可以让引用旧动态库的函数指针还能运行，尽管调用的是旧的版本；另一种策略是让程序在调用旧动态库时即刻崩溃，以提醒开发者完善代码。

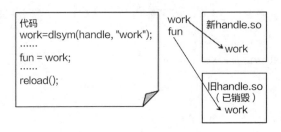

图 9-31　引用了旧的动态库

9.4　脚本语言

"动态库"虽然比"切换进程"要灵活一些，但它仍有诸多限制。两者都要求在项目前期做好规划，严格执行代码规范。对于动态库，开发者使用的时候需要特别小心，要避免因版本问题而导致的错误，还需要自行实现版本管理方法，因此总的来说依然不够灵活。开发者需要一种更加灵活的热更新方案，解释型脚本语言（Lua、Python……）的模块重载功能刚好能够满足这一需求，因此得到了广泛使用。本节将以 Lua 为例，说明用脚本语言实现热更新的方法。进程切换、动态库和脚本语言热更新的演化如图 9-32 所示。

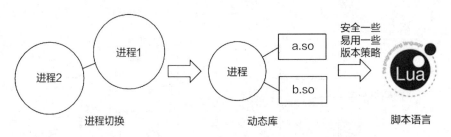

图 9-32　进程切换、动态库和脚本语言热更新的演化

9.4.1　业务需求

本节将通过一个简化版的案例来说明 Lua 热更新的方法。

图 9-33 所示的是示例游戏的程序结构，游戏中的各项功能代码封装成了不同的模块，该示例游戏包含商城、邮件等多个模块。

主模块 main.lua 的实现如代码 9-13 所示，假设玩家 101 已经上线，它包含金币（coin）和背包（bags）两项属性。在

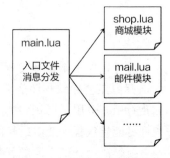

图 9-33　示例游戏的程序结构

这里，我们用字符输入代替网络消息以模拟客户端请求，指令 'b' 代表购买道具，输入后将调用商城模块的 onBuyMsg 方法。为了简化代码，代码 9-13 中固定了道具 Id，指明了玩家 101 购买 1001 号道具。指令 'r' 代表热更新商城模块，具体实现稍后再讲。

代码 9-13   main.lua

```lua
local shop = require("shop")

local players = {} -- 玩家列表
players[101] = {coin=1000, bag={}} -- 假设玩家 101 已登录

-- 用字符输入模拟网络消息
while true do
    cmd = io.read()
    if cmd == "b" then --buy
        shop.onBuyMsg(players[101], 1001)
    elseif cmd == "r" then --reload
        reload()
    end
end
```

下面再来聚焦代码 9-14 所示的商城模块，它包含了道具配置表 goods、购买道具的处理方法 onBuyMsg。goods 表定义了商城出售的道具及价格，例如，1001 号道具是金创药，售价 10 金币。onBuyMsg 方法带有两个参数，其中，player 代表玩家对象，id 代表道具 id。onBuyMsg 会根据 id 找到配置项 item，查询道具的价格（item.price），然后扣除玩家的金币，增加背包的道具计数。

代码 9-14   shop.lua

```lua
local M = {}

local goods = {
    [1001] = {name = " 金创药 ", price = 10},
    [1002] = {name = " 葫芦 ", price = 2}
}

M.onBuyMsg = function(player, id)
    local item = goods[id]
    -- 扣金币，这里缺少对金币数量是否充足的判定
    player.coin = player.coin - item.price
    -- 增加道具计数
    player.bag[id] = player.bag[id] or 0
    player.bag[id] = player.bag[id] + 1

    --...
    local tip=string.format("player buy item %d, coin:%d item_num:%d",
                            id, player.coin, player.bag[id])
    print(tip)
end

return M
```

通过语句 "lua main.lua" 运行 Lua 程序，我们将看到如图 9-34 所示的结果。每次输入 'b'，玩家就会用 10 金币购买一瓶金创药。

我们需要实现商城模块的热更新，用户输入 "r" 调用 reload 方法，可以修复商城模块的 Bug，或者调整商品的价格。

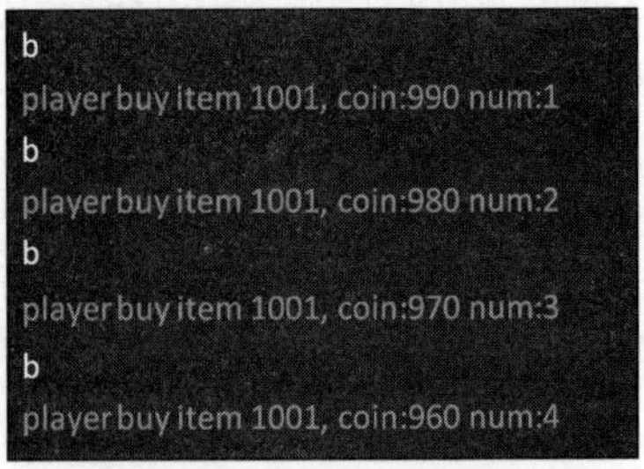

图 9-34　程序运行结果

9.4.2　实现 Lua 热更新

在 Lua 中，仅需几行代码就可以实现模块重载。如代码 9-15 所示，先把 "package.loaded["shop"]" 设为 nil，用于清空之前 "require("shop")" 缓存的模块，再重新引入（require）商城模块。

代码 9-15　main.lua

```
function reload()
    package.loaded["shop"] = nil
    shop = require("shop")
    print("reload succ")
end
```

现在，我们可以修改 shop.lua 调整商品价格，或者调整 onBuyMsg 的实现细节，然后输入 'r' 触发热更新。图 9-35 所示的是热更新的结果，热更新之前，玩家花费 10 金币购买一瓶金创药，热更新调整金创药的价格之后，变为 100 金币一瓶。

💡 **知识拓展**：Lua 的 "require(模块名)" 方法会加载一个 Lua 模块，并缓存到 package.loaded [modelname] 中。如果对同一个模块重复调用 require 方法，那么程序将会从缓存中取值，而不再加载 Lua 文件。因此，热更新前需要先清空缓存，再调用 require 方法。

代码 9-15 所实现的热更新其原理如图 9-36 所示，主模块（main.lua）用 shop 变量引用商城模块，热更新之后，shop 将引用新模块，shop.onBuyMsg 将引用新模块的新方法。

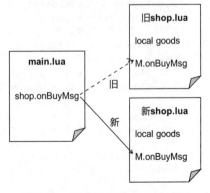

图 9-35　热更新的结果

9.4.3　尽量做正确的热更新

相较于切换进程和动态库两种方案，Lua 无须脱胎

图 9-36　热更新前后 shop 的引用

换骨设计架构就能实现热更新功能,由于脚本语言的方案更加灵活,因此更适合手游的开发节奏。然而,即使是 Lua,也无法做到完美,其对程序的写法也有诸多要求。

代码 9-16 是在 9.4.1 节的基础上,运用了一点设计模式。表 cmdHandle 可用于保存各种指令的处理方法,以简化条件判断语句。要想添加指令,只需要配置 cmdHandle 表即可,而不用写一大堆类似于"if cmd == "b" then"的语句。

代码 9-16　main.lua

```
local cmdHandle = {
    b = shop.onBuyMsg,
    --s = shop.onSellMsg, -- 出售
    --w = work.onWorkMsg,

    r = reload,
}

while true do
    cmd = io.read()
    cmdHandle[cmd](players[101], 1001)
end
```

然而,代码 9-16 的写法会导致热更新失败。这是因为在 reload 方法中,只是用"shop = require("shop")"替换了对 shop 的引用,尽管 shop.onBuyMsg 引用了新方法,但 cmdHandle.b 引用的依然是旧方法。而程序调用的就是 cmdHandle.b,因此程序没能实现热更新。如图 9-37 所示,虚线代表热更新前 cmdHandle.b 和 shop.onBuyMsg 的引用指向,实线代表热更新后的引用指向。

若要成功实现热更新,那么我们还需要在 reload 方法中添加一句"cmdHandle.b = shop.onBuyMsg",让 cmdHandle.b 引用新方法。

由此可见,热更新的实现与业务的写法有关。要么就遵循严格的代码规范,禁止在业务层使用回调函数、匿名函数,禁用任何未经验证的设计模式;要么就为每个模块单独编写特定的热更新方法。

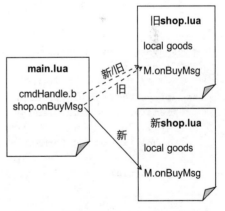

图 9-37　热更新前后 shop 模块的引用

9.4.4　没有"万能药"的根源

通过 9.4.3 节的分析我们可以看出,就算使用脚本语言,热更新也会对程序的写法增加一些限制。那么有没有一种办法,能够针对任何写法,实现热更新呢?

一种针对 9.4.3 节案例的做法是:通过一些小技巧来实现全局替换,在热更新时遍历虚拟机中的所有全局变量、局部变量、上值、元表等,替换掉旧方法。这些小技巧往往比较奇

妙，请回顾 9.1.3 节 Skynet 的注入补丁，示例中我们使用 debug.setupvalue 替换了本地变量。

💡 **知识拓展**：9.1.3 节中，Skynet 内部做了一些特殊处理，才使热更补丁能够替换代码 9-2 中匿名函数里的 onMsg（作为 skynet.dispatch 的上值），而无须通过 _G['onMsg'] 从全局变量中查找。

但全局替换并不是一个通用的热更新方法。由于程序无法得知哪些值需要进行热更新，哪些值需要保留，因此我们无法使用一个通用的热更新方法，每个项目都要做特殊处理。

下面依然以商城模块为例来说明问题。假设现在需要为商城添加限购功能，每天仅出售 100 瓶金创药。在 9.4.1 节的基础上，用代码 9-17 所示的方法实现限购功能，添加 remain 表记录商品的剩余数量，每成功购买一个道具，剩余数量减 1。

代码 9-17 shop.lua

```lua
local M = {}

local goods = {
    [1001] = {name = "金创药", coin = 1},
    [1002] = {name = "葫芦", coin = 2}
}

local remain = {
    [1001] = 100, -- 今日剩余的金创药数量
    [1002] = 200, -- 今日剩余的葫芦数量
}

M.onBuyMsg = function(player, id)
    local item = goods[id]
    -- 省略对金币和限购数量的判定
    player.coin = player.coin - item.coin
    remain[id] = remain[id] - 1
    --...
    local tip=string.format("player buy item %d, coin:%d remain:%d",
                            id, player.coin, remain[id])
    print(tip)

end

return M
```

运行程序将得到如图 9-38 所示的结果，每购买一次，道具剩余量减 1。

如果修改商品价格，再执行热更新，则将得到如图 9-39 所示的失败结果，虽然道具价格从 10 变成了 100，但剩余量却发生了错误的变化。正常情况下，道具剩余量应以 99、98、97、96 的规律递减，现在却变成了 99、98、99、98。也就是说，在热更新后，道具价格成功发生了改变，但道具剩余量还原到初始值了。

图 9-38　程序运行结果

图 9-39　失败的热更新

这是因为，新版本的 remian 表替换了旧 remian 表，而 remian 表的值需要保存起来。如图 9-40 所示，热更新前后的 M.onBuyMsg 引用了各自的本地变量 goods 和 remain，新 remain 的默认值是 100，正是因为新的 onBuyMsg 方法引用了新的 remain 表，才使得热更新失败。本例中，需要用到新的 goods 表（因为修改了商品价格），但要保留旧的 remain 表。goods 表和 remain 表都是普通的本地变量，程序无法自动区分它们。

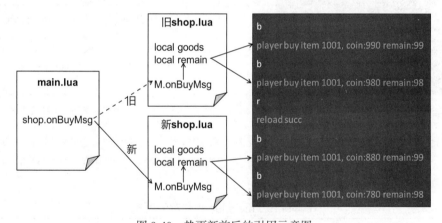

图 9-40　热更新前后的引用示意图

没有"万能药"的根源在于代码没有提供足够的信息量，让程序去判断哪些值需要热更新，哪些值要保留。

9.4.5　工程实践

要实现正确的热更新，就要增加些许限制，一般有三种方法。

1. 规范写法以确保模块内无状态

如果开发者清楚哪些值需要热更新，哪些值不需要，则可以参考代码 9-18，把不需要更新的变量设为全局变量（注意代码中没有 local）。代码 9-18 用了一个小技巧 " remain = remain or 默认值 "，模块第一次加载时，全局变量 remain 的值为空，为它赋予默认值；热更新时，让 remain 继承旧值。

代码 9-18　shop.lua 中修改的内容

```
remain = remain or {
    [1001] = 100,
    [1002] = 200,
}
```

修改之后，程序就能正确进行热更新了，运行结果如图 9-41 所示。

图 9-42 展示了变量的引用关系，热更新前后，onBugMsg 方法引用了不同的 goods 表，但引用了同一个 remain 表。

图 9-41　程序运行结果，正确的热更新

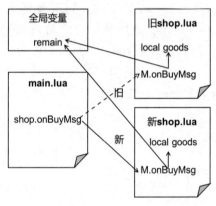

图 9-42　热更新前后的引用示意图

使用全局变量之前必须做好命名的规划。在商城模块的例子中，如果另外的某个模块也用到了全局变量 remain（如代码 9-19 所示），并将其设置成奇怪的值，则将产生不可预料的后果（如图 9-43 所示）。

代码 9-19　main.lua 中修改的内容

```
while true do
    cmd = io.read()
    if cmd == "b" then --buy
        shop.onBuyMsg(players[101], 1001)
    elseif cmd == "r" then --reload
        reload()
    end
    remain = 9
end
```

图 9-43 所示的是由全局变量冲突引起的报错。remain 本来是表结构，而代码 9-19 却把它改成了数值，结果导致商城模块读表时出现报错。

我们可以为各模块分配不同的全局空间，以避免发生全局变量冲突。如图 9-44 所示，将商城模块的全局变量放到 runtime.shop 中，将成就模块的全局变量放到 runtime.achieve 中，以避免冲突。

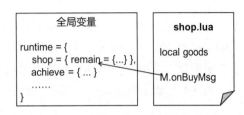

图 9-43　由全局变量冲突引起的报错　　　　图 9-44　为各模块分配不同的全局空间

2. 交给具体模块解决

由于程序无法自动判断哪些值需要保留，因此这部分工作最好是交给具体模块的开发者去处理。如代码 9-20 所示，我们可以规定每个模块都必须包含一个 reload 方法，服务端在热更新该模块时会调用它。开发者需要在 reload 方法中还原需要保留的值。

代码 9-20　shop.lua 中修改的内容

```lua
local M = {}
...

M.reload= function(old_module)
      remain = old_module.get("remain")
end

return M
```

3. 标注后全局遍历

没有"万能药"的根源在于代码没有提供足够多的信息量，因此我们需要想方设法提供更多信息。例如，在代码 9-21 中，我们规定 NEED_PRESERVE 是一个特殊的标识，表示该值需要保留。再使用全局替换的方法遍历所有的全局变量、局部变量、上值、元表等，由于特殊标识的存在，因此程序可以分辨出需要保留的内容。

代码 9-21　shop.lua 中修改的内容

```lua
local M = {}

local goods = {
    -- 具体内容略
}

local remain = {
    NEED_PRESERVE = true
    -- 具体内容略
}
```

其实，如果能够明确热更新要替换的内容，那么无论程序有多复杂，我们都能用各种技巧成功实现热更新。

9.4.6　选择合适的热更新范围

热更新能力和灵活性就像鱼与熊掌的关系一样，难以兼得。要实现更强的热更新能力，就需要遵循更严格的规范，越严格的规范就意味着越多的培训成本。对于大部分项目，通过少量限制，获取有限的热更新能力是面对实际需求权衡之后的选择。

表 9-1 列出了服务端热更新能力的五个层次。

表 9-1　热更新能力的五个层次

层次	说明
1	能够热更新策划配置表 由于配置表是只读的，因此只要保证程序能够引用到新版本的表即可，实现热更新的难度很低
2	能够热更新库函数 库函数是指数学运算、字符串处理的一些方法，这些方法是无状态的，因此容易单独抽离出来，实现热更新的难度较低
3	能够热更新消息处理方法 消息处理方法用于处理客户端或其他进程发来的请求，由于这些方法一般会有统一的调用入口，因此很容易实现替换。编写消息处理方法时要稍加限制，不能使用会引入状态的写法，比如协程、定时器……
4	能够热更新通信协议格式 通信协议格式是只读的，单纯的热更新协议格式并不难。然而，如果多个模块用到同一个需要热更新的协议，就意味着这些模块也要做相应的修改。例如，"新增道具协议"原本包含道具 ID、数量两个属性，现在需要修改成 ID、数量和品质三个属性，那么所有使用到该道具协议的模块都要进行修改，难度较大 如果一定要实现通信协议格式的热更新，就要在使用协议时额外注意，让某个模块的协议只在该模块中使用，不能跨模块调用
5	能够热更新数据结构 例如，玩家数据原本包含了金币和位置坐标两项属性，现在需要热更新增加一个皮肤属性。更新数据结构往往很困难，因为这些数据结构会被多个模块使用，而且这些数据结构可读可写，难以与内存中的旧值对应起来

一般而言，我们认为实现前 3 个层次的热更新能力是性价比较高的一种做法，这样做既能满足大部分热更新需求，又不至于增加太多写法限制。

回顾第 3 章中游戏《球球大作战》的实现方法，它拥有一定的热更新潜力。《球球大作战》的服务端结构如图 9-45 所示，我们可以编写一个专用于热更新的服务（图中的 hotfixmgr），让它执行同类型服务的更新，用户可以输入诸如"reload agent init.lua"的指令，让程序更新所有 agent 服务的 init.lua 模块。要实现"消息处理方法"的热更新，只需要用新方法替换某个服务中 service 模块 resp 表中的旧方法即可。图中的灰色底纹代表它的热更新能力范围，我们可以热更消息处理方法，但不能更新小球、食物等数据结构。

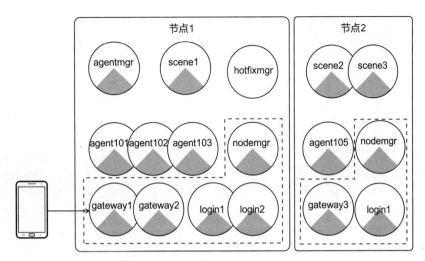

图 9-45 《球球大作战》的服务端结构

　　笔者力图寻求热更新技术的逻辑线索，以灵活性逐渐增强的顺序将三种方案串联起来，分析实现热更新的写法限制，以及工程实践中的热更新方法。希望本章能为大家呈现一幅热更新技术全景图，在项目需要时能够选取合适的解决方案。

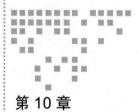

Chapter 10 第 10 章

防 外 挂

外挂就像是游戏的毒瘤，它利用游戏漏洞破坏平衡，会造成游戏公司和普通玩家的损失。例如，风靡一时的游戏《冒险岛》，后期外挂横行，在普通玩家费尽心机刷怪时，外挂玩家不仅能吸怪刷经验，还能一招秒杀 BOSS。可惜的是，开发商最终也没能有效整治外挂。图 10-1 展示了一款外挂软件的界面，可以看出它提供了"无敌""无 CD 技能""原地复活"等诸多功能，会对游戏平衡造成影响。本章就来讨论游戏如何防外挂的问题。

图 10-1 某横版 MMORPG 外挂

防外挂是一项长期工作，开发人员需要持续与外挂分子斗智斗勇。

10.1 不信任客户端

服务端防外挂的关键点：不能相信客户端。下面就来看一些因信任客户端而遭外挂侵扰的游戏案例。

10.1.1 刷金币案例

图 10-2 所示的是某游戏的商城界面，玩家通过选择商品并输入数量来购买道具。客户端对"购买数量"的输入范围做了限制，只能填入 1 到 99 之间的数值。

图 10-2 某游戏商城界面示意图

玩家单击"购买"按钮，客户端会发送形如"{_cmd = "Buy", itemID = 1001, num=1}"的协议，服务端的处理如代码 10-1 所示，先计算总价格（needCoin），如果玩家拥有足够多的金币，则购买成功。

代码 10-1 服务端处理购物协议的方法（Lua）

```lua
function onBug(player, itemID, num)
    -- 获取物品配置，取得该物品的价格 itemConfig.price
    local itemConfig = getItemConfig(itemID)
    -- 计算总共要花多少钱
    local needCoin = itemConfig.price*num
    -- 判断玩家的钱是否足够
    if player.coin < needCoin then
        send(player, "金币不足")
        return
    end
    -- 扣钱、加物品
    player.coin = player.coin - needCoin
    player.addItem(itemID, num)
    send(player, "购买成功")
end
```

由于客户端做了输入限制，测试员不能输入"–1""–2"之类的非法数值，商城通过了黑盒测试。然而，外挂开发者破解了协议格式，使用外挂软件可以发送任意数据。外挂发送形如 {_cmd = "Buy", itemID = 1001, num=-1} 的协议，致使代码 10-1 中的 needCoin 变成了负值，进而使玩家的金币数量得到增加。

代码 10-1 中，参数 itemID 和 num 由客户端传入，是不能信任的，应多做一些判断，比如：①对应 itemID 的物品配置是否存在；② num 的取值范围是否合法。具体改进如代码 10-2 所示。

代码 10-2　改进的购物处理（Lua）

```lua
function onBug(player, itemID, num)
    -- 获取物品配置，取得该物品的价格 itemConfig.price
    local itemConfig = getItemConfig(itemID)
    if not itemConfig then
        send(player, " 物品不存在 ")
        return
    end
    if num <=0 or num > 99 then
        send(player, " 购买数量非法 ")
        return
    end
    …… 余下代码略
end
```

10.1.2　连发技能案例

图 10-3 所示的是一款动作类游戏，玩家可以使用技能攻击敌人。

图 10-3　动作类游戏示意图

假设游戏采用了如图 10-4 所示的通信方式。攻击协议 attack 中，skillID 代表技能编号；伤害协议 damage 中，id 代表被攻击者的编号，hp 代表被攻击者剩余的血量。当玩家按下技能按钮后，客户端发送形如 " {_cmd = "attack", skillID=1001}" 的协议通知服务端，服务端计算攻击范围和伤害，再广播形如"{_cmd="damage", id=101, hp=30}"的协议。

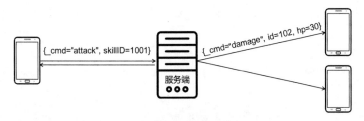

图 10-4　技能协议

代码 10-3 所示的是服务端处理 attack 协议的方法。

代码 10-3　服务端处理技能协议的方法（Lua）

```lua
-- 收到 "发起技能" 协议
function onAttack(player, skillid)
    -- 获取被攻击对象
    local enemy = getTarget(player, skillid)
    if not enemy then
        return -- 攻击范围内没有敌人
    end
    -- 如果敌人已经死亡，则忽略
    if enemy.hp <= 0 then
        return
    end
    -- 计算伤害值
    local damge = calDamge(player, enemy, skillid)
    -- 扣血
    enemy.hp = enemy.hp - damge -- 扣血
    if enemy.hp < 0 then -- 死亡
        enemy.hp = 0
    end
    -- 广播
    local msg = {
        _cmd = "damage",
        id = enemy.id,
        hp = enemy.hp,
    }
    broadcast(msg)
end
```

代码 10-3 虽然进行了一些条件判断，但缺乏对技能冷却时间的判定，如果玩家作弊，让客户端以很高的频率发送技能协议（如图 10-5 所示），则玩家能打出极高的伤害值。

所以，不信任客户端不仅仅是不信任客户端发来的数据，还不能信任客户端发包的时机。改进的技能处理方案如代码 10-4 所示，其中加上了对技能冷却时间的判定。

代码 10-4　改进的技能处理（Lua）

```lua
function onAttack(player, skillid)
    -- 冷却时间判定
```

```lua
local cd = getCDTime(skillid) -- 获取技能冷却时间
-- 是否还在冷却中
if Time.now() < player.last_skill_time + cd then
    return
end
--last_skill_time 代表上次使用技能的时间
player.last_skill_time = Time.now()
-- 其他判定和处理
......
end
```

图 10-5　没有 CD 时间的技能

10.1.3　透视外挂案例

服务端向客户端发送的信息越多，外挂有机可乘的可能性就越大。如图 10-6 所示的棋牌游戏，外挂玩家可以看到对手的手牌，公平无从谈起。

此种外挂利用了游戏的漏洞，获取了本不该获取的信息。代码 10-5 展示了一段斗地主开局的服务端程序，其漏洞在于服务端会向客户端广播所有手牌的信息，如果协议被破解，那么外挂玩家就可以看到对手的手牌了。

代码 10-5　棋牌游戏开场的一种写法（Lua）

```lua
-- 开始新的一局
function desk:Start()、
    --deal 方法表示发牌，将牌随机填入 self.players[X].cards 中
    -- 其中 cards 是一个数组，用于存放玩家的手牌
    self:deal()
    -- 发牌协议
    local msg = {
        _cmd = "deal"
```

```
        players = {
            [1] = self.players[1].cards, -- 地主
            [2] = self.players[2].cards, -- 农民 1
            [3] = self.players[3].cards, -- 农民 2
        }
    }
    self:brocast(msg) -- 广播给同一桌的玩家
end
```

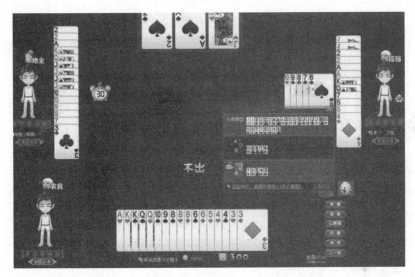

图 10-6　通过外挂，玩家可以看到对手的手牌

代码 10-6 展示了一种改进的写法，服务端只告诉玩家他自己的手牌，便能杜绝透视外挂。

代码 10-6　改进的棋牌游戏开场写法（Lua）

```
function desk:Start()
    self:deal()        -- 发牌
    -- 地主
    local msg1 = {
        _cmd = "deal"
        cards = self.players[1].cards,
    }
    self.players[1]:send(msg1)
    -- 农民 1
    local msg2 = {
        _cmd = "deal"
        cards = self.players[2].cards,
    }
    self.players[2]:send(msg2)
    -- 农民 2
    local msg3 = {
        _cmd = "deal"
```

```
        cards = self.players[3].cards,
    }
    self.players[3]:send(msg3)
end
```

相比棋牌游戏，射击类游戏很难杜绝透视外挂。因为服务端很难精准获悉玩家的视野范围，只能向客户端多发送一些冗余信息，包括站在玩家背面的敌人，被障碍物挡住的敌人……这些都让外挂有机可乘，服务端应最大限度地控制信息量。如图 10-7 所示的某射击游戏外挂，就可以让外挂玩家看到障碍物后面的敌人，从而破坏了游戏的公平性。

图 10-7　射击游戏的透视外挂

总而言之，服务端不仅不能相信客户端的任何输入，而且不能向客户端发送过多冗余信息。

10.2　尽可能多的校验

客户端不可信任，防外挂的根本办法是将游戏的所有逻辑全部放到服务端计算。然而实际项目中往往会有诸多限制，比如：射击、运动类游戏对操作的灵敏度要求很高，不能忍受太高的网络延迟；服务端的负载能力有限，难以计算全部逻辑；项目工期紧，加上服务端开发难度大，项目组不得已将逻辑运算放到客户端。

如果必须依赖客户端的计算能力，那么服务端也要做尽可能多的校验。

10.2.1　小游戏防刷榜

以跑酷类游戏（如图 10-8 所示）为例，玩家要控制角色躲避障碍物，对操作灵敏度要求很高，难以容忍服务端运算（请回顾第 8 章的"同步 -> 状态"方案）带来的网络延迟，还由于跑酷类游戏更偏向于单机玩法，因此开发团队更青睐于选择客户端运算的方案。

图 10-8　跑酷类游戏示意图

客户端负责所有的逻辑运算，具体来说就是：游戏开始时，服务端向客户端发送"start"协议（具体实现请参考代码 10-7），客户端载入游戏场景；当角色碰触金币时，客户端发送"eat_coin"协议，服务端收到后为玩家添加 1 个金币；当角色死亡时，客户端发送"game_over"协议。

因为游戏的逻辑运算必须依赖客户端，而客户端很容易被破解，所以无法从根本上杜绝作弊。服务端无法检验"吃金币"的真实性，当外挂频繁发送"eat_coin"协议时，玩家即可轻松刷到金币。

代码 10-7　跑酷游戏协议（Lua）

```lua
-- 开始游戏
{_cmd = "start"}
-- 吃金币
{_cmd = "eat_coin"}
-- 结束游戏
{_cmd = "game_over"}
```

服务端应做尽可能多的校验，校验越多，作弊的难度越大。代码 10-8 展示了一种加强防范的方案，由服务端产生一局游戏中的所有金币信息，包括它的位置坐标，以及它是否已被角色吃掉（代码中的 eat）。每个金币都会包含一个随机值（key），用于提高作弊难度。

代码 10-8　跑酷游戏服务端状态（Lua）

```lua
-- 战场信息
battle = {
    -- 所有金币位置
    coins = {
        [1] = {x = 50, y = 20, key = 1482, eat = false},
        [2] = {x = 50, y = 21, key = 6542, eat = false},
```

```
         [3] = {x = 51, y = 20, key = 1324, eat = false},
         ……
      }
      -- 角色
      role = { x = 50, y = 1, last_sync_time = 1596022850},
   }
```

为满足 10.1.2 节提及的 "最大限度地控制信息量"，在游戏开始时，服务端将前两屏的
金币信息发送给客户端，待角色走动一段距离之后，再发送后面的金币信息。

客户端发送吃金币的协议时，要附带两个数据，一个是金币的标识（对应服务端 coins 表
的索引），另一个是金币的随机值 key。由于服务端保存了金币信息，因此在收到吃金币的协
议时，服务端有了更多用于判断作弊的依据。如代码 10-9 所示，判断内容包括金币是否存
在、金币是否已被吃掉、金币的随机值（key）是否对应得上、角色是否在金币附近……

另外，跑酷类游戏角色只能从左向右移动，移动速度会有限制，服务端还会根据游戏
时间计算出角色最快能够到达的位置，并判断是否有作弊行为。

代码 10-9　跑酷游戏吃金币协议处理（Lua）

```lua
function battle:onEatCoin(player, msg)
    -- 判断金币是否存在
    coin = self.coins[msg.coin_id]
    if not coin then
        return
    end
    -- 判断金币是否已经被吃掉
    if coin.eat then
        return
    end
    -- 判断 key 对不对
    if msg.key ~= coin.key then
        return
    end
    -- 判断角色坐标是否合理
    local delta = os.time() - self.role.last_sync_time
    local last_x = self.role.x
    if msg.role_x > last_x + MAXSPEED*delta then
        return
    end
    -- 判断玩家坐标是否在金币附近
    ……
    -- 吃金币顺序必然是从左到右，不可能吃到已吃金币左边的金币
    ……

    player.coin = player.coin + 1
end
```

服务端所做的这些校验尽管不能从根源上杜绝作弊行为，却也提高了玩家作弊的难度。
而且就算真有作弊行为，玩家也无法获得超额的奖励，或者用极短的时间通关。

10.2.2　篮球游戏案例

图 10-9 所示的是一款街头篮球类游戏，开发团队考虑到篮球游戏会涉及较多的物理碰撞和复杂的 AI 规则，客户端引擎对此提供了较好的支持，同时由于项目的开发期很紧，因此团队决定选择采取客户端运算的方案。

图 10-9　篮球游戏示意图

具体来说就是，服务端会选择一场球赛中的某个客户端作为主机，让它承担逻辑运算。代码 10-10 展示了篮球游戏协议的实现。

代码 10-10　篮球游戏协议（Lua）

```lua
-- 移动
{_cmd = "move", dirX=1, dirY=0}
-- 投篮
{_cmd = "shoot"}
-- 抢断
{_cmd = "steal"}
-- 进球
{_cmd = "goal"}
```

例如，如图 10-10 所示，非主机玩家（客户端 B）要抢断篮球，他会发起 steal 协议（阶段①），由服务端转发给主机（阶段②），再由主机（客户端 A）判断能否抢断成功，并把新状态发出去（③④两个阶段）。在这种架构下，如果主机被破解，那么主机玩家很容易就能作弊。

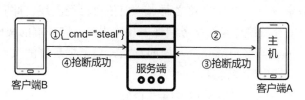

图 10-10　篮球游戏的消息流程

为了加大作弊难度，服务端会同步球的位置、状态（球员持球、传球中、投篮中……），球员的位置、朝向等信息（内容如代码 10-11 所示），并对主机同步的数据做校验。例如，主机发送进球的协议，服务端会判断球是否处于"投篮中"的状态、球的位置坐标是否在球篮附近、是否有球员在稍早的时间做出投篮动作、投篮球员的位置是否合理、投篮球员在上次得分后是否走出过三分线，等等。

代码 10-11　篮球游戏的战场信息（Lua）

```lua
-- 球场状态
battle = {
    -- 比赛
    score1 = 0, -- 红方得分
    score2 = 0, -- 蓝方得分
    -- 球
    ball = {
        last_pos = {120,10,0}, -- 坐标
        who = 101, -- 谁持有球
        status = HOLD, -- 状态: 持球、传球、投篮……
        last_change_time = ……,-- 上次改变状态的时间
    },
    -- 球员
    players = {
        [1] = {
            id = 101,
            team = 1, -- 所在队伍
            last_pos = {100,50,0}, -- 坐标
            last_yaw = 180,-- 朝向
             ……
        },
        [2] = ……
    }
}
```

服务端的校验尽管不能从原理上杜绝作弊现象，却也能杜绝大部分低水平外挂。

10.2.3　部署校验服务

有些游戏偏向于单机玩法，对实时性的要求也不高，本可以采用服务端运算的方案，但由于项目前期的需求不太固定，需要快速验证玩法，因此，项目组往往也会选择客户端运算的模式，以争取提高开发效率。图 10-11 所示的三消类游戏就以客户端运算为主，只在游戏结束时向服务端同步游戏的得分，因此很容易被外挂利用。

当这款游戏火爆起来后，外挂也随之而来，但项目已经上线，此时再来重构代码，风险太大。项目组采用的补救措施是在服务端部署校验服务，服务端的架构如图 10-12 所示。

校验服务实现了一套与客户端完全一样的算法，只要把玩家的每一步操作都告诉校验服务，它就能通过模拟算出游戏得分。

游戏结束时，客户端除了向游戏服务端发送游戏得分，还会附带玩家在该局游戏里的每一步操作，游戏服务端会把玩家的操作发给校验服务做校验，如果算出的得分与客户端

发来的分数不同，就说明存在作弊行为。

图 10-11　三消类游戏示意图

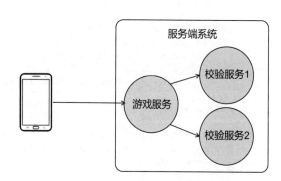

图 10-12　添加校验服务的服务端架构

10.3　反外挂常用措施

服务端进行"尽可能多的校验"能够提高作弊难度，除此之外，客户端也应做加壳、加密保护。但只要服务端不具备完全运算能力，外挂就有机可乘。本节将介绍一些常用的反外挂措施，以提高外挂开发的成本。

如果开发外挂的难度足够大、成本足够高，远超过外挂的收益，就可以有效防止外挂。

10.3.1　防变速器

变速器是最常见的外挂之一，它可以改变客户端的运行速度，从而获取速度上优势。例如，某款状态同步的游戏所使用的移动协议如代码 10-12 所示，由客户端运算并发送角色位置，服务端只做转发。

代码 10-12　移动协议（Lua）

```lua
-- 移动
{_cmd = "moveto", x=150, y=200}
```

代码 10-13 展示了 Unity 客户端的一种写法，当玩家按"向上"键时，程序会计算角色应移动的距离，然后移动到新的位置。其中，FixedUpdate 是 Unity 内置的一个回调方法，默认每隔 0.02 秒运行一次；Time.time 也是 Unity 内置的一个值，表示客户端运行时间的时间。如果玩家使用加速器把客户端的运行速度调高了 1 倍，那么原本每秒调用 50 次的 FixedUpdate 将变成 100 次，角色将以两倍的速度移动，这会破坏游戏的公平性。另外，由于加速器让客户端整体运行速度变快，Time.time 也会受到影响，例如，客户端真实运行了 1

分钟，Time.time 的值理应是 60（秒），但由于加速器把游戏速度调高了 1 倍，现在 Time.time 的值变成了 120。代码 10-13 中，程序从每 0.2 秒发送一次位置协议变成每 0.1 秒发送一次。

代码 10-13　客户端角色移动功能（Unity，C#）

```csharp
// 每 0.02 秒执行一次（每秒 50 次）
void FixedUpdate(){
    // 如果按下键盘的 " 向上 " 键
    if(Input.GetKey(KeyCode.Up)){
        // 移动距离 = 正面方向 * 速度 * 时间
        Vector3 s = transform.forward * speed * 0.02f;
        // 新位置 = 旧位置 + 移动距离
        transform.transform.position += s;
    }
    // 此处省略 " 向下 "" 向左 "" 向右 " 键的实现

    // 每隔 0.2 秒发送一次位置协议
    if(Time.time - lastSyncTime > 0.2f){
        SendMoveTo(); // 发送 moveto 协议
        lastSyncTime = Time.time;
    }
}
```

加速器会改变客户端的全局时间，这一点不难防范。在代码 10-13 所示的例子中，正常的客户端每隔 0.2 秒发送一次同步协议，而使用加速器的客户端必然更快。服务端可以统计一段时间内移动协议的平均间隔时间，如果远小于预定的 0.2 秒，即可判断为加速器作弊，如代码 10-14 所示。

代码 10-14　服务端移动协议处理方法，添加防加速功能（Lua）

```lua
-- 处理移动协议
-- player.count 代表计数
-- player.last_time 代表上一次接收 moveto 协议的时间
-- player.sum 代表累计时间
-- Time.time() 获取服务端启动到现在的时间
function onMoveTo(player, msg)
    -- 累计
    player.count = player.count + 1
    local delta = Time.time() - player.last_time
    player.sum = player.sum + delta
    player.last_time = Time.time()
    -- 如果累计了 100 次，就做一次判断
    if player.count > 100 then
        -- 计算平均间隔时间
        local avg = player.sum/player.count
        if avg < 0.2*0.7 then -- 平均值小于 0.14 算作弊
            cheat()  -- 判断为作弊
            return
        end
        -- 重新计数
        player.count = 0
        player.sum = 0
    end
end
```

```
    …… -- 处理移动逻辑
    end
```

另外，在大部分服务端的设计中，客户端要定时向服务端发送心跳包，以便服务端检测客户端是否掉线。利用心跳包来判断玩家是否作弊是一种常见的做法，由于加速器改变的是全局时间，因此其也会改变心跳包的发送频率，从而露出马脚。

10.3.2 防封包工具

外挂通常会利用 WPE（Winsock Packet Editor，网络数据包编辑器）等封包工具，这类工具可以截取和修改网络数据包，进而向服务端发送任意数据。例如，10.2.1 节的刷金币案例，玩家可以在开启游戏后用 WPE 截取"吃金币"的协议（具体实现请回顾代码 10-7），然后重复发送。如果服务端没有做防护措施，就有可能被外挂玩家"刷金币"。

好在大部分玩家只会"录制"和"重复发送"协议，而没能通过分析协议格式（关于协议格式请回顾 4.1 ～ 4.3 节），有针对性地修改协议内容。一种防"录制"的方法是为协议添加一个校验码，如图 10-13 所示。

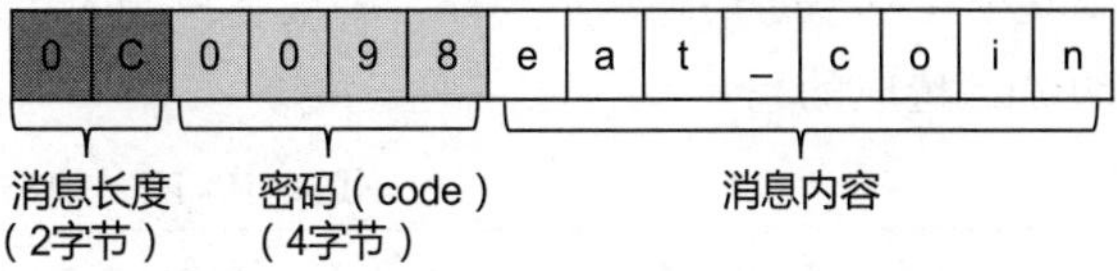

具体来说就是，为每条协议添加一个"_code"项，如代码 10-15 所示。

图 10-13 为协议添加 4 字节的校验码 code

代码 10-15 协议格式（Lua）

```lua
-- 吃金币
{_cmd = "eat_coin", _code = 152}
```

服务端要求客户端按照特定格式计算校验码，这可以有效防止封包录制。如代码 10-16 所示，校验码的规则是" msg_count*(start_rand+3)+79"。当客户端登录时，服务端会生成一个随机数 start_rand，然后发送给客户端，并要求客户端记录发送协议的次数，每次发送协议时，为"_code"项填上"次数 *(start_rand+3)+79"。虽然校验码的规则很简单，但该方法足以防止大部分封包外挂。

代码 10-16 服务端协议处理（Lua）

```lua
-- 处理协议
function onMsg(player, msg)
    -- 客户端登录时，服务端为其分配一个随机数，随登录协议返回
    local start_rand = player.start_rand -- ( 0 到 99 )
    -- 登录后，一共收到多少条协议
    local msg_count = player.msg_count
    -- 判断密码
    if msg._code ~= msg_count*(start_rand+3)+79 then
        -- 作弊
        return
```

```
        end
        player.msg_count = player.msg_count + 1
        -- 分发
        if msg._cmd == "eat_coin" then
            onEatCoin(player, msg)
        ......
    end
```

10.3.3　帧同步投票

外挂的根源是游戏对客户端算力的依赖。回顾 8.4 节，帧同步是一种依赖客户端运算的技术，很容易作弊。服务端可以通过投票机制找出作弊的玩家。

服务端可以要求每个客户端每隔一定的帧数就发送一次状态协议（协议内容如代码 10-17 所示），协议中包含客户端当前的帧数及状态码。如果没有作弊，那么在同一帧时，各客户端应处于同样的状态，状态码也应相同。服务端需要收集所有客户端的状态码，如果某个客户端的状态码不一样，则该客户端的玩家很有可能是在作弊（也有可能是游戏本身的 Bug 造成的）。

代码 10-17　状态协议（Lua）

```
{_cmd = "check", frameid = 10, status_code = 14566455}
```

状态码是反映客户端当前状态的数值，角色的生命值、体力值、位置、攻击力，金币数、道具数等都是游戏的某一项状态值，组合这些状态值便能反映游戏的整体状态。代码 10-18 所示的是一种可用于《王者荣耀》之类游戏的简易状态码，外挂玩家无非想要获得战局优势，战局优势最终会体现在各单位的生命值上，因此代码 10-18 将英雄和塔的总生命值视为状态码。

代码 10-18　简易状态码（C#）

```csharp
// 状态码
void GetStatusCode() {
    int code = 0;
    // 计算战场中所有角色（英雄）的血量
    foreach(Hero hero in heros){
        code = code + hero.hp;
    }
    // 计算所有塔的血量
    foreach(Tower tower in towers){
        code = code + tower.hp;
    }
    return code;
}
```

防外挂的核心要点，就是要尽可能多地让服务端做逻辑运算、尽可能多地校验客户端的运算结果，不要相信客户端的一切输入。

未 尽 之 路

本书尽笔者所能，力图在服务端技术体系中拉出一条线索，以让读者能够用较短的时间熟悉服务端技术。探索之路永无止境，相关技术也在快速发展，本书不能详尽展开，未尽之路希望大家继续探索。

11.1　高并发

如今的 CPU 都是多核架构，开发者们一直都在不停地探索充分利用硬件资源的方式，以便实现高并发。

11.1.1　Actor 模型

本书的第 5 章为大家介绍了 Actor 模型的原理和具体实现。实现 Actor 模型是 Skynet 引擎的核心功能，Actor 模型把"执行任务"抽象成了各服务消息队列里的元素，从而使得 CPU 的各线程能够并行处理这些任务，以提高效率。

如图 11-1 所示，在 Actor 模型中，每个 Actor（服务）都带有自己的消息队列，图中服务 1 有 3 条待处理的消息、服务 2 有 2 条、服务 3 有 4 条。工作线程依照某种顺序处理它们，图中工作线程 1 先处理服务 1 的前两条消息，再处理服务 2 的两条消息，最后处理服务 1 的最后一条消息；工作线程 2 与工作线程 1

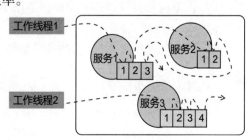

图 11-1　Actor 模型示意图

并行工作，它依次处理服务 3 的 4 条消息。

除了 Actor 模型，"One Loop Per Thread"是另一种高并发模型。

11.1.2 One Loop Per Thread

"One Loop Per Thread"（如图 11-2 所示）是另一种用于实现高并发的服务端模型，其将连接分派到不同的工作线程上，每个线程会开启单独的循环，从而直接利用 CPU 的多核特性提高效率。

在图 11-2 中，服务端开启了两条工作线程，在监听线程接收新连接后，监听线程会将连接随机交给某一条工作线程处理。图中监听线程把新连接交给了工作线程 1。工作线程会处理监听线程交给它的所有连接，图中工作线程 1 负责处理客户端 A、B 和新连接的请求；工作线程 2 负责处理客户端 C、D 的请求。

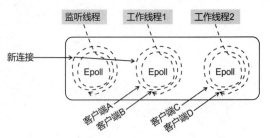

图 11-2 "One Loop Per Thread"示意图

陈硕所著的《Linux 多线程服务端编程：使用 muduo C++ 网络库》一书中详细描述了该模型网络库的实现方案，大家可以自行参考阅读。

11.2 服务端架构

不同的服务端架构适用于不同类型的游戏，本书主要介绍的是传统的大世界服务端架构，这种架构较为通用，同时还有很多适用于具体业务的架构方式。

11.2.1 大世界架构

本书的第 3 章为大家介绍了一种传统的大世界服务端架构。如图 11-3 所示，该架构把整个服务端划分成了网关（Gate）、游戏服务（Game）、登录服务（Login）、中心服务（Center）、全局服务（Chat、Rank）等几大部分，各个部分可用一个单独的进程或一个 Actor 来表示。该架构具有较强的通用性，适用于角色扮演类游戏（MMORPG）、卡牌游戏、开房间类型游戏……

除了通用的架构之外，还有专用的架构，下面就来介绍专用的架构。

11.2.2 BigWorld

角色扮演、开房间战斗（部分射击游戏、竞技游戏）等类型的游戏都具有"角色在场景中"的特点，服务端底层可以进一步抽象，把所有事物都归结为实体和空间两大类（请回顾 8.5.2 节），并提供"角色行走""切换场景""感兴趣区域"（请回顾 8.5.1 节）等功能，方便开发者使用。

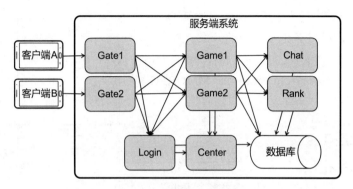

图 11-3　传统服务端架构

图 11-4 所示的是类 BigWorld 的架构，它把所有事物都归结为实体和空间两大类。服务端划分成了 Base、Ceil 等不同类型的进程，Ceil 是一种管理场景的进程，图中 Ceil1 包含森林、村落两个场景（空间），Ceil2 包含沼泽场景；角色（实体）A 和 B 在森林中。由于服务端多做了一层抽象，因此服务端可以提供更多通用功能，例如，角色行走、切换场景、感兴趣区域等，从而使得逻辑开发更加便捷。

kbengine（https://github.com/kbengine/kbengine）是一款模仿 BigWorld 架构的服务端引擎，大家可以参考它的官方文档以理解该结构的原理。

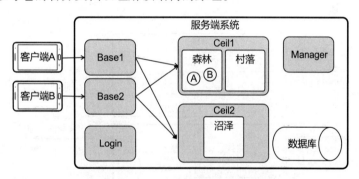

图 11-4　类 BigWorld 架构

11.2.3　无缝大地图

一些游戏拥有又大又复杂的地图，运算量往往超过了一台物理机的极限。对于这种无缝大地图，解决办法是将大地图分块，让不同的物理机（节点）处理地图的不同区域。然而，分区域会让游戏逻辑变得更加复杂，实体的每一个动作（如移动），都要考虑它对本节点的影响、对相邻节点影响，以及是否需要转移节点。

例如，图 11-5 所示的无缝地图中，该地图分为 4 个节点，每个节点分别部署在不同的物理机上。A、…、F 是场景中的实体，虚线圆圈代表它们的感兴趣区域。A 的动作不会对其他实体产生影响，B 的动作会影响 C，E 会影响 D 和 F。当 E 执行某个动作（如移动）时，它除了要通知本节点中的 F、还要跨节点通知 D。

统一的抽象更有利于业务逻辑的开发，关于这一点，麻省理工学院 Marios Assiotis 和 Velin Tzanov 的论文《 A Distributed Architecture for MMORPG》具有很高的参考价值。

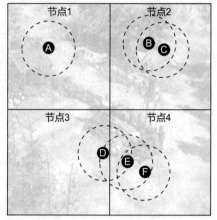

图 11-5　无缝地图示意图

11.2.4　滚服架构

大世界架构拥有支撑数十万玩家同时在线的潜力，如果玩家进一步增多，还可以部署多个大世界架构的服务器，支撑百万级玩家同时在线。一个大世界架构的服务端可以开启数千个进程支撑数十万玩家，也可以只开启三五个进程支撑数千名玩家，规模调整非常灵活。

滚服架构是一种开启几百上千个"支撑数千名玩家的服务端"的架构（可参考图 11-6），国内不少 MMORPG 都采用了该架构。滚服架构与游戏业务有关，因为每个服务器相对独立，所以玩家可以在新服务器上重新游玩，所有人都在同一起跑线上，从而可以避免与旧服务器的强大玩家正面交锋。

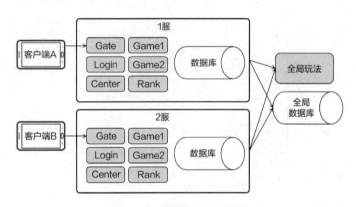

图 11-6　滚服架构示意图

旧服务器上的玩家会渐渐流失，滚服架构的游戏常常需要"合服"，即把几个旧服务器的玩家合在一起，让他们可以同台竞技。"合服"一般是把某个旧服务器的玩家数据合并到另一个旧服务器中。

在做滚服类服务端的技术规划时，建议参考同类型游戏的合服策略（如《阴阳师》合服规则：https://yys.163.com/news/update/20180113/23024_735114.html），提前做好 ID 规划、全局名字规划（合服后不可重复），开发好友合并、公会成员合并、排行榜重排等功能。

11.3 工程管理

本书专注于服务端技术，但游戏开发是一项系统性工程。项目团队首先应清楚定位"要做个什么样的游戏"，然后制定合理的进度目标，安排好人员分工，选用恰当的版本管理方法，在有限的资源下完成开发任务。游戏项目因其市场导向和极快的开发节奏，往往需要独特的工程管理方法。

11.3.1 分层架构

随着项目规模的增大，开发难度会越来越高。这是因为开发者每开发一个新模块都要考虑它与其他模块的关联，规模越大关联越多，难度也就越高。分层架构是一种性价比很高的方法，开发者只需要遵循少量的规则，就可以减少模块间的关联。

如图11-7所示，我们可以把服务端的所有模块分为几个层，并规定每个层的模块只能调用平级或者下一级的模块。例如，图中的地图模块可以调用角色数据、网络模块的公共接口，但不能调用公告、签到或编码解码方法的接口。采用分层架构可以降低项目的复杂度，因为开发一个功能时，只需要了解与它同层或下一层的少数接口即可。

业务层2	公告	签到	邮件系统	排行榜	战斗系统	
业务层1	道具模块	地图	角色数据	离线消息	技能	Buff	AOI
框架层	网络模块	调度模块	节点通信	登录模块	热更新模块	数据库模块
底层	数学库	字符串库	缓中区数据结构	编码解码方法	

图11-7 服务端分层架构

分层架构能够满足大部分游戏模块的内在逻辑，所以大部分模块都应遵循分层规则。但实际项目中，有些逻辑很复杂，难以百分百遵循分层规则。例如，道具模块中有个道具可以让玩家发送邮件，而邮件可以包含道具奖励，这就意味着道具和邮件两个模块在逻辑上是相互关联的，无法分层，遇到这样的需求无须过分遵循规则。我们需要让项目中的大部分模块符合分层规则，这样做不仅可以降低项目的复杂度，还可以为人员分工提供依据。

11.3.2 人员分工

有句话说"一个人可以走得很快，一群人可以走得更远"，用在游戏开发中，我们可以这样理解：在讨论方案时多人合作可以集思广益；在检查代码时多人合作可以避免疏漏；但如果进度很赶就要划清界限，让每个人只关注自己负责的部分。

分层架构为人员分工提供了较好的方案，由于各个层的开发难度和所需知识不同，因此如果开发者固定负责某些层，那么他们就可以只学习少量知识然后快速上手，在某一层上做熟练了也能让他们做得更快。

图 11-8 展示了一个 6 人服务端团队的分工方案。该项目处于中后期，底层相对比较固定，目前正在加紧开发业务逻辑。因此分派资深工程师 F 一人负责底层和框架的完善，其余 5 人负责业务逻辑开发。B、C 是两位入职不久的新人，上层逻辑的上手难度较低，因此将他们安排在这一层。

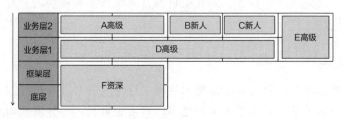

图 11-8　分层架构下的人员分工

现在请大家回顾一下前言中的"本书知识线"，第一部分"学以致用"，先用现成的引擎 Skynet 学习业务层逻辑的开发，第二部分"入木三分"则是学习底层开发。这样的设计比较符合游戏公司的人员发展路径。

11.3.3　版本管理

想象这样一个场景：某位程序员想要开发一款游戏，他在自己的电脑上创建一个工程，然后日以继夜的编写代码，还发出了很多游戏截图向好友炫耀。某天，有位好友想要看看他的实际成果，于是让该程序员演示游戏，意外发生了，程序根本就运行不起来。这是因为该程序员正在为他的游戏开发新功能，但尚未完成，新功能还有些报错没有处理，导致整个程序无法运行。如果该程序员能够在某些关键节点复制一份工程存档，也许就能在需要的时候拿出来做演示。在单人开发的场景中，版本管理就已经如此重要，在多人合作的项目中，版本管理只会更加重要。

图 11-9 展示了一种常见的游戏项目版本管理流程，可以做到多人开发和测试互不干扰，而且可以较为顺畅地修复线上问题。

下面就来结合图 11-9 解释游戏项目版本的管理流程。

图 11-9 中的开发团队由 A、B 两位开发者以及测试员 C（图中没有呈现）组成，A、B 两位开发者在各自的电脑上开发工程，团队还部署了一台公共服务器，用于运行主干的最新代码，供测试使用。发布分支用于为各个大版本存档。开发者 A、B 在提交前都会先更新代码，让本地代码与主干代码保持一致，测试员 C 一般在运行最新主干代码的公共服务器上做测试，特殊情况下也会切换到发布版本（r1、r2、r2.1）做测试。

在开发版本 1 时，只有 A 一人在工作，完成任务的 A 向主干提交代码形成 t1 版本，测试员 C 测试之后发现若干问题，于是 A 修复问题并提交 t2 版本。由于部署了公共服务器，避免了测试员 C 对 A 的本地代码做测试，因此 A 和 C 的工作互不干扰。测试员 C 测试 t2 版本，没有发现问题，于是将 t2 版本存档，形成 r1，并正式发布出去。若以后需要回顾各大版本的内容，即可从发布存档中获取。

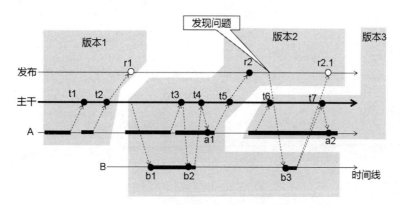

图 11-9　一种游戏项目版本管理流程

在开发版本 2 时，B 加入团队，他从主干下载最新的代码（b1）然后开发功能，由于 A、B 两人都在向主干提交代码，因此在 B 开发完将要提交时，他要先更新自己的代码（b2），并确保不会发生冲突。同理，A 在提交功能时也要先更新自己的代码（a1）。图 11-9 中，A 先提交了 t3 版本，测试员 C 测试后发现 Bug，于是 A 继续修复问题，修复完成后提交 t5 版本。测试员 C 在测试 t5 版本时没有发现问题，于是将 t5 版本存档形成 r2，发布出去。A 继而开发版本 3 的内容。

版本 2 发布不久，玩家反馈了游戏中存在的一些问题，于是测试员 C 切换到 r2 分支上做测试并确认问题所在。修复线上问题的任务交给了 B，由于 A 在不断提交版本 3 的内容，主干版本（t6）已经与线上版本（r2）不同，于是，B 切换成 r2 版本的代码，并在这个版本上修复问题，修复后形成 r2.1 版本，经由测试员 C 在该版本上测试并确保无误后再发布出去。图 11-9 中的白色圆圈代表永久存档，黑色圆圈代表还在演进中的代码版本。由于 r2 的问题被修复，因此可以删除 r2 存档，替换成 r2.1 版本。此时，主干中的工程仍然存在 r2 的问题，于是 B 还需要将 r2.1 的代码合并到主干（t7）。

11.4　结语

许久前的一天，笔者正在赶项目时，突然收到同事传来的猎鹰 9 号火箭成功回收的视频。这是世界上第一次成功回收火箭，马斯克称它是航天史上重要的里程碑。视频中 SpaceX 公司员工的兴奋之情溢于言表，这种兴奋不是因为发射成功能拿多少奖金，而是他们在航天领域开创了先河。

我们在做游戏开发时，除了满足商业需求以外，也会尽自己所能去开拓新技术，融入一些有社会价值的理念。

愿我们的游戏能像一束光，突破黑暗，穿越时间，触动玩家的灵魂。

推荐阅读

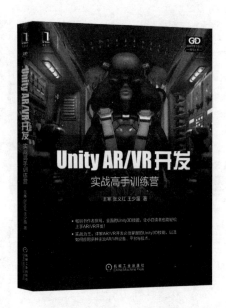

Unity AR/VR开发：实战高手训练营

本书涵盖Unity3D的基础入门知识、AR/VR开发必须掌握的Unity3D技能以及在不同的AR/VR平台进行实际开发所需要掌握的知识。针对Oculus Quest、Vuforia、AR Foundation（涵盖ARKit/ARCore）、全身动捕技术平台、VoxelSense等几个主流的AR/VR平台和SDK，本书都会通过实战项目进行讲解。